공구 재종의 선택법 · 사용법

툴엔지니어 편집부 편저 | 이 종 선 역

절삭 공구와 공구 재종의 기본
공구 재종의 특성과 선택 기준 | 가공 실례와 적응 재종

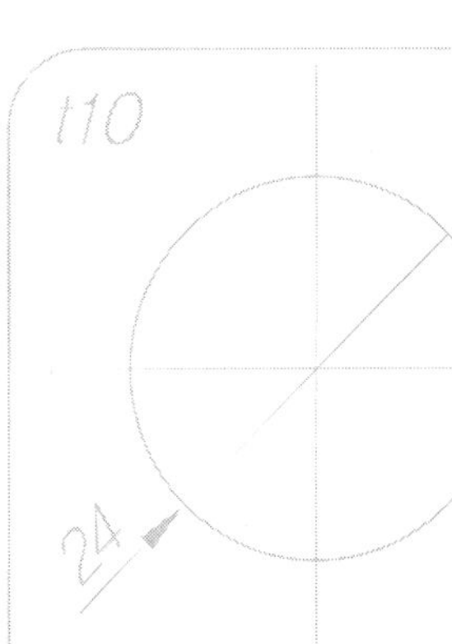

BM (주)도서출판 성안당

日本 옴사 · 성안당 공동 출간

공구 재종의 선택법·사용법

기계 가공 기술 시리즈 No. 8

차 례

「전하, 진영에 납시기 전에 화장하시는 것은 예의입니다.」
「무기에도 화장을 하면 백전백승이옵니다.」

え・佐伯 克介

1편

절삭 공구와 공구 재종의 기본

고속도강이란 무엇인가

「경험이 적은 작업자가 NC 선반의 최종 치수를 낼 때 절삭 깊이 0.015를 공구 보정에 인풋하여 다듬질 가공을 했다. 그런데 규정 치수대로 되지 않는다. 에지가 미끄러져 절삭이 되지 않기 때문이다」 이것은 초심자가 NC 기계를 조작할 때 흔히 범하는 오류이다.

특히 스로어웨이 팁일 때에는 단번에 이러한 실수가 나타나는데 이것은 절삭날이 서 있지 않기 때문이다.

초경이라고는 하나 완벽한 것은 아니다. 주지와 같이 초경 공구는 경도가 매우 높으며 또한 고경도일수록 메진다. 그래서 초경은 음(負)의 경사각과 노즈 R로 메짐을 커버하고 있다.

고속도강(High Speed Steel)은 강 중에서도 가장 단단한 강(鋼)이지만 초경보다는 훨씬 부드럽다. 부드럽기 때문에 끈기가 있고, 때문에 양(正)의 경사각으로 절삭날을 세울 수 있는 것이다.

그러나 고온 경도는 초경에 미치지 못하기 때문에 초경일수록 절삭 속도를 올릴 수 없다. 반면 절삭날을 예리하게 연마할 수 있기 때문에 그 날끝 모양이 유지되는 동안은 절삭 저항을 크게 떨어뜨릴 수 있다.

초경의 절삭날은 예리하게 연마하기가 매우 힘들지만 고속도강은 힘들지 않다. 그러나 고속도강일지라도 탄소 공구강만큼 예리한 에지로 연마해 내기란 불가능하다고 보아야 할 것이다.

오늘날에는 볼 수 없게 되었지만 1960년대에는 어느 공작 기계 메이커에 있어서나 「자사의 최고급 설비 기계」로서 라이스하웰사 제품의 어미 나사 절삭 전용 선반을 들었다. 이것은 범용 선반의 어미 나사만을 다듬질하는 선반으로, 사용하는 바이트는 고속도강이 아니라 오스트리아 볼러 사의 「쓰리 스타즈」 탄소 공구강이었다. 절삭된 칩은 유능한 목수가 절삭한 대패밥인들 이러하랴라고 생각하게 할 만큼 얇았다.

탄소 공구강의 카바이드 입자는 $0.3 \sim 0.5\,\mu m$라고 한다. 고속도강의 카바이드는 최고급품이 $0.4 \sim 0.6\,\mu m$, 초경 합금의 WC 입도는 $20 \sim 30\,\mu m$로 그 중에는 $40\,\mu m$의 입자가 섞여 있는 것도 있다. 모재(母材)의 입도는 절삭날의 예리함과 표리일체라 생각해도 좋을 것이다.

지금부터 공구강의 카바이드 입자는 어떻게 해서 오늘날과 같이 미세해질 수 있었는지, 그리고 고속도강은 어떻게 해서 개발된 것인지 그 경과를 탐색하고, 또한 오늘날의 기계 공업의 발달에 어떻게 관련되어 그 역할을 해내고 있는지를 살펴보기로 한다. 나아가 현재 고속도강은 무엇이 문제로서 남아 있는가를 살펴보기로 한다.

뜻밖의 횡재 · 고온 담금질 처리의 발견
카바이드의 미세구상화가 과제

고대의 제철

　철이라는 금속은 다른 금속에 비해 실로 불가사의한 존재이다. 금, 은, 동, 주석, 납 등 인류가 일찍부터 발견한 금속은 녹는 금속이었다. 철만이 용융 상태가 3,000년 이상의 장기간 동안 인류에게 알려지지 않았던 유일한 금속이었다.

　인류가 철기 시대로 들어갔을 때 사용된 철은 고체 상태에서 제조되었다. 철광석은 녹지도 않고 고체인 채로 철로 변했던 것이다.

　초기의 노(爐)는 단순한 구멍에 불과했었으나 이윽고 내화성을 가진 돌로 축조하게 되었다. 이 노에 목탄으로 불을 일으키고 그 위에 목탄과 광석을 층층이 넣어 풀무질을 하면 목탄이 연소되어 일산화탄소(CO)가 발생하는데, 이것이 철과 결합하고 있는 산소를 빼앗아 이산화탄소(CO_2)로 되어 철광석(대부분은 탄화철)은 금속철로 변화한다.

　여기에서 중요한 것은 연료에 목탄을 사용했다는 점과 강한 화력을 얻기 위해 풀무를 사용했다는 점이다. 목탄에는 철에 유해한 유황(S)과 인(P)이 포함되어 있지 않다. 또 풀무는 피혁 사무로 만들어지며 사람이 식섭 밟았었다.

　이러한 화학 반응에 필요한 온도는 탄소의 연소에 의해서 발생한다. 이 「환원」 반응은 $400 \sim 800℃$의 온도에서 일어날 수 있기 때문에 온도가 낮으면 고체인 상태로 환원하여 산소를 잃은 구멍 투성이의 해면과 같은 철로 된다. 온도가 높으면 끈끈한 엿 같은 덩어리로 된다.

　이것을 단련하여 철이 아닌 부분을 충분히 제거하면 우수한 철이 된다.

　일본도의 원료인 옥강(玉鋼)이 바로 이 해면철이다. 일본에는 고래로부터 「골풀무법」이라는 사철(砂鐵) 정련 기술이 있어 골풀무로 옥강—해면철을 만들었었다. 도장(刀匠)은 이 옥강을 불 속에 넣어 열을 가하여 망치로 두드려 칼을 벼렸다.

고로법의 보급과 삼림의 고갈

　그때까지의 제철법은 철을 뽑아낼 때마다 노를 부수고 말았지만 14～15세기경에 고로법(高爐法)이 탄생했다. 풀무의 동력에 물레방아를 이용함으로써 송풍량이 증가하여 높은 연소 온도가 얻어지게 됨으로써 화학 반응을 촉진하기 위해 노 위에 있는 굴뚝 모양의 샤프트를 높게 했다. 이렇게 해서 환원된 철은 탄소를 충분히 흡수한 선철로서 용융된 상태에서 뽑아낼 수 있게 된 것이다.

이렇게 독일에서 시작된 이 고로식 제철법은 벨기에, 프랑스, 영국으로 널리 전파되어 갔으며, 14~15세기, 독일의 중남부 츄링겐주의 여러 도시, 아우구스브르그나 뉘룽베르그에서는 제철업이 발전, 도검, 낫, 쇠사슬, 못, 가위, 자물쇠, 면도칼과 같은 많은 철제품이 만들어졌다.

17세기 초의 고로는 높이가 30피트, 지름이 24피트(1피트는 30.5 cm)나 되어 연료로서 목탄의 수요는 높아질 뿐이었다. 영국에서는 엘리자베스 여왕 시절에 삼림이 고갈되어 철공업은 광상을 떠나서 삼림을 따라 산속으로 되돌아갔다. 그것으로도 모자라 삼림 자원이 풍부한 스웨덴으로부터 수요의 50%나 수입해야 할 정도였다.

이 해결책으로 석탄이 등장한다. 그러나 석탄을 그대로 사용하면 아황산 가스가 발생하여 선철 속에 유황(S)분이 뒤섞이게 되기 때문에 철은 사용할 수 없게 된다. 그래서 석탄을 찌고 구워, S를 증발시켜 단단한 코크스로 바꾸었다. 이것은 노 속에서 채울지라도 부서지지도 않고 통풍도 잘 되어 고로의 생산 능력은 한 단계 높아지게 되었다. 이 코크스 제철법은 1713년 다비 부자가 개발했다.

그러나 못이나 쇠사슬은 이러한 선철이라도 무방하나 절삭 공구용 강은 옛날 그대로 목탄선(銑)을 침탄하는 방법을 이용했다.

최초의 공구강

히타이트(Hitite)에서 제철법을 배운 인도에서는 2,000여 년 전부터 「우트강」이라는 훌륭한 철을 만들어 쓰고 있었다. 7~8세기에 시리아의 다마스커스를 통해서 유럽으로 유입된 것으로, 다마스커스강이라고도 불린다. 다마스커스의 도공이 우트강으로 만든 다마스커스는 유럽에서는 일본도에 필적하는 명검으로 존중받았다. 참고로 말하면 "우트"란 범어(고대 벵골어)로 ayas=강을 말하는 것으로 영어의 아이언, 독일어의 아이젠의 어원이라는 설도 있다.

우트강은 매우 순수한 선광석을 목탄과 함께 도가니 속에서 녹이는 방법이다. 이 방법으로는 불과 1~1.5 kg 정도의 작은 강밖에 얻을 수가 없다. 즉, 이것을 해머로 쳐서 박판이나 봉 모양으로 만들어야 한다.

영국의 한츠만(1704~1776)은 이 방법에 착안해 고온에 견디는 도가니를 만들었다. 그 속에 선철과 목탄을 채우고 반사로의 화덕으로 가열하는(복사열을 이용하는) 구상을 세워 1740년에는 이를 녹여 끓임으로써 강을 얻을 수 있었다.

이후 윌킨슨의 보링 기계가 1775년, 모드레이의 선반이 1797년에 발명되었다. 이들 산업 혁명을 준비한 많은 공작 기계의 절삭 공구는 이 한츠만의 도가니 제강법에 의한 공구강으로 만들어졌을 것이다.

공구강의 조건은 먼저 단단하여 줄지 말아야 한다는 점이다. 아울러 점성도 필요하다. 즉, 단단하면서 인성(靭性)이 있어야 한다. 이에 대해 구조용 강은 강함과 점성이 요구된다. "단단하고 점성이 있다"는 것과 "강하고 점성이 있다"는 것은 비슷한 것 같지만 크게 다르다.

단단하고 질기게 하려면 먼저 강 속에 탄소(C)가 많아야 한다. 경도만이라면 0.6 %C

나 1%C나 별반 다를 것이 없다. 그러나 C%가 많으면 마모가 잘 되지 않는다. 0.6 %에서나 1%C의 강에서나 열처리를 했을 때 강의 생지(매트릭스)에 녹아드는 C량은 0.5 %이고 나머지 0.1~0.5%는 미세하게 구상화된 카바이드(Fe_3C) 형태로 고르게 분포하기 때문이다.

C%가 많을수록 카바이드의 양이 많아지게 된다. 이 카바이드는 경도와는 별로 관계가 없지만 내마모성에 크게 기여한다. 생지＝매트릭스는 담금질하면 단단한 마텐자이트 조직에 의해 그 경도는 1,000 HV이지만 카바이드는 더욱 단단하여 2,000~3,000 HV나 된다. 시멘트와 모래의 단단한 바탕 속에 다시 단단한 돌멩이가 분포되어 있는 콘크리트처럼 마모에 강해지는 것이다.

낫을 만드는 대장장이는 발갛게 달아오른 상태에서부터 거므스름하게 된 후에도 망치질을 하고 그리고 풀림을 한다. 그렇게 하면 카바이드가 미세한 입자로 되며 구상화(球狀化)되므로 절삭성이 좋은 날끝이 되는 것이다.

카바이드는 일반적으로 결정의 입계(粒界)로 석출하기 때문에 그대로 방치해 두면 가늘고 긴 망상처럼 존재하므로 이 상태에서 압연하여 얇게 만들면 긴 실 모양(絲狀)의 편석으로 돼 버려 공구의 절삭날 가까이에 존재할 경우 이가 빠지는 직접적인 요인이 된다.

일본도의 도장(刀匠)이 심혈을 기울이고 공을 들여 옥강(玉鋼)을 망치질하고 또 구부려 다시 망치질을 계속하는 것은, 바로 이 카바이드를 미세화, 구상화하기 위한 작업이었던 것이다. 이것은 일본도뿐만 아니라 모든 공구강에 있어 대단히 중요한 것이다. 단조비가 높은 공구강일수록 날이 예리하고 점성도 아울러 갖고 있다.

산업 혁명을 지원하는 철강 생산

유럽을 중심으로 보았을 때 19세기는 「증기의 세기」였다. 1765년에 와트는 분리 응결기가 딸린 증기 기관으로 개량한 본격적인 증기 기관을 완성하고 1787년 카트라이트의 역직기의 원동기가 되어 영국의 산업 혁명이 시작된다. 1807년 풀루톤(미)의 외륜선은 허드슨 강을 거슬러 올라가고 1814년 스티븐슨(영)이 증기 기관차를 완성시켰으며 증기 범선 사반나호(미)가 대서양을 횡단(1814)하는가 하면 증기 기관차 로코모션호(영)는 스톡톤—달링턴간 61 km를 달려 세계 최초의 공공 철도의 명성을 떨쳤다.

이러한 기술 발전을 지원한 당시의 철강 생산 기술은 수요에 뒤따라가는 것이 고작이었다. 그 무렵 기계 공업의 수위를 계속 달리고 있던 영국의 생산량은 1750년 약 17,000톤에서 1850년 270만 톤으로 급성장을 이루어 1800년대에는 전 세계의 50%를 차지하고 있었다.

또 미, 불, 독이 영국을 따라 잡기 위해 국가적으로 전력 투구했던 시기였다. 1850년부터 베세마(영), 지멘스(독), 마르틴(불), 그루프(독), 카네기(미)라는 제강 메이커가 거대화해 가고 있었던 것이다.

한츠만의 탄소 공구강이 발명되고 나서 약 130년이 지난 1868년, 영국인 로버트 포레스터 마셰트(1811~1891)에 의해서 망간(Mn) 텅스텐(W) 공구강이 발명되었다.

그는 Mn을 많이 포함한 독일의 철광석에서 채취한 선철을 분말로 만들고 이것을 잘게 분쇄한 W 광석을 가해 노에서 녹여 인곳(Ingot)으로 만들었다. 그리고 스프링 해머로 단조하여 공구로 만든 결과, 그때까지의 탄소 공구강보다 절삭 성능이 훨씬 우수했던 것이다. 그 뿐만 아니라 「공기 자경성」이라는 마셰트 자신이 전혀 상상도 못했던 성질을 지니고 있었는데 자경성(自硬性)을 부여한 것은 바로 Mn이었다.

그는 특허를 얻는 대신에 그 제법을 비밀로 하여 입수된 W 광석과 다른 성분은 언제나 암호명을 사용해 주문처가 추적할 수 없도록 신경쓰거나 용해 작업도 선별해 낸 2~3명에게만 시켰다. 이 비밀 유지 방법은 너무도 완벽하였기 때문에 그가 실제로 사용하고 있었던 제조법은 오늘날에도 수수께끼로 남아 있다.

피삭재에도 합금강이 출연하다

영국이 과시하고 있는 대금속학자 로버트 하드필드(1858~1940)는 강(鋼)의 도시 셰필드 근방의 주강 제조가에 태어나 부친의 사업을 계승했다. 그러한 실무 속에서 규소(Si)가 들어 있는 강이 마모에 강하다는 것을 알아낸 그는 24세 때 Si-Mn강을 만들었으나 실패했다. 그러나 이를 바탕으로 Si의 양을 적게 하여 0.69%로 하고 Mn 12.7%, C 1.35%의 합금강을 만들어 Mn강의 원형을 완성시켰던 것이다.

이것은 보통 탄소강에는 없는 강도와 점도를 지니며 또한 단단하고 취약(脆弱)하지 않은 강이었다. 더욱이 두드리면 두드릴수록 강해지는 강이었다. 이것은 1878년 파리 만국 박람회에 출품되어 수많은 업계 관계자를 경탄시킨 바 있다.

당시, 영국을 비롯하여 독일, 네덜란드, 프랑스 등에서는 철도 부설이 급피치로 확대되고 있었던 시기였다. 그러나 레일의 절손 사고가 빈번하였다. 최초의 레일은 주철이었고 그 다음에 나온 것이 연철이었다. 하드필드가 개발한 Mn강은 먼저 이 레일용 강재로서 주목받았다. 특히 크로스 포인트와 같이 충격이 격심한 곳에는 안성맞춤이었다.

이윽고 레일에서 차륜, 차축으로 확대되어 그러한 재료의 절삭에 마셰트의 자경강은 표준 공구로서 전세계에 사용되어졌다.

Mn강에 성공한 하드필드는 Si나 알루미늄(Al), 크롬(Cr), 니켈(Ni), 코발트(Co) 등을 첨가하는데 눈을 돌려 2~3 원소의 합금강 연구를 하게 되었다. 특히 철 속의 Si는 당시 「도깨비 원소」라는 악평이 있어 철의 성질을 나쁘게 하는 것으로 생각되어지고 있었다. 그 자신도 처음에 Si-Mn강은 Si량이 너무 많아 실패했었다.

그러나 그의 위대한 점은 반대로 이 요괴 원소에 대항하여 Si를 2.75%나 넣어 풀림함으로써 투자(透磁)가 높은 Si강을 발명한 점이다. Si강은 탄소강보다도 빨리 자화하며 또한 빨리 감자(減磁)한다. 이것이 얼마 후에 시작되는 「전기의 세기」의 사전 준비가 된 셈이다.

교류 전류 양음의 변화→자력선의 변화에 즉각적으로 대응할 수 있는 이 강은 변압기나 전동기 등의 철심에 최적 재료로서 1903년부터 실용적으로 제공되어 전력 소모를 감소시킨 일대 발명이었다.

영국이 인도를 지배하게 되자 오랜 역사를 가진 우트강(鋼)에 대한 관심이 높아졌다. 왕립연구소의 험프리·데이비 교수팀은 이 강질의 분석을 중심 테마로 채택하고 담당자로서 그의 제자이며 나중에 전자 유도 현상의 발견자가 되는 마이클 패러데이를 내세웠다.

패러데이는 1818년부터 1823년에 걸쳐 이 우트강에서 출발한 합금강의 연구에 몰두한다. 그리고 「강에서 망간의 분리」, 「우트 즉 인도강의 분석」, 「강의 합금에 관하여」라는 논문을 차례로 발표했다.

이 실험들은 대단한 것이었다. 패러데이는 백금, 로듐, 금, 은, 동, 주석, 니켈, 크롬, 이리듐, 오스뮴 등을 닥치는대로 강으로 합금했다. 그가 만든 합금강(79종이라고 함)은 하나의 상자에 넣어져 그 자신의 손에 의해 「강과 합금」이라 쓰여져 창고 구석에 조용히 수면에 들어갔다. 잊고 있었던 이 상자가 개봉된 것은 100년 가까이 지난 후였다.

패러데이가 만든 합금강은 어느 것이나 모두 테스트 피스였다. 상업적으로 Cr강을 생산한 것은 1877년 프랑스의 자곱·홀쩌가 최초라고 한다. Ni강 역시 스위스의 요한·콘래트·피셔가 1824~1825년에, W강은 오스트리아의 화학자 프란츠·코힐러가 1855년에 개발하여 라이힐러밍 특수 제강소에서 생산됐다고 한다.

19세기 후반부터 20세기 초에 걸쳐 신합금강이 차례로 개발되어 공업화에 성공한다. 이러한 합금강 절삭은 공구강에 큰 부하가 되고 있었다.

고속도강과 W·테일러

절삭 공구가 피삭재를 절삭할 때 절삭 공구의 절삭날은 절삭 열에 의해 상당한 고온에 노출된다. 고속도강으로 절삭했을 때 암막으로 조명을 차단하고 관찰하면 바이트의 날끝이 새빨갛게 되어 있는 것을 알 수 있을 것이다. 빨갛게 되는 것은 약 600℃를 초과하고 있다는 증거로, 그 칩은 자색이다.

고속도강(High Speed Steel)이 발명되기 전에는 마세드가 개발한 고 C—Mn—W강이 가장 우수했다. 그러나 이 마셰트강도 날끝이 빨갛게 되면 불과 2~3분이면 물러버린다.

1900년 파리 만국박람회에 미국의 프레데릭·W·테일러(1856~1915)는 갓 개발해낸 공구강——High Speed Steel이라 명명한 그 강을 출품하여 실제로 절삭해 보이고 절삭날이 새빨갛게 돼도 물러버리지 않는다는 것을 실증했다.

테일러는 처음에는 미드벌 제강소의 Mn강제(鋼製) 차륜이나 차축을 절삭하는 공장의 직공이었지만 그 후 베들레헴 제철소로 옮겨 절삭실험을 했다.

테일러의 고속도강 개발과 그 절삭 실험은 실로 장대한 것이었다. 또 매우 혜택받은 환경하에서 시행됐다고 생각한다. 왜냐하면 우선 실험에 사용한 공작 기계가 66인치의 보링 기계라는 당시로서는 가장 강력한 기계였다는 점, 사장인 윌리암·셀러스는 "셀러스 나사"의 제안자이며 미국의 기계 학회장이기도 한 식견이 있는 사람이었다는 점, 그리고 사장의 지시로 붙여진 협력자 가운데 만셀 화이트라는 금속 학자가 있었기 때문이다.

어느날 테일러연구팀은 실험에 사용하려고 한 공구를 담금질하기 위해 노에 넣어 가열한 채 점심을 먹고 그만 깜박 잊고 말았다. 생각이 났을 때는 백열 상태가 되어 있었다. 서둘러 꺼내 기름에 넣어 담금질한 이 공구는 성형하여 절삭해 보니 절삭성이 매우 좋았다. 더욱이 쉽사리 물러지지도 않았다. 이것이 고속도강의 고온 담금질법을 발견하게 된 계기였던 것이다.

　SKH의 담금질 온도는 약 1,300℃이다. 그러나 SKH는 1,370℃ 정도에서 녹아 버린다. 즉, 녹기 직전까지 온도를 올린 것이다.

　테일러는 담금질만이 아니라 뜨임 온도도 높게 했다. 통상적인 강의 뜨임 온도는 250~200℃인데 그는 600℃라는 아직 발갛게 달아 있는 상황에서 처리를 했다. 뜨임 온도를 다양하게 바꾸어 경도를 조사해 보면 처음에는 100℃ 정도에서 저하되어 300℃ 전후에서 최저가 되지만 온도를 더욱 올려가면 550℃ 전후에서 경도는 가장 높아져 67~68 HRC가 된다는 것을 발견한 것이다.

　강을 뜨임하면 대체로 경도는 떨어지지만 점성을 갖게 된다. 그러나 고속도강은 다르다. 뜨임하여 경화시키는 것이다. 오늘날에는 고속도강의 뜨임을 「2차 경화」라 부르고 있으며 또한 2~3회 처리하는 것이 상식으로 되어 있다. 개발의 계기는 뜻밖의 사건에서 비롯됐는지 몰라도 이 고온 담금질, 고온 뜨임을 이 정도로 명확하게 한 것은 탄복할만하다.

표 1 마세트강과 고속도강의 성분 비교(%)

	C	Si	Mn	Cr	W	V
마 세 트 강	2.2	0.7~1.6	1.7~2.5	–	5~8	–
미 드 벌 강	1.14	0.24	0.18	1.83	7.7	–
테일러 고속도강	1.85	0.15	0.3	3.8	8.0	–
테 일 러 개 량 형	0.68	0.15	0.15	5.0	18.0	0.3

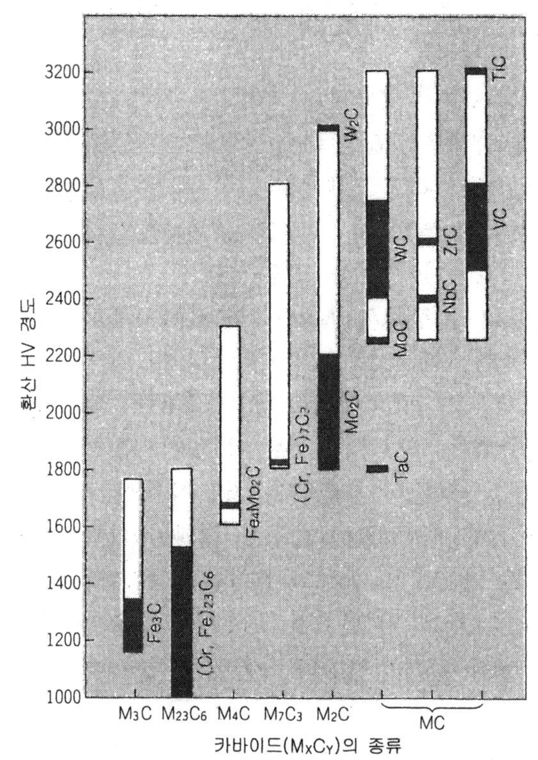

그림 1 각종 카바이드 경도의 범위와 대표적인 예

　마셰트강은 W-Mn강이고 테일러의 고속도강도 원형은 W-Cr강이다(**표 1**). 자경성의 성분 금속이 한쪽이거나 Mn(테일러는 마셰트강의 자경성이 Mn이라는 것을 확인했다.), 한쪽이거나 Cr이라도 W량에는 그렇게 큰 차이는 없다. 요컨대 성분 금속의 문제보다도 이 고온 담금질 처리에 결정적인 차이가 있었던 것이다. 그 후 오늘날까지 1,300℃ 고온 담금질이 고속도강의 패턴이 되고 있다.

　공구강에는 시멘타이트라는 카바이드 Fe_3C가 형성되어 있다. 강에 Cr, W, Mo라는 금속 원소가 들어가면 이들 금속과 탄소가 화합하여 다양한 카바이드가 형성된다. 이들 각종 카바이드의 경도는 **그림 1**과 같이 상당한 차이가 있다.

　테일러와 협력자인 화이트가 1906년에 개량한 고속도강에 바나듐(V)이 0.3% 들어 있는 것은 당시에 가장 경도가 높은 카바이드 VC를 생각한 것으로 여겨진다(**표 1, 그림 1**). 이렇게 해서 이른바 18(W) -4(Cr) -1(V)형 고속도강의 원형에 이르기까지 개량을 계속해 고속도강의 개발이 완료된 것이다.

공구 개량에 의한 기계 강성의 강화

　테일러 연구팀이 고속도강 개발을 위해 실시한 절삭 실험은 5만 회에 미치고 있다. 절삭한 금속은 36톤이나 되며 또한 사용한 공작 기계는 모두 파괴돼 버렸다. 주철제의 기어는 파괴되고 기어와 축 사이의 키는 빠져 나갔으며 주축은 비틀리고, 스러스트 베어링도 파괴돼 버렸다. 고속, 강력 절삭에 견뎌낸 것은 절삭 공구뿐이었다. 공구가 기계를 멋지게 이긴 것이다.

　테일러는 단순한 절삭 공구강의 개발자가 아니었다. 그는 사용한 기계가 파괴된 원인을 보다 세밀하게 분석하여 그 개선에 대한 제안을 수십 개 항복에 걸쳐 기술하고 있다.

　먼저 기계 전체의 동강성(動鋼性)을 더욱 높이려면 무엇부터 정비할 것인가를 개개의 부품을 포함하여 대책안을 내고 있다. 이어서 주축 구동의 변속비는 더욱 넓혀야 하며, 공작 기계 부품으로서 베어링, 기어의 강성과 성능을 한층 높여야 하고, 주철제 기어는 강제로 바꾸어 강력하게 하며 톱니의 맞물림을 더 좋게 해야 한다고 기술하고 있다. 오늘날 우리들이 가지고 있는 상식의 대부분에 걸쳐 언급하고 있고 빠진 것은 거의 없을 정도이다.

　고속도강이 개발되어 급속하게 발달한 공작 기계가 호빙 머신이었다. 그 당시의 기어 절삭법은 바이트 1개의 플라이 커터를 사용하든가 총형 밀링 커터로, 블랭크 주변을 따라 톱니를 1매씩 절삭해 가는 방식이었다. 때문에 절삭 속도를 올리면 소재의 국부 가열을 초래하고 공구도 물려져 담금질한 톱니의 피치라든가 치형이 엉망이 되는 어려움이 있었다. 그것을 피하기 위해 톱니를 차례로 절삭해 가는 대신 하나의 톱니를 절삭한 다음 몇 개를 점프해 다음 이를 절삭하도록 하여 전체를 담금질할 때까지 열의 분산을 도모하는 방법을 사용하고 있었다. 이것은 공작 기계 메이커나 자동차 메이커 등에서 높아지게 된 강제 정밀 기어의 수요에 대해서 큰 걸림돌이 되고 있었다.

　이러한 정밀도와 생산성의 문제를 해결한 것이 호브에 의한 창성 기어 절삭법이다. 블랭크의 회전과 호브의 회전을 동기시켜 연속적으로 톱니를 절삭해 가면 절삭 등의 발열은 블랭크 전체에 균일하게 분배된다. 이 호빙의 원리는 50년 정도 전에 대두, 특허도 나와 있지만 실제 문제로서 호빙 머신의 특성을 살린 공구가 없었던 것이다.

그런데 고속도강이 출현함으로써 호빙 머신의 아이디어를 실현하기 위해 많은 설계자가 힘을 쏟기 시작했다. 독일의 융그스트, 라이네카, 영국의 란체스터가 각각 1893년, 1894년, 1896년에 전용 호빙 머신을 통합하고 독일의 헤르만 파우터는 1900년 경에 최초의 만능 호빙 머신을 제작하였다.

호빙 머신은 튼튼하게 만들면 고속도강의 이점을 완전하게 이용할 수 있는 기계였다. 1909년에는 24개 사가 넘는 제작소가 호빙 머신을 생산하여 바로 당시에 발흥기였던 자동차 산업의 요구에 부응했다.

고속도강의 출현으로 큰 진보를 이룩한 것은 절삭 공구였다. 일찍이 사용되고 있었던 칼날형 드릴(평 드릴)은 트위스트 드릴로 일변하고 밀링 커터도 플레인 커터, 사이드 커터, 총형 밀링 커터 등 오늘날의 밀링 커터는 이 사이 10년을 전후하여 거의 모두 나오게 됐다.

고속도강 이후의 고속도강

고속도강은 먼저 W계를 출발점으로 하여 발달했다. 1912년에는 독일 베커 제강소에서 처음으로 Co를 첨가하여 화공처리를 한 고속도강을 개발했다. 이 Co 고속도강은 그 후 미국, 독일을 중심으로 반세기에 걸쳐 연구되어 엑스트라 고속도강, 슈퍼 고속도강과 같은 이름으로 발매됐다.

그 사이 고속도강의 발달 과정에서 몇 차례인가 W의 부족, 단가 상승으로 고생하게 되는데 그 첫번째는 제 1 차 세계대전(1914~1918) 때이다. 먼저 독일이 W의 부족으로 고생했고 미국에서도 W를 만족스럽게 수입할 수 없어 대체 금속으로서 생각해 낸 것이 Mo였다. 원소 주기율표의 Mo를 누구나가 생각할텐데, 그러나 이 Mo 고속도강의 제조는 상당히 어려워 가열하면 탈Mo와 탈C가 일어나기 쉽기 때문에 제 1 차 세계대전이 끝난 뒤에는 일시 중지하게 되었다.

그 후 미국은 록키 산맥 속에서 Mo의 대광상이 발견된 후부터 전세계 Mo 생산의 90%를 차지하게 된다. 열처리 대책에 관해서도 연구 결과, 문제가 없어 Mo 고속도강으로의 대전환을 도모, 제 2 차 세계대전이 끝났을 때는 Mo 고속도강은 크게 발달해 있었다.

W 고속도강의 생산량과 비교해 보면 1945~1950년에 Mo 고속도강과 W 고속도강은 4 : 6이었지만 얼마 후에는 5 : 5가 되었고 현재는 8.5 : 1.5라는 큰 차이를 나타내고 있다. 미국에서 고속도강이라 하면 Mo 고속도강을 가리킨다. 강종(鋼種)으로 보면 M 2 (SKH 51)와 M 1이 압도적이고 다음이 M 10, M 3, M 4 (어느 것이나 미국 업계의 규격 AISI)로서 거의 모두가 Mo 고속도강으로 되어 있다.

고속도강은 공구 재종으로서 완성돼 있는 것처럼 보이지만 한 가지 문제점이 남겨져 있다.

시멘타이트 Fe_3C는 카바이드 속에서 경도가 가장 낮지만 입도는 $0.2 \sim 0.4\,\mu m$으로 매우 미립자이면서 구상으로 되기 쉽고 균일하게 분포되기 쉬운 성질을 지니고 있다. 때문에 탄소 공구강은 매우 예리한 날이 될 수 있는 것이다.

이에 대해 담금질성을 좋게 하려고 Cr을 넣거나 단단한 카바이드를 위해 W, Mo, V를 넣으면 이들 금속 카바이드는 좀처럼 미세·구상으로 되기 어렵다.

참고로 기술하자면 베어링강 SUJ는 고(高)C, Si−Cr강(C 0.95~1.0%, Si 0.15~0.70%, Mn 0.5~1.15%, Cr 0.9~1.6%)이다. 질이 좋은 베어링강이란 우선 Cr 카바이드가 미세하고 구상이면서 고르게 분포되어 있는 것이다.

일본의 강재(鋼材) 메이커가 가장 우수한 베어링강 메이커라고 일컬어졌던 스웨덴의 SKF사에 대항하여 개발한 것이 신간선(新幹線) 차량용 베어링이었다. 예전의 국철은 베어링 메이커에 대해 카바이드의 크기와 분포 상태에 따라 우, 량, 가, 불가의 4단계를 설정하여 현미경 조직으로 판정했다. 판정 결과는 어느 메이커나 모두 우(優)였다.

그것은 인곳을 만드는 방법으로 진공 용해 주조법을 사용해 가스가 매우 적고 불순물이 적었기 때문이다. 바야흐로 일본의 베어링강은 세계 최고의 지위를 구축하고 있다.

그러나 고속도강에서는 스웨덴의 애서브, 독일의 마라톤 고속도강에 밀리고 있다. 일본의 고속도강은 입도가 커 카바이드가 구상으로 되어 있지 않고 고르게 분포되어 있지 않으며 값도 이들 유럽 회사에 비해 비싸다.

JIS 고속도 공구강의 변천

　1939년에 임시 JES(Japan Engineering Standards)에서 제정된 고속도강은 중요 자원의 절약을 목적으로 하여 「고속도강 바이트의 공급 제한에 관한 건」이 공포되어 솔리드 바이트의 사용이 금지되고 모두 날붙이 바이트를 사용하도록 정해졌다.

　전후 1950년에 JES는 JIS로 개정되어 SKH 1~SKH 7이 규정되었다. 그 후 1953년의 법개정으로 SKH 1이 폐지되고, 1956년에 SKH 7이 폐지되었다. 한편 SKH 8, SKH 9의 2가지 강종이 추가되었다.

　1968년의 개정을 계기로 명칭이 고속도 공구강(High Speed Tool Steels)으로 바뀌어져 오늘에 이르고 있다. 또 W계와 Mo계로 대별하여 W계는 10번대(番台), Mo계는 50번대로 된다.

　단, SKH 9는 Mo계이지만 SKH 51로 개칭하는 것이 차기 개정시까지 미뤄지게 되었다.

　또한 이 개정에서 SKH 6과 SKH 8이 폐지되고 대신 SKH 10이 추가되었으며, Mo계에서는 SKH 52~57이 새롭게 추가되었다.

　1983년의 개정으로 SKH 4 B, SKH 5가 폐지되고 SKH 9는 SKH 51로 변경되었으며 또 SKH 58, 59가 추가되었다.

　이상을 아래 표에 정리했다. 또 다음 페이지의 표에 고속도강(고속도 공구강) 제정시부터 1983년 개정까지 각각의 기호별 화학 성분을 정리했다.

1950년	1953년	1956년	1968년	1983년
SKH2	SKH2	SKH2	SKH2	SKH2
SKH3	SKH3	SKH3	SKH3	SKH3
SKH4A	SKH4A	SKH4A	SKH4A	SKH4
SKH4B	SKH4B	SKH4B	SKH4B	폐지
SKH5	SKH5	SKH5	SKH5	폐지
SKH6	SKH6	SKH6	폐지	−
−	−	SKH8	폐지	−
−	−	SKH9	SKH9	SKH51
SKH7	SKH7	−	SKH10	SKH10
SKH1	폐지	−	SKH52	SKH52
			SKH53	SKH53
			SKH54	SKH54
			SKH55	SKH55
			SKH56	SKH56
			SKH57	SKH57
				SKH58
				SKH59

규 격	종 별		기 호	화 학 성 분 (%)						경도 (HRC)
				C	W	Mo	Cr	V	Co	
임시 JES G 1호 (1939년)	1종			0.6~1.0	12~14		4.0~5.0	−		
	2종			0.6~1.0	15~20		4.0~5.0	−		
	3종			0.6~1.0	15~18		4.0~5.0	0.5~1.0	3~4	
	4종	갑 을		0.6~1.0	17~22		4.0~5.0	1.0~1.5	8~12 12~16	
JIS G 4403 고속도강 (1950년)	1종		SKH1	0.65~0.85	12~14	−	3.5~4.5	−	−	>62
	2종		SKH2	0.65~0.85	17~19	−	3.5~4.5	0.5~1.0	−	>62
	3종		SKH3	0.65~0.85	17~19	−	3.5~4.5	6.5~1.0	3.5~4.5	>63
	4종	갑 을	SKH4A SKH4B	0.65~0.85	17~19 18~20	−	3.5~4.5	1.0~1.5	9~10 14~16	>64
	5종		SKH5	0.20~0.5	17~22	−	3.5~4.5	1.0~1.5	16~17	>64
	6종		SKH6	0.65~0.85	10~12	−	3.5~4.5	1.5~2.0	−	>64
	7종		SKH7	0.65~0.85	1.0~3.0	5.0~8.0	3.5~4.5	1.0~1.5	−	>62
JIS G 4403 (1953년)	SKH1 폐지									
JIS G 4403 (1956년)	2종		SKH2	0.70~0.85	17~19	−	3.5~4.5	0.8~1.2	−	>62
	3종		SKH3	0.70~0.85	17~19	−	3.5~4.5	0.8~1.2	4.5~5.5	>63
	4종	갑 을	SKH4A SKH4B	0.70~0.85	17~19 18~20	−	3.5~4.5	1.0~1.5	9~11 14~16	>64
	5종		SKH5	0.20~0.40	17~22	−	3.5~4.5	1.0~1.5	16~17	>64
	6종		SKH6	0.70~0.85	10~12	−	3.5~4.5	1.6~2.0	−	>62
	8종		SKH8	0.70~0.85	17~19	−	3.5~4.5	0.8~1.2	2~3	>62
	9종		SKH9	0.75~0.9	6~7	4.0~6.0	3.5~4.5	1.8~2.3	−	>62
JIS G 4403 고속도 공구강 (1968년)	W 계	2종	SKH2	0.70~0.85	17~19	−	3.8~4.5	0.8~1.2	−	>62
		3종 SKH3	0.70~0.85	17~19	−	3.8~4.5	0.8~1.2	4.5~5.5	>63	
		4종 갑 을 SKH4A SKH4B	0.70~0.85	17~19 18~20	−	3.8~4.5	1.0~1.5	9~11 14~16	>64	
		5종 SKH5	0.20~0.40	17~22	−	3.8~4.6	1.0~1.5	16~17	>64	
		10종 SKH10	1.45~0.60	11.5~13.5	−	3.8~4.5	4.2~5.2	4.2~5.2	>64	
	Mo 계	9종 SKH9	0.80~0.90	5.5~6.7	4.5~5.5	3.8~4.5	1.6~2.2	−	>62	
		52종 SKH52	1.00~1.10	5.5~6.7	4.8~6.2	3.8~4.5	2.3~2.8	−	>63	
		53종 SKH53	1.10~1.25	5.5~6.7	4.8~6.2	3.8~4.5	2.8~3.3	−	>63	
		54종 SKH54	1.25~1.40	5.3~6.5	4.5~5.5	3.8~4.5	3.0~4.5	−	>63	
		55종 SKH55	0.80~0.90	5.5~6.7	4.8~6.2	3.8~4.5	1.7~2.3	4.5~5.5	>63	
		56종 SKH56	0.80~0.90	5.5~6.7	4.8~6.2	3.8~4.5	1.7~2.5	7~9	>63	
		57종 SKH57	1.15~1.30	9.0~11.0	3.0~4.0	3.8~4.5	3.0~3.7	9~11	>64	
JIS G 4403 (1983년)	W 계	2종 SKH2	0.73~0.83	17~19	−	3.8~4.5	0.8~1.2	−	>63	
		3종 SKH3	0.73~0.83	17~19	−	3.8~4.5	0.8~1.2	4.5~5.5	>64	
		4종 SKH4	0.73~0.83	17~19	−	3.8~4.5	1.0~1.5	9~11	>64	
		10종 SKH10	1.45~1.60	11.5~13.5	−	3.8~4.5	4.2~5.2	4.2~4.5	>64	
	Mo 계	51종 SKH51	0.80~0.90	5.5~6.7	4.5~5.5	3.8~4.5	1.6~2.2	−	>63	
		52종 SKH52	1.00~1.10	5.5~6.7	4.8~6.2	3.8~4.5	2.3~2.8	−	>63	
		53종 SKH53	1.10~1.25	5.7~6.7	4.6~5.3	3.8~4.5	2.8~3.3	−	>64	
		54종 SKH54	1.25~1.40	5.3~6.5	4.5~5.5	3.8~4.5	3.9~4.5	−	>64	
		55종 SKH55	0.85~0.95	5.7~6.7	4.6~5.3	3.8~4.5	1.7~2.2	4.5~5.5	>64	
		56종 SKH56	0.85~0.95	5.7~6.7	4.6~5.3	3.8~4.5	1.7~2.2	7~9	>64	
		57종 SKH57	1.20~1.35	9.0~11.0	3.0~4.0	3.8~4.5	3.0~3.7	9~11	>65	
		58종 SKH58	0.95~1.05	1.5~2.1	8.3~9.2	3.8~4.5	1.7~2.2	−	>65	
		59종 SKH59	1.00~1.15	1.2~1.9	9.0~10.0	3.8~4.5	0.9~1.4	7.5~8.5	>65	

금속 재료와 공구 재종의 발달사

연대	금속 야금 기술 발달사	금속 원소의 발견과 관련 과학사
		고대로부터 16세기말까지 발견된 원소는 C, S, Fe, Cu, As, Ag, Sn, Au, Hg, Pb, Sb, Bi, Zn, P의 14종
1665	로버트 후크(英) 현미경으로 금속의 표면 조직을 관찰	
1709	다비 1세(英) 고로에 코크스를 사용하는 방법에 성공	1735 G · 브랜트(典)가 Co를 발견
1722	레오율(佛) 침탄강, 가단 주철의 제조에 대해서 과학 실험을 함	1748 우로아(西)가 Pt를 발견
1746	시계사 한츠만(英) 도가니 제강법으로 주강을 제조. 공구강의 제조에 대변혁이 일어남	1751 크론스테트(典)가 Ni를 발견
1775	헨리 · 코트(英) 석탄 연료로 선철을 가단철로 바꾸는 퍼들법 발견	1778 세르(典)이 No를 발견
		1781 세르가 회중석 속에 W의 함유를 발견
		1797 보클란(佛)이 Cr을 발견
1818	패러데이, 합금강 실험을 시작	1802 에케베리(典)가 Ta를 발견
1854	베세머(英) 용선중에 공기를 강하게 불어 넣어 Mn, Si, C를 제거하는 제강법을 개발	1808 데이비(英)가 Mg, Sr, Ba를 발견
1859	베세마, 전로를 개발. 1분간에 10~15ton의 강을 생산	1830 세프스트렘(典)이 V를 발견
1860	메이커 · 메렌호프(獨)가 저W강을 개발(고속도강의 기초라고 생각할 수 있다)	1865 솔비(英)가 금속 조직을 연구
1861	마세트(英)가 W-Mo강을 개발. 공기 담금질 자경성강으로 공구강으로서 우수하다	1869 멘델레프(露)가 원소 주기율표를 발표
1865	마르틴(佛) 평로 제강법을 개발(시엔스-마르틴법)	1878 마르텐스(獨) 「철의 현미경에 의한 연구」를 발표. 현미경 조직의 화학 성분과 기계적 성질의 관련을 해석
1877	자콥 · 홀쩌(佛)가 Cr강을 처음으로 상업적으로 생산	1886 홀(美), 에르(佛)가 각각 독자적으로 알루미늄의 전기 정련법을 개발
1878	토마스 제강법이 개발됨	1887 트레시더(英)가 Ni강을 발명
1884	하드필드(英) Mn강을 개발. 또 1890년대에는 Si강의 개발에도 성공	1888 브리넬(瑞) 「강의 발열 냉각과 구조 변화」를 발표
1890	90년대에 들어 독일, 프랑스, 영국 각 국에서 스테인리스강의 개발 경쟁이 시작됨	1895 뢴트겐(獨) X선 발견
1894	미드벌 제강소(美)에서 마세트강의 Mn을 Cr로 치환한 W-Cr 강을 개발(고속도강의 원조)	1898 퀴리 부인(佛)이 Ra를 발견
1989	테일러와 화이트(美)가 고속도강을 발명	
1900	테일러와 화이트의 W-Cr 공구강, 파리 만국박람회에 출품, 고속도강이란 이름으로 불림	1901 US 스틸사(美) 창업
1906	테일러팀이 고속도강을 개량. W, Cr을 증가시키고 V를 첨가(18-4-1형의 전신)	1909 빌룸(獨)이 두랄루민의 시효경화로 특허
1912	베커 제강소(獨) Co 첨가한 코발트 고속도강을 발표	1910 클리지(美)가 W 필라멘트 전구를 발명
1912	크룹사(獨)가 18-8을, 브리어리(英)는 13Cr 스테인리스강을 발명	1914 X선 회절 현상 발견
1914	독일에서 신선(伸線) 다이스에 WC(초경 합금) 다이스를 발명	1914 아나콘다 광산(美) 아연의 전해 정련을 개시
1916	제1차 세계대전(1914~1918년) 중 W 부족으로 곤경에 빠졌던 독일, 미국은 Mo 대체를 연구	1918 마그사(瑞) 기어 연삭기를 제작
1917	테일러의 후계자들은 스텔라이트 공구강을 개발(드릴용으로 발군의 성능)	1920 인바의 발견 (초저 팽창able Ni 합금)
1921	웨스턴 · 일렉트릭(WE)사(美)가 퍼멀로이를 개발	1922 미한(美)이 미한나이트 주철 특허
1926	크룹사, 오슬람사에서 초경의 특허를 이양받아 「Widia」라는 명칭으로 발매	1923 크룹사가 질화강을 개발
1926	GE사는 복탄화물계 초경 「Carboloy」를 발표	1935 크라이슬러 자동차(美)가 초담금질법을 개발
1928	고Co(10~15% 첨가) 고속도강이 등장. 또 고C-고V 고속도강도 개발	1939 알덴네(獨)가 전자 현미경을 시험제작
1932	클리브랜드 · 트위스트 드릴사(美)에서 Mo 고속도강 (M1 타입)이 재등장. 또 클류시불스틸사(美)는 M2 타입의 고속도강을 개발	1941 칼 · 투와이스사(獨)가 위상차 현미경을 제작
1935	복탄화물계 (WC-TiC-Co) 초경이 개발된다	1942 크로닝(獨)이 셸 모드 주조법을 개발
1945	제2차 세계대전 말기에 미국에서는 Mo 고속도강이 고도로 발달	1942 바이스너가 초경 드릴로 심공가공을 실시
1947	세라믹스 공구가 출현	1946 라자디엔코(蘇)가 방전 가공법을 발명
1949	독일의 메이커가 TiC 코팅법을 개발	1967 GE사가 인조 다이아몬드 숫돌 입자에 금속막을 코팅
1955	GE사의 연구소에서 인조 다이아몬드의 합성에 성공	1970 GE사에서 $\phi 8\,mm$의 대입자 다이아몬드를 합성
1956	휴매닉, TiC계 서멧을 발명	1986 주사형 터널 전자 현미경 개발
1957	GE사가 CBN(입방정 질화붕소)의 합성에 성공	
1960	포드사(美)가 TiC-Ni-Mo계의 서멧을 개발	
1963	바나듐얼로이사(美)가 고V 고속도강을 개발	
1969	위디아사(獨)가 CVD법 코팅 「Extra」를 개발	
1970	클류시불사(美)와 스트라사(典)가 동시에 분말 고속도강을 개발	
1971	테레다인사(美)가 TiN 코팅법을 발표	
1973	GE사에서 인조 다이아몬드를 콤팩스, CBN을 포하존이란 명칭으로 발매	
1977	C. 와이스만텔, 플라즈마 CVD법으로 다이아몬드막의 합성에 성공	
1980	질화규소계 (Si_3N_4) 세라믹스의 출현	

기계 기술 발달사	서구 과학기술 문화사	일본의 문화와 기술
8세기 사라센인, 제지 기술을 유럽으로 전파		708 화동개칭을 주조 (가장 오래된 화폐)
1325 플로렌스에 주철포 · 주철탄 등장	1492 다빈치의 투시법, 비행법, 연소론	747 東大寺 大佛의 주조
1370 드 · 뷕(獨) 실용적인 기어 시계	1522 마젤란(葡) 최초의 세계 일주 항해	13세기 검도기술 융성 · 도공 마사무네(正宗) 등
1450 구텐베르크(獨) 인쇄술을 발명	1602 셰익스피어(英) 햄릿	1543 철포 전래-種子島에 포르투갈인 도래
16세기 직물업, 광산업에 기술의 진보	1637 데카르트(佛)「해석 기하학」	1601 佐渡相川 金山 발견
1604 갈릴레이(伊) 자유 낙하의 법칙	1638 갈릴레이(伊)「역학 대화」	1610 足尾銅山 발견
1609 갈릴레이 천체 망원경을 발명(목성 관측)	1662 영국왕립협회 창립	1674 關孝和 [화산]
1658 호이헨스(蘭) 진자 시계 발명	1666 뉴우튼(英) 만유 인력의 발견	17세기 골풀무 제철 전성기를 맞이함
1675 후크(英) 탄성의 법칙을 발표		
1711 뉴코멘(英) 최초의 실용 증기 기관	1751 프랑스 백과 대사전	1715 新井白石「西洋紀聞」
1733 케이(英) 북(셔틀)을 발명	1756 모차르트 탄생, 헨델 사망	1720 막부, 양서의 금지를 해제
1765 와트(英) 증기 기관을 개량(분리 응결기 장착)	1769 영국에서 산업혁명 시작	1764 平賀源內, 마찰 기전기를 제작
1774 윌킨슨(英) 보링 머신을 발명	1776 아담스미스(英)「국부론」	1774 杉田玄白,「蘭學事時」 완성
1979 모즈레이(英) 나사절삭 선반을 발명	1785 타임즈(英) 창간	
	1798 맬더스(英)「인구론」	
1807 플루톤(美) 실용적인 기선(汽船)을 완성	1825 영국에서 세계 최초의 철도를 개업	1821 伊能忠敬의 대일본 연해여지전도 완성
1817 로버트(英) 플레이너를 발명	1840 암스트롱사(英) 수력 발전기를 개발	1823 釜石鐵山의 발견
1839 나스미스(英) 증기 해머를 완성	1846 칼 · 투와이스사(獨) 창립	1850 佐賀藩, 양식 반사로로 포신 제조
1845 휫지(美) 터릿 선반을 발명	1862 SIP사(瑞) 창립	1860 막부, 長崎館의 포구에 제철소 설립
1856 위트우스(英) 정밀 측장기를 발표	1866 노벨(典) 다이너마이트 발명	1865 막부, 요코스카조선소 기공
1859 링컨(美) 4축 드릴링 머신을 발명	1876 오토(獨) 내연 기관을 발명	1872 신바시~요코하마간에 철도 개통
1862 브라운 & 샤프사(美) 만능 밀링 머신을 완성	1886 테일러호븐사(英) 창립	1877 東京開成 학교와 東京醫 학교를 합병하여 동경대학 개설
1886 나스미스, 램형 왕복식 절삭 기구를 발명	1886 다이뮬러와 벤츠(獨) 각각 독자적으로 4륜 자동차와 3륜 자동차를 완성	1882 築地 해군 병기창이 산성 평로(平爐)를 조업
1891 아티슨(美) 카보랜덤 숫돌 입자를 발명	1892 GE사(美) 설립	1890 철도청 고베공장에서 기관차를 제조
1897 야콥스(美) 코랜덤 숫돌 입자를 제조	1894 헤르츠(獨) 헤르츠의 응력	1896 육군 오사카포병공창이 염기성 평로를 조업
1897 파우터사(獨) 차동 장치 장착 호빙 머신을 개발		1097 八幡제철소 개업. 기계학회 창립
1898 플랫 & 휘트니사(美) 당김형 브로칭 미신을 개발		
1900 英, NPL(국립 물리학연구소) 창립	1903 라이트 형제(美)가 첫비행에 성공	1901 육군 大阪포병공창에서 합금강의 생산 개시
1901 노톤사(美)가 원통 연삭기를 개발	1903 포드 자동차(美) 설립	1901 八幡제철소, 16 ton 고로를 설치
1905 그리슨사(美) 베벨 기어 제너레이터를 발명	1905 공중 질소의 고정에 성공	1906 전함薩摩의 진수(조함 제조기술의 확립)
1909 SIP사, 표준척식 측정기를 개발	1906 프레밍(英) 3극 진공관 발명	1907 철도기술연구소 창립
1920 NPL, 오토콜리메이터를 발명	1908 GM사(美) 설립	1907 도요타자동직기 창업
1922 신시너티밀링사(美)가 센터리스 연삭기를 개발	1908 포드사, T형 포드의 양산 개시	1908 와세다대학 이공학부 설립
1922 칼 · 투와이스사, 공구 현미경을 개발	1914 T형 포드가 연간 생산 100만대를 달성	1909 芝浦제작소(도시바) GE와 제휴
1923 크린게룬베르그사(獨) 설립	1916 크라이슬러 자동차(美) 설립	1914 猪苗代 제1발전소, 11.5만 kW
1924 라이스 하우워사(瑞)가 나사 연삭기를 발표	1925 베어드(英) 최초의 실용 텔레비전을 발표	1915 八幡제철소, 고속도강의 압연 기술을 개발
1926 번즈사(美)가 호닝 가공법을 개발	1938 카로더스(美) 나일론을 발명	1917 本多光太郎팀이 KS강을 발명
1929 슈멀츠사(獨)의 광레버식 조도게이지	1945 진공관식 컴퓨터 ENIAC 완성(美)	1917 이화학연구소 설립
1931 샤케(佛) 전해 연삭법을 개발	1948 쇼클레이팅(美)이 트랜지스터를 발명	1919 東北帝大에 금속재료연구소 설립
1933 힐드사(美) 내경 센터리스 연삭기를 발명	1950 방켈사(獨) 로터리 엔진으로 특허	1920 川崎조선소, 군함용 고장력강을 생산
1937 테일러호븐사, 표면 조도 게이지 타리서프를 개발	1954 세계 최초의 원자력 발전소가 운전 개시(蘇)	1920 히다치제작소 설립
1947 란디스사(美)가 나사 연삭기를 발표	1957 세계 최초의 인공 위성(蘇)	1932 三島德七, MK 자석강을 발명
1949 테일러호븐사, 타리론드 개발 미국에 트랜스퍼 머신이 출현	1969 아폴로 11호 달 표면 착륙(美)	1935 吳해군공창, 30 ton 에루노로서 13Cr 강을 용제
1952 퍼슨즈(美) 매사추세츠 공과대학이 NC 공작기계를 연구 발표	1976 美의 바이킹 1, 2호 화성에 착륙	1937 일본 금속학회 발족
		1939 상공성이 자원 절약을 위해 솔리드 고속도강의 제조를 금지
		1941 吳해군공창에서 사상 최대의 전함 야마토를 준공

[국명 약자] 獨=독일, 葡=포르투갈, 英=영국, 伊=이탈리아, 佛=프랑스, 蘭=네덜란드, 典=스웨덴, 西=스페인, 瑞=스위스, 美=미국, 露=러시아, 蘇=구소련

여러 가지 공구 재종

기계 가공 현장에서는 가공 목적이나 피삭재의 종류 등에 따라 다양한 재종의 절삭 공구가 사용되고 있다. 본 절에서는 먼저 공구 재종에는 어떠한 것이 있는가를 간단하게 살펴 보기로 한다.

공구 재종에는 잘 알려져 있는 고속도강이나 초경 합금 이외에 Al_2O_3(산화 알루미늄＝알루미나) 또는 Si_2N_4(질화규소)를 주성분으로 한 소결체인 고속 절삭용 세라믹스, TiC(탄화 티탄), TiN(질화 티탄)을 주성분으로 한 소결 금속의 서멧 또는 초경 합금 표면에 내마모성, 내산화성을 더욱 향상시키기 위해 TiC나 TiN, Al_2O_3 등을 코팅한 코팅 초경 합금 등이 있다.

최근에는 C(탄소)나 BN(질화 보론) 등을 고온 고압하에 소결한 다결정 집적체 소결체, 다이아몬드 소결체나 CBN 소결체 등이 있다.

그림 1은 각각의 절삭 특성을 절삭 속도와 이송의 관계로 나타낸 것이다. 그 선택에 오류가 없는지의 여부, 구비하고 있는 공구 재종과 사용 조건에 대해 확인하기 바란다.

☐1 고속도강(고속도 공구강)

고속도강은 High Speed Steel의 머리 글자를 따서 축약한 것으로 현장 용어가 확산된 것이다. JIS(일본산업규격)에서는 고속도 공구강(영어로 High Speed Tool Steel)이라 칭하고 있다.

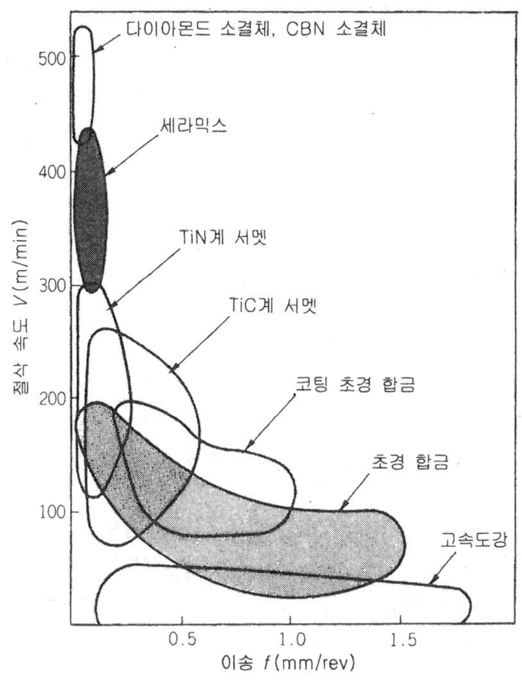

그림 1 각종 공구 재종의 절삭 영역

고속도강은 탄소강에 W(텅스텐) 18%, Cr(크롬) 4%, V(바나듐) 1%를 첨가한 것이 기본이지만 여기에 Co(코발트)를 첨가하여 내열성을 증가시킨 것, W의 양을 감소시키고 Mo(몰리브덴)로 대체한 것 등 그 종류가 다양하게 증가해 왔다.

현재 JIS에서는 W계로서 SKH 2, 3, 4, 10의 4종류가, Mo계로서 SKH 51, 52, …, 58, 59의 9종, 총 13종이 정해져 있다.

W계는 고온 경도가 높기 때문에 바이트에 사용되고 있다. Mo계는 W계에 비해 점성이 있으므로 구멍 속에서 부러지면 안되는 드릴과 같이 특히 인성이 요구되는 공구에는 SKH 51 또는 내마모성이 필요한 호브 등에는 Co가 많은 SKH 57 등이 사용되고 있다.

최근에는 TiC나 TiN 등을 피복하여 성능을 높인 코팅 고속도강이 늘어나고 있다.

☐ 2 ☐ 초경 합금

초경 팁은 WC(탄화 텅스텐)를 주성분으로 하여 분말 야금법으로 만들어진다. 절삭용 공구로서는 그 기본적인 특성을 활용하여 수많은 팁 재종(공구 재종)이 만들어지고 있다.

초경 합금에는 절삭 공구용 재종 이외에 광산 토목용 재종, 내마모성 공구용 재종 등이 있다.

① **팁 재종의 호칭법**…JIS에서는 절삭 공구용 초경 합금 재종을 P종, M종, K종의 3종류로 대별하고 있다. 또한 그 분류에서도 경도에 비례해 재분류되며 P, M, K 기호 다음에 이어지는 숫자가 작을수록 단단한 초경 재종이다.

각 재종의 성분을 **그림 2**에 또 이들의 특징과 용도를 **표 1**에 나타낸다.

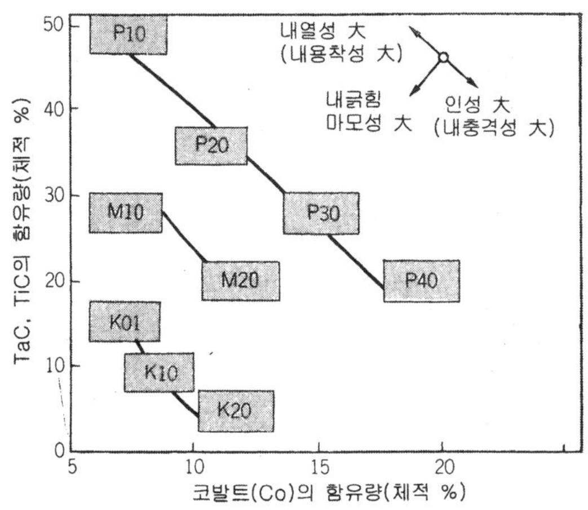

그림 2 초경 P, M, K종의 성분 비와 특성

표 1 초경 P, M, K종의 특징과 용도

용도 분류	합금 성분	합금적 특징	적응 파삭재
P	WC-TiC-TaC-Co	내열성, 내용착성이 우수하다. TiC, TaC 등을 많이 포함하고 특히 크레이터나 열균열이라는 열적 손상에 강하다.	강, 합금강, 스테인리스
M	WC-TiC-TaC-Co	TiC, Ta 등을 알맞게 포함하여 열적, 기계적 손상에 모두 강하다.	스테인리스, 주강, 덕타일 주철
K	WC-Co	강도가 우수한 WC를 주체로 하는 합금으로서 특히 긁히는 마모와 같은 기계적 손상에 강하다.	주철, 비철금속, 비금속

② **팁 재종의 선택 기준**…(JIS B 4035)에서는 P, M, K종을 작업 용도별로 정리하여 이용자가 선정에 애먹지 않도록 사용 선택 기준을 정하고 있다(부록편 데이터 시트 참조).

또 이 JIS(KS) 용도 분류에 대한 각 공구 메이커의 대표적인 권장 초경 재종도 아울러 부록편의 데이터 시트에 정리했다.

3 초미립자 초경 합금

초미립자 초경 합금은 초경 합금 중 고속도강계 재종 범주에 위치하고 있어 종래부터 초경 합금과 고속도강 사이의 갭을 메우는 재종으로서 주목받아 왔다.

사진 1은 초미립자 초경 합금, **사진 2**는 일반 초경 합금(K 20)의 주사 전자 현미경 (SEM) 사진이다.

이 사진에서 초미립자 초경 합금 속의 WC 입자 지름은 일반 초경 합금보다 훨씬 미세하여 $0.6 \sim 0.8\,\mu$m라는 것을 알 수 있다. 때문에 초미립자 초경 합금인 경우에는 연마함으로써 예리한 절삭날을 정밀도가 매우 뛰어나게 형성할 수 있다.

또한 WC 입자 지름이 작아지면 표면적이 증가하여 활성화되어 소결성이 좋아진다는 이점이 있다. 그러나 한편, 취급중에 산화되기 쉽고 또 소결중에 조도가 커진 WC 입자가 국부적으로 되기 쉽다는 결점도 있다.

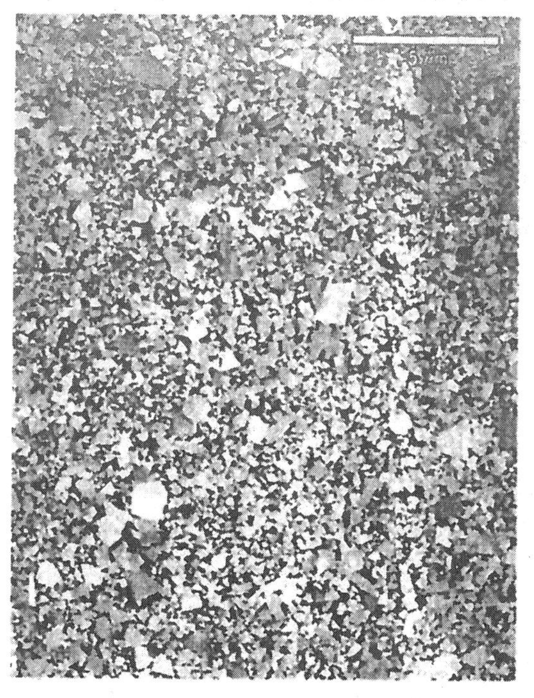

사진 1 초미립자 초경 합금의 SEM 사진

사진 2 초경 K20 재종의 SEM 사진

이 WC 입자의 이상 성장을 방지하기 위해 VC(탄화 바나듐)나 Mo_2C(탄화 몰리브덴) 등 소량의 입자 성장 억제제를 첨가한다.

초미립자 초경 합금의 상온에서의 경도와 항절력의 관계를 일반 초경 합금과 비교하여 **그림** 3에 나타냈다.

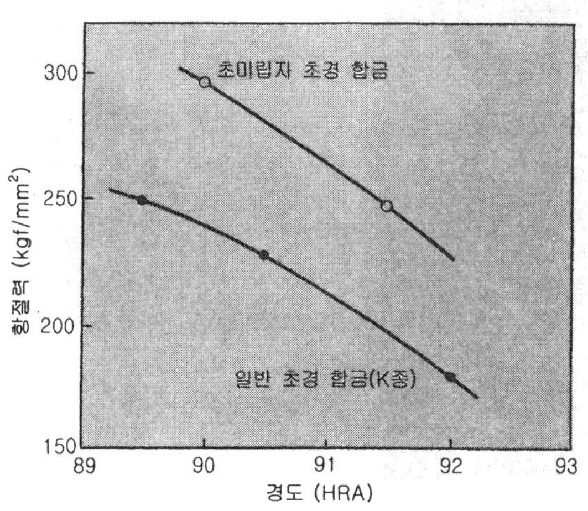

그림 3 초미립자 초경 합금의 경도와 항절력

이 그림에서 초미립자 초경 합금은 일반 초경 합금과 경도가 같은 것이면 강도가 높고, 강도가 같은 것이면 단단하다는 것을 알 수 있다.

WC나 Co가 큰 덩어리로 존재하면 그것을 기점으로 파손돼 버리지만 초미립자 초경 합금의 경우에는 WC와 Co 양쪽이 미세하기 때문에 강한 것이다.

이와 같이 상온에서는 우수한 특성을 지니는 초미립자 초경 합금이지만 고온에서는 문제점도 있다. 예를 들면 절삭 공구로서 절삭날이 고온으로 되는 조건에서 사용하면 경사면의 크레이터 마모가 크게 발달하는 동시에 소성 변형을 일으킨다.

이러한 초미립자 초경 합금의 특성을 고려하면 그 용도가 자연히 결정된다. 즉 온도가 그다지 높지 않고 예리한 에지가 요구되며 내마모성, 인성이 요구되는 용도에 사용된다.

그래서 절삭 속도를 올리기 어려운 소(小)지름 솔리드 엔드 밀이나 솔리드 드릴에는 초미립자 초경 합금이 적합하다.

4 코팅 초경 합금

코팅 초경은 초경의 표면에 TiC나 TiN, TiCN, Al_2O_3 등의 경질 물질(탄화물, 질화물, 산화물)을 수 μm의 두께로 화학적, 물리적으로 견고하게 부착(증착)시킨 것이다.

코팅 초경 합금이 처음 사용될 무렵에 코팅층은 TiC만 사용된 단층이었지만 최근에는 2층 또는 3층의 다층 구조로 되어 있다.

사진 3은 가장 많이 사용되고 있는 $TiC-Al_2O_3$계의 코팅 초경 합금 팁의 조직 단면과 외관이다. 가장 외층에 코팅된 Al_2O_3은 화학적으로 안정돼 있으므로 고열에 노출시킴으로써 발생하는 경사면의 마모에 효과적이다.

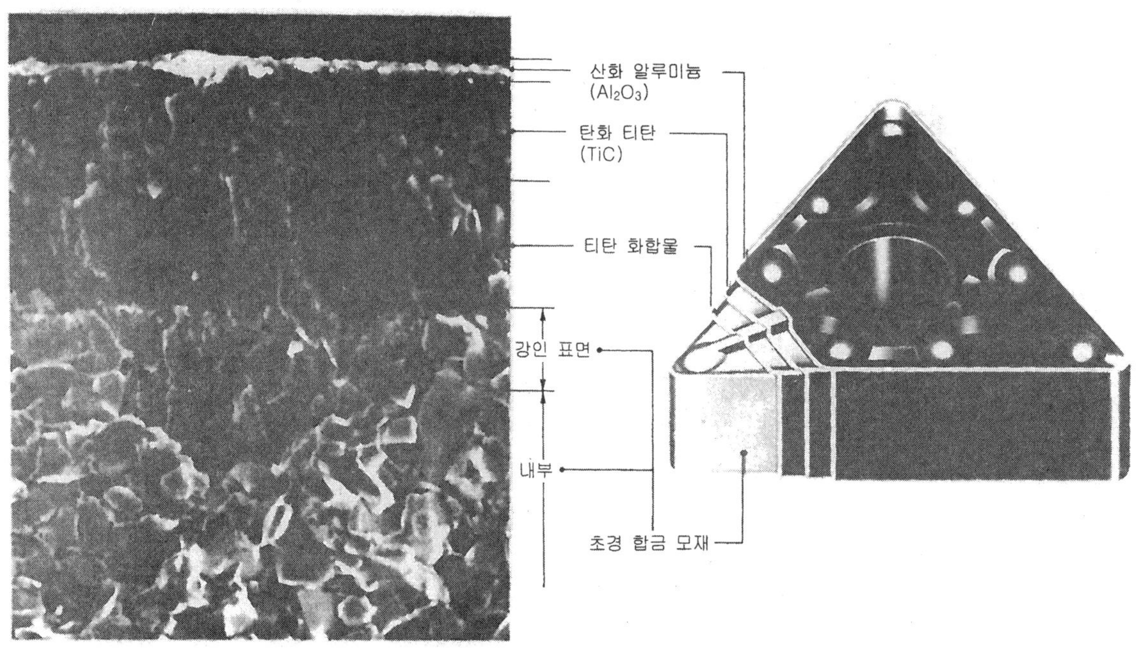

사진 3 코팅 초경 합금의 조직과 모식도의 예(다층 복합 타입)

그 아래의 TiC는 단단하여 피삭재와의 마찰로 발생되는 여유면 마모에 효과적이다. 또한 아래의 Ti 화합물은 모재의 초경 합금과 이들 코팅층을 견고하게 부착시키는 역할을 한다.

초경 합금 모재도 코팅 초경 합금의 성질에 알맞는 전용 모재를 사용하는 것이 많아지고 있다. 모재에는 우수한 인성과 내소성 변형성이 요구되지만 이 2가지의 특성은 매우 상반되는 것이다.

그래서 코팅층 바로 아래의 모재 표면 부분에는 연질이면서 인성이 강한 층을 형성시켜 코팅층에서 전달되는 크랙을 저지한다. 이와 같이 모재 표면에만 강인한 층을 형성시켜 모재 내부를 내소성 변형성이 풍부한 초경 합금으로 만들 수 있다. 코팅 초경 합금은 초경 모재의 인성과 코팅층의 우수한 내열성, 내마모성을 겸비한 절삭 공구 재종이다.

본 절에서 소개한 코팅 초경은 CVD(화학 증착)법에 의한 것이지만, 그 외에 PVD(물리증착)법에 의한 것도 있다.

또 고속도강을 모재로 한 코팅 고속도강도 있는데 이들 코팅 재종은 스로어웨이 팁 전체의 50% 가까이를 차지하고 있어 강이나 주철의 절삭에 위력을 발휘하고 있다.

5 서 멧

세라믹·메탈을 약칭하는 서멧은 그 이름과 같이 금속 화합물을 경질층으로 한 것으로, 초경 합금과 마찬가지로 경질층(초경 합금의 경우, WC)과 그를 둘러싸고 있는 결합층(초경 합금의 경우, Co)으로 구성된다. 경질층에는 TiC, TiN 등이 사용되고 결합층에는 Ni나 Mo 등이 사용된다.

경질층으로서의 탄화물, 질화물은 초경 합금의 주성분인 WC와 비교하면 고온 강도나 내산화성이 우수하고 또한 피삭재와 잘 반응하지 않기 때문에 내(耐) 크레이터성도 양호하다. 때문에 세라믹스 등의 고속 절삭 영역에서부터 초경 합금 등의 저속 절삭 영역까지 폭넓게 사용할 수 있다.

또한 피삭재 표면의 표면 거칠기를 향상시키는데 유효하다는 특징도 있는데 그 물리적, 기계적인 특성은 **표 2**와 같다.

표 2 각종 공구 재종의 특성

	공 구 재 질							
	초 경 합 금		TiCN계 서 멧	세 라 믹 스			CBN 소결체	다이아몬드 소결체
	WC-Co	WC-TiC TaC-Co		Al_2O_3	Al_2O_3 -TiC	Si_3N_4		
밀 도 (g/cm^3)	14.9	12.5	6.9	3.9	4.3	3.3	3.8	3.8
경도 HV	1650	1500	1650	2000	2200	2000	4300	7000
경도 HRA	92.0	90.5	92.5	93.0	94.0	93.0	–	–
항 절 력 (kgf/mm^2)	200	200	160	50	80	100	–	–
영 계 수 ($10^4 kgf/mm^2$)	6.4	5.3	4.5	3.5	4.0	3.2	6.6	9.0
열 팽 창 률 ($10^{-6}/℃$)	4.6	5.5	7.7	8.0	7.8	3.5	4.6	3.8
열 전 도 율 ($cal/cm·s·℃$)	0.19	0.09	0.07	0.07	0.07	0.07	0.25	0.3

⑥ 세라믹스

절삭 공구용 세라믹스는 일반적으로 고순도의 미세한 산화물(예를 들면 Al_2O_3나 MgO), 질화물(예를 들면 TiN이나 Si_3N_4) 등의 분말을 가압하면서 소결하는(핫 프레스법이나 열간 정압 소결법) 방법으로 만들어져, 치밀하고 미세한 조직을 가지는 소결체이다.

내마모성이 우수할 뿐만 아니라 내용착성, 내산화성, 내열성이 우수하여 높은 정밀도와 양호한 다듬질면을 얻을 수 있다.

오늘날에는 Al_2O_3계 세라믹스와 Si_3O_4계 세라믹스가 있으며 Al_2O_3계는 다시 순알루미늄계 세라믹스(백색)와 Al_2O_3에 탄화물을 가한 세라믹스(흑색)가 있다. 초고속 절삭용 등으로 사용되며, Si_3N_4계 세라믹스는 습식 절삭 등에 이용할 수 있다.

⑦ 다이아몬드 소결체

다이아몬드는 모든 물질 중 가장 단단하고 영 계수도 높으면서 열 전도율도 큰 재료이다. 때문에 공구 재료로서 매우 우수하여 과거부터 천연 또는 인공 다이아몬드가 숫돌, 숫돌입자, 단석 다이아몬드 바이트로서 사용되고 있다.

그러나 인공 다이아몬드는 최대라고 해도 0.6 mm 정도의 크기 밖에 얻어지지 않기 때문에, 분말 다이아몬드를 소결하여 다결정 소결체로서 크기를 자유롭게 조절할 수 있는 다이아몬드 공구 연구가 진행되었다. 그리고 1972년에 미국의 GE사가 처음으로 소결 다이아몬드 공구를 완성시켰다. 다이아몬드 소결체(소결 다이아몬드)는 **그림 4**와 같은 프로세스로 5만 기압, 1,400℃라는 초고압, 고온하에서 합성된다. CBN 소결체와 같이 초경 합금 모재 위에 형성되며 필요한 크기로 절단하여 초경 합금 스로어웨이 팁, 엔드 밀, 건 리머 등 각종 공구상에 납땜된다.

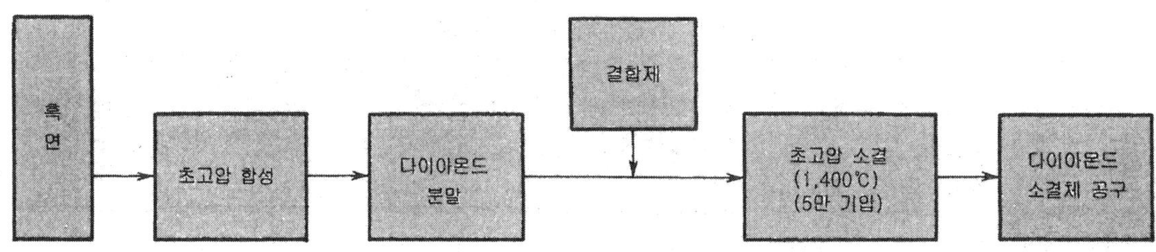

그림 4 다이아몬드 소결체의 제조 프로세스

다이아몬드 소결체는 매우 단단하여 내마모성이 우수하기 때문에 공구 수명이 매우 높고 러닝 코스트가 싸다. 또 고온 강도가 높기 때문에 고속 절삭이 가능하며 다듬질면이 양호하고 구성 날끝이 잘 발생되지 않는다는 특징을 지니고 있다.

용도로서는 알루미늄이나 동 등의 비철 금속과 그 합금, 플라스틱, 고무 등의 비금속 재료의 절삭에 사용된다. 예를 들면 고무와 같은 부드러운 재료를 절삭하는 경우에는 절삭날 표면에 랩을 하여 용착을 방지한다. 그러나 다이아몬드는 통상의 절삭 온도에서는 Fe나 Ni, Co 등을 포함하는 금속과 화학 반응을 일으키기 때문에 이들 성분을 포함하는 철계 금속, Ni기, Co기 등의 내열 합금 가공은 할 수 없다. 단, 주물을 미소 절삭하여 사용하는 것은 가능하다. 한편, 가능한 한 습식 절삭으로 해야 한다.

다이아몬드 소결체의 결합제로는 Co를 사용한다. 다이아몬드 소결체의 성질은 다이아몬드의 입자에 따라 바뀌는데 대략 거친 입자(50 μm), 중립자(7~8 μm), 미립자(5 μm 이하)로 분류된다. 거친 입자와 중립자는 Co량이 적어 단단하지만 미립자는 Co량이 많아 부드럽다.

● **다이아몬드 소결체의 재연삭**···재연삭에 사용하는 연삭기는 일반적으로 초경 공구용이어도 상관없으나 강성이 높아야 한다. 또한 치수 정밀도가 엄격한 것에는 강성이 높은 고정밀도인 전용 연삭기가 바람직하다. 숫돌은 **표 3**에 나타낸 시방의 다이아몬드 숫돌을 사용한다.

표 3 다이아몬드 소결체의 재연삭

숫 돌 시 방	용 도	
	거친 연삭	다듬질 연삭
숫 돌 모 양	6A2 타입(컵 타입)	
숫 돌 입 자	SD계, MD계	MD계
정 밀 도	325~400	1,500~3,000
집 중 도	100	125
결 합 제	레진, 비트리 파이드, 메탈	비트리 파이드, 메탈

다이아몬드 소결체는 연삭성이 매우 나쁘기 때문에 여유면 연삭 방식을 이용하여 연삭 면적을 적게 한다. 또 숫돌을 수시로 드레싱하여 적당한 트루잉도 한다. 연삭 방법은 습식이다.

8 CBN 소결체

CBN(입방정 질화붕소)은 숫돌, 숫돌 입자 등의 형태로 공구 재료로서 사용돼 오고 있다. 나아가 이 분말을 소결한 이른바 초고압 소결체 공구가 실용화되었다.

CBN 소결체는 5만 기압, 1,350℃라는 초고압, 고온하에서 일반적으로 두께 1mm 정도의 초경 합금 모재 위에 합성된다(그림 5, 6).

CBN 층의 두께는 0.5 mm 정도로, 초경 합금 모재마다 와이어 방전 가공기 등을 이용해 필요한 크기로 절단하고 다시 초경 스로어웨이 팁상에 납땜한다.

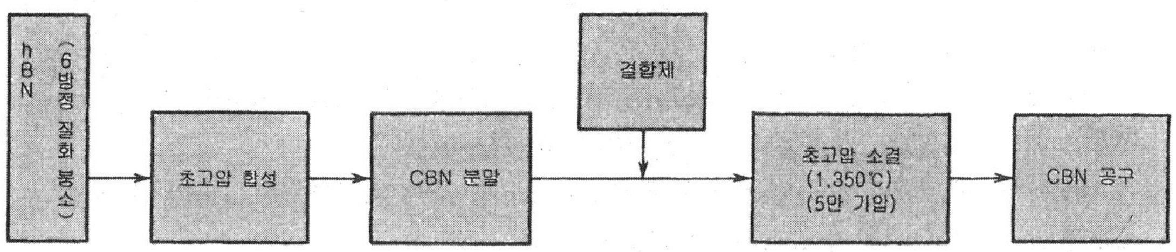

그림 5 CBN 소결체의 제조 프로세스

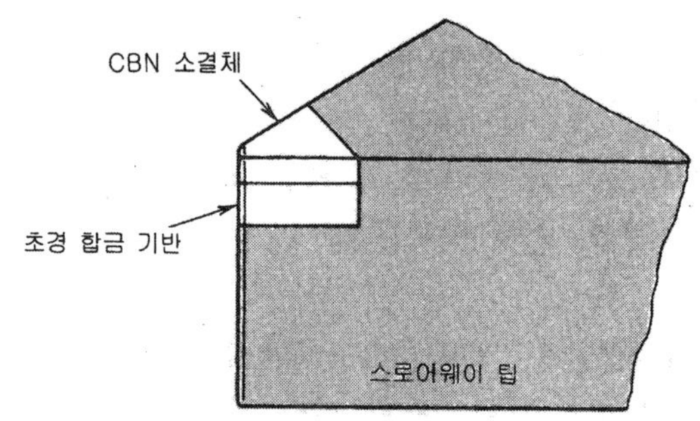

그림 6 CBN 소결체 팁

스로어웨이 팁 이외에도 엔드 밀 등 공구의 절삭날로도 사용된다.

CBN 소결체는 다이아몬드 다음의 경도와 열 전도율을 가지며 철과 잘 반응하지 않기 때문에 구성 날끝도 잘 생기지 않고 화학적으로 안정돼 있어 산화가 잘 되지 않기 때문에 열 변형이 알루미나의 약 절반으로 내열 충격성이 높다는 등의 특징을 지니고 있다.

때문에 주철의 고속 절삭, 고경도재 다듬질 절삭, 철계 소결 합금의 절삭 등에 적합해 피삭성이 나쁜 강이나 주철을 고능률로 절삭할 수 있다.

CBN 소결체는 결합제의 종류에 따라 크게 3가지로 분류할 수 있다.

① **세라믹스계**⋯TiN, TiC, Al_2O_3 등을 결합제로 하는 것으로, 각 공구 메이커의 주류를 이루고 있는 타입이다.

용도로서는 55~65 HRC 정도의 침탄 담금질강, 공구강의 다듬질 절삭으로, 종래에는 이들을 연삭으로 밖에 가공할 수 없었다.

② **서멧계**⋯세라믹스계 결합제는 소결하기가 어렵다는 결점이 있다. 그래서 소결성을 높이기 위해 세라믹스계 결합제에 약간의 Ni, Al, Co와 같은 성분을 가한 것을 서멧계 결합제라 부르고 있다. 용도는 세라믹스계와 같다.

③ **메탈계**⋯Ni, Al, Co와 같은 성분을 주된 결합제로 하는 것으로, 소결하기 쉽고 CBN의 함유량을 많게 할 수 있다.

용도로서는 주철, 철계 소결 합금, 내열 합금 등의 거칠기, 다듬질 가공에 사용한다.

● 텅스텐의 W는 「늑대」에서

텅스텐은 광석의 일종인 「울프러마이트＝Wolframite」(텅스텐 산회 중석 : CaWO₄)에서 화학적으로 추출하여 정련한다. 울프러마이트는 이 어의에 따라 「낭(狼) 석」이라고도 불리고 있다.

영어로는 텅스텐을 wolfram 및 tungst. e. n이라 부르며 독일어에서도 wolfram 이라 한다. 프랑스어에서는 tungstene이라 부르고 있다.

텅스텐이 영국에서나 독일에서 공통적으로 wolfram으로 통하고 있다는 점에서 그 원소 기호를 W로 한 것으로 생각된다.

1 바이트의 종류와 특징

(1) 날부 형상에 의한 분류

바이트 형상 또는 절삭날 형상으로 분류하면 아래와 같다(JIS에 의함, 데이터 시트 참조).

- **검(劍)바이트** : 똑바른 섕크 끝에 절삭날을 가지는 바이트. 진(眞)검, 선환(先丸)검, 사(斜)검, 평(平)검의 4종류가 있다. 섕크 양측에 절삭날을 가지는 경우에는 「양날검 바이트」라 한다.
- **굽은 바이트** : 섕크축에 대해 좌우 어느 쪽인가에 구부러진 날부를 가지는 바이트로서 우검, 좌검, 선환 구석, 횡검, 방향 등의 각종 바이트가 있다.
- **편날 바이트** : 섕크의 축에 거의 평행인 주 절삭날을 좌우 어느 한 쪽에 가진다.
- **스프링 바이트** : 코너 높이가 섕크의 마딕면과 일치하거나 또는 그것을 초과하지 않도록 목을 구부린 바이트
- **헤일 바이트** : 플레어와 채터링을 방지하기 위해 목을 구부려 스프링 작동을 하도록 한 것.
- **버튼 바이트** : 직접 또는 섕크로 홀더에 기계적으로 설치하여 사용하는 원추형의 바이트
- **서큘러 바이트** : 고정 구멍 또는 섕크를 가지는 원판상 바이트로서 그 외측의 일부에 노치를 설치, 그것을 주 절삭날로 하는 바이트. 주로 총형 바이트로서 사용한다.

(2) 기능·사용 목적에 의한 분류

JIS에서는 50종류 이상의 바이트로 분류되고 있는데 그 가운데의 대표적인 것을 든다.

- **황삭 바이트** : 황삭 공정에서 사용하는 것으로 일반적으로는 중절삭에 견딜 수 있는 형상,

치수로 하여 칩 처리를 고려하고 있다.

　　●**다듬질 바이트** : 문자 그대로 다듬질 공정에서 사용하는 것. 일반적으로는 양호한 다듬질면을 얻을 수 있는 날부 상태로 되어 있다.

　　●**총형 바이트** : 날의 형상을 원하는 윤곽으로 미리 만들어 그것을 가공물에 전사하는 바이트. 재연삭은 경사면에만 한다.

　　●**다인 바이트** : 다수의 절삭날을 사용하여 동시에 절삭하는 것.

　　●**성형 바이트** : 사용 조건에 맞도록 날부를 미리 다듬질한 바이트

　　●**완성 바이트** : 열 처리한 고속도강 재료로, 사용할 때 날부를 성형한 다음에 사용하는 것

　　●**절단 바이트** : 가공물을 절단하거나 폭이 좁은 홈 절삭에 사용한다. 공구대에 하향으로 설치한 것을 「역절단 바이트」, 절삭날이 섕크축에 대칭인 것을 「중절단 바이트」라 한다.

　　●**홈 절삭 바이트** : 문자 그대로 홈가공 전용 바이트

　　●**리세싱 바이트** : 내면 홈 절삭에 사용한다.

　　●**보링 바이트** : 구멍을 선삭하는 데 사용한다. 일반적으로 긴 목 끝에 구부러진 날부를 가진다.

　　●**시추 바이트** : 보링 바에 고정시켜 사용하는 소형 바이트

　　●**면절삭 바이트** : 모떼기 등 면을 깎는데 사용한다.

　　●**나사 절삭 바이트** : 나사를 절삭하는 데 사용하는 바이트. 숫나사, 암나사, 총형, 서큘러 등 각종의 나사 절삭 바이트가 있다.

　　●**모방 바이트** : 모방 절삭에 사용하는 바이트

　　●**회전 바이트** : 버튼 바이트를 회전시킬 수 있도록 홀더에 설치하여 사용하는 조립식 바이트. 회전시키는 데는 여러 가지 방법이 있다.

　　●**스폿 페이싱 바이트** : 스폿 페이싱 바에 설치하여 볼트나 와셔 등의 체결 자리를 가공한다.

　　●**탄젠셜 바이트** : 바이트의 주 운동 방향과 이송 방향이 일치하도록 사용하는 바이트. 특히 다듬질용을 「셰이빙 바이트」라 한다.

(3) 구조에 의한 분류

　　●**솔리드 바이트** : 날부와 섕크부 또는 보디가 동일 재료인 일체형 바이트. 완성 바이트 등

　　●**날붙이 바이트(납땜 바이트)** : 날부를 섕크에 납땜한 일반적인 납땜 바이트

　　●**클램프 바이트** : 날형 팁을 섕크나 보디, 홀더 등에 기계적으로 체결한 것. 특히 스로어웨이 팁을 사용하는 것이 「스로어웨이 바이트」.

　　●**삽입 바이트** : 홀더나 보디에 삽입하여 체결하는 타입의 소형 바이트

　　●**조립 바이트** : 날부와 섕크 또는 보디가 조립 구조로 되어 있는 바이트

(4) 공구 재종별 분류

　　사용하는 재료에 따라 다양한 바이트가 있다.

- **고속도강 바이트** : 고속도강 공구의 가장 큰 특징은 강한 인성이다. 더욱이 초경 등에 비해 공구의 재연삭이 용이하고 내마모성은 다른 재종에 비해 약간 떨어지지만 저속 절삭 영역에서는 높은 수명을 지니고 있다.

고속도강 바이트에는 날붙이, 완성, 스로어웨이, 총형 등의 타입이 있고 특히 스로어웨이 팁에는 코팅 고속도강이 증가하고 있다.

- **초경 바이트** : 초경 합금은 현재 가장 일반적인 재종이다. 선삭용으로서는 K 10, P 20, P 30 등이 혼히 사용되고 있다. 고속도강에 비해 내마모성이 높고 절삭 속도도 높일 수 있는 것이 특징이다.

강에서부터 주철, Al 합금, 스테인리스강, 내열 합금까지 거의 모든 피삭재에 적용된다. 앞으로는 고속도강과 같이 코팅 모재로서 이용될 것으로 생각한다.

- **코팅 바이트** : 고속도강이나 초경 합금의 모재에 Al_2O_3나 TiC, TiN, TiCN, 다이아몬드, 또는 이들을 조합한 단단한 물질을 여러 층 코팅하여 경사면이나 여유면의 마모를 가급적 적게 한 공구이다.

강의 가공에서는 절삭 저항이 주철의 경우보다 커지기 때문에 모재에는 내열성, 내결손성이 높은 초경을 선정한다. 코팅 물질에는 TiC계와 Al_2O_3계를 적층한 것이 적합한 듯하다.

한편 주철 절삭에서는 칩이 강의 경우보다 짧기 때문에 경사면 마모보다도 여유면 마모가 발생하기 쉬워진다. 때문에 내여유면 마모성이 높은 TiC가 유효하다. 또 Al_2O_3와 적층한 것이 적합하다.

- **서멧 바이트** : 서멧은 내산화성이나 내열성이 우수하고 금속과의 친화성도 적어 절삭 공구 재종으로서 우수한 특징을 지니고 있다. 내결손성이나 내소성 변형성도 우수한 TiN을 첨가한 것도 개발되고 있다.

내외경 절삭이나 나사 절삭에서 서멧은 우수한 성능을 발휘한다. 단, 외경 황삭과 같은 경우에는 절삭 유제의 사용법에 주의하지 않으면 급격한 가열 냉각으로 공구 팁이 균열되는 수가 있다.

- **세라믹 바이트** : 고경도 재료의 선삭에 사용된다. 고온 강도가 높고 고온에서도 소성 변형이 적어 피삭재와의 용착이 적은 것이 특징이다.

CBN보다 저렴하다는 점에서 생산 현장에서 널리 사용되고 있다. 담금질강의 다듬질 가공 등 지금까지의 연삭 가공을 대신하는 분야도 있다.

또 내열 합금 등 난삭재라는 재료의 선삭 가공에도 점차로 사용되고 있어 고속 절삭에 적합한 공구로서 대폭적인 가공 시간의 단축에 효과를 올리고 있다.

- **CBN 바이트** : 당초에는 내열 합금용으로 고려되고 있던 CBN 바이트도 담금질강을 비롯하여 철계, 세라믹스계 등 많은 재료의 절삭에 사용되어 현재에는 가장 일반적인 공구 재종의 하나이다.

특히 담금질강의 경우, 종래의 연삭 가공을 대신하는 다듬질용 공구로서 중요한 지위를 차지하고 있다.

CBN은 세라믹스보다도 강도가 높기 때문에 단속 절삭과 같은 엄격한 조건에서는 CBN 공구를 사용하는 것이 적절하다. 연속 절삭의 경우에도 CBN은 세라믹스보다 수명이 길기 때문에 가격 등을 고려하여 어느 쪽을 우선할 것인가를 결정해야 할 것이다.

주철과 함께 철계 소결 합금의 절삭도 CBN 공구가 실력을 발휘하는 분야이다. 초경 합금에 비해 공구 수명이 길며 다이아몬드 공구와 함께 능률이 높고 성능이 좋은 재종이라 할 수 있다.

- **다이아몬드 바이트** : 날부에 단석(單石) 다이아몬드를 사용한 바이트이다(140페이지 참조).
- **PCD 바이트** : 날부에 PCD(다결정 다이아몬드 소결체)를 사용한 바이트이다(130페이지 참조).

2
바이트 날끝 각도와 효과

바이트의 날끝 각도와 그 표시 방법(**그림 1**)에 관해서는 JIS B 4011(KS B 0813)에 규정되어 있지만 호닝이나 브레이커 등에 관한 것은 특별히 정해져 있지 않다.

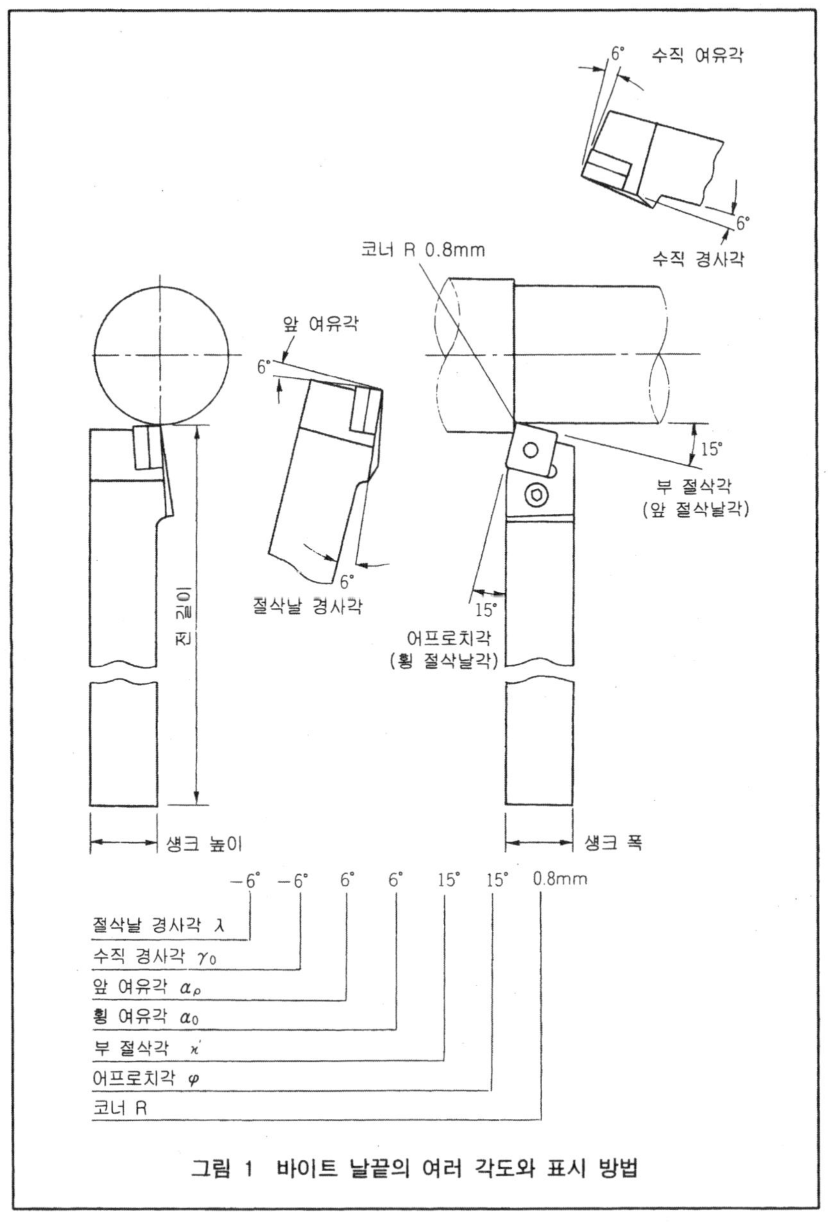

그림 1 바이트 날끝의 여러 각도와 표시 방법

① **수직 경사각**…이것을 크게 잡으면 그만큼 절삭 저항은 적어지고 쐐기각도 작아진다. 또 경사면의 용착도 적어진다. 그 대신에 날끝의 강도는 약해진다(**그림 2**).

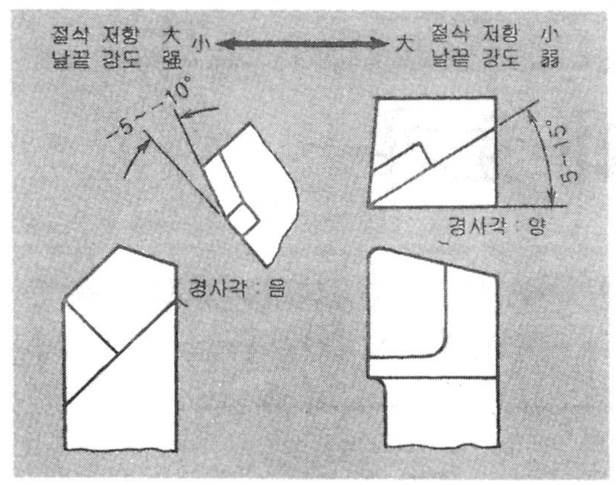

그림 2 수직 경사각 γ_0

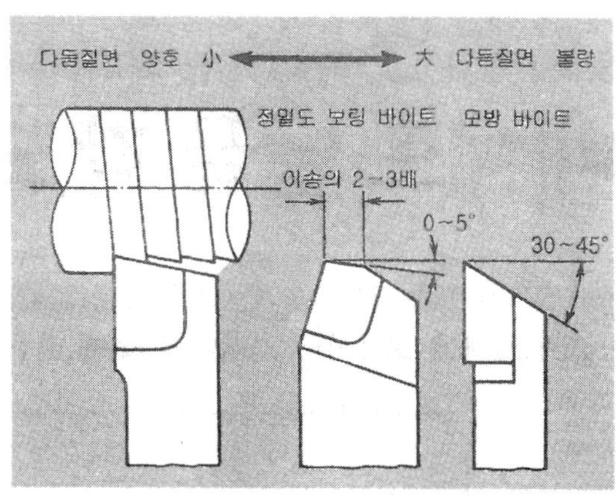

그림 5 부 절삭각 κ' (앞 절삭날각)

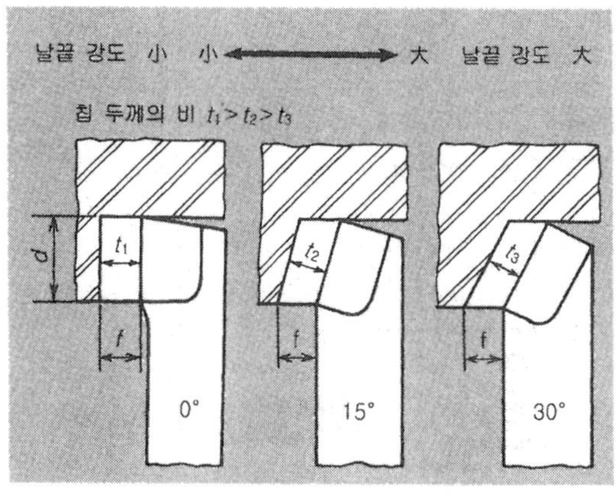

그림 3 어프로치각 ψ (횡 절삭날각)

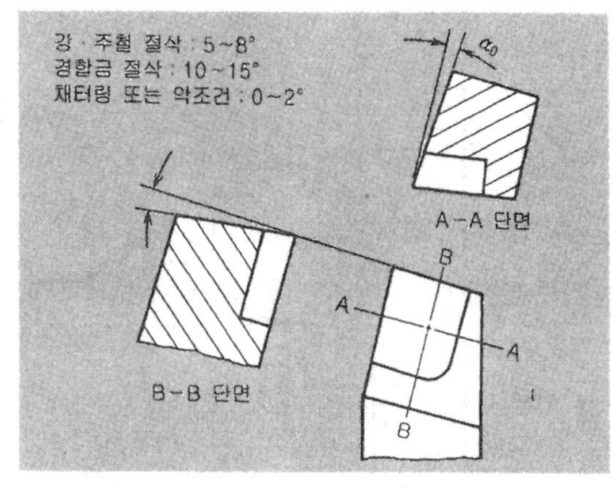

그림 6 횡 여유각 α_0와 앞 여유각 α_ρ

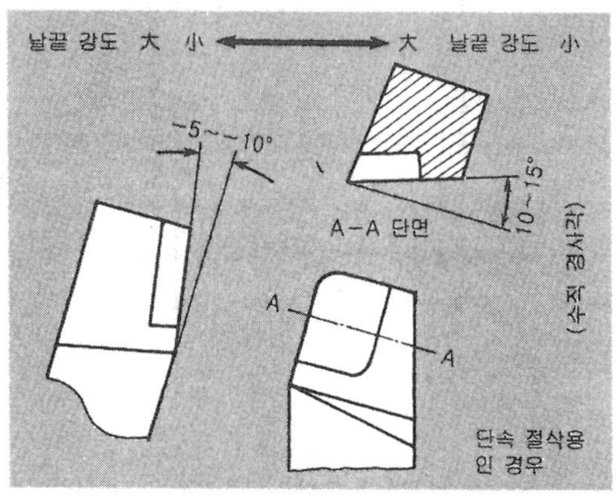

그림 4 절삭날 경사각 λ

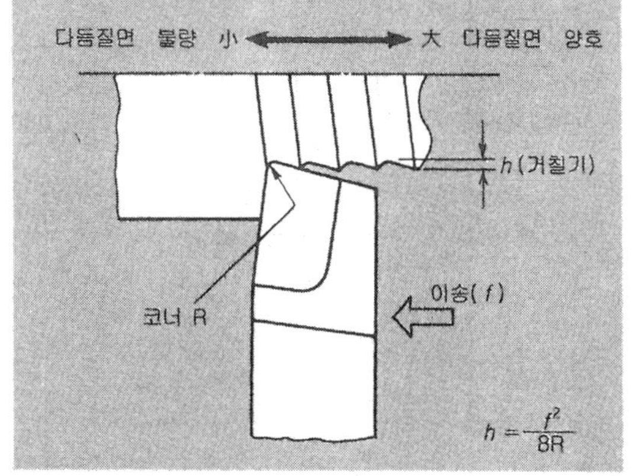

그림 7 코너 R

피삭재에 따라 다르기는 하지만 수직 경사각은 일반적으로 5~15°가 많이 사용되고 있다.

경사각을 작게 하는 것은 다음과 같은 경우이다.

- 피삭재가 단단할 때
- 흑피, 단속 절삭과 같이 날끝 강도를 필요로 할 때

한편 경사각을 크게 하는 것은 다음과 같은 경우이다.

- 피삭재가 부드러울 때
- 피삭재가 절삭하기 용이할 때
- 피삭재나 기계의 강성이 낮을 때
- 다듬질면을 양호하게 하고 싶을 때

② **어프로치각(횡 절삭날각)**…칩의 두께나 날끝의 강도에 영향을 준다. 같은 이송량이라도 어프로치각을 크게 잡으면 칩의 접촉 길이가 길어지고 그 두께가 얇아지기 때문에 절삭력이 긴 절삭날에 분산돼 공구 수명은 길어진다(**그림** 3).

어프로치각을 작게 하는 것은 다음과 같은 경우이다.

- 절삭 깊이가 작은 다듬질 절삭일 때
- 피삭재가 가늘고 길 때
- 기계의 강성이 낮을 때

또 어프로치각을 크게 하는 것은 다음과 같은 경우이다.

- 날끝의 마모가 격심할 때
- 피삭재가 단단하여 절삭의 발열이 클 때
- 피삭재가 굵어, 거친 절삭일 때
- 기계의 강성이 높을 때

③ **절삭날 경사각**…수직 경사각, 어프로치각에 의해서 결정되는 이 각도는 칩의 흐름 방향과 절삭날의 강도에 크게 영향을 준다(**그림** 4).

경사각은 납땜 바이트에서는 $0 \sim 6°$가 주류이고 스로어웨이 바이트에서는 $-6 \sim 0°$가 주류이다.

④ **부절삭 깊이각(앞 절삭날각)**…바이트의 강도에 영향을 순다. 이 밖에 다듬질 설삭일 때 다듬질면을 양호하게 하는 대책의 하나로서 플랫 랜드(앞 절삭날각 $0°$, 또는 이에 가까운 각도)를 채택한다(**그림** 5).

⑤ **여유각**…여유각의 크기는 바이트 1회전 당의 이송량과 피삭재의 지름으로 결정되며 여유면이 피삭재 표면을 마찰하지 않는 범위로 한다(**그림** 6).

여유각을 크게 하면 여유면 마모는 적어지고 여유면에 용착도 적어지지만 날끝 강도는 저하한다. 여유각을 적게 하는 경우는 다음과 같은 때이다.

- 피삭재가 단단할 때
- 날끝 강도를 필요로 할 때

반대로 여유각을 크게 하는 것은

- 피삭재가 부드러울 때
- 피삭재가 가공 경화되기 쉬울 때

⑥ **코너 R**…코너 R은 날끝 선단부의 강도와 피삭재의 다듬질면에 크게 영향을 준다. 따라서 이송이나 절삭 깊이의 값과 관련해 선택해야 할 것이다. 일반적으로 이송의 $2 \sim 3$배의 값으로 한다(**그림** 7).

코너 R을 작게 하는 경우에는 채터링을 없애고 싶을 때, 또는 크게 하는 경우에는 다듬질면을 양호하게 하고 싶을 때나 날끝 강도를 필요로 할 때이다.

3

칩 브레이커의 기능

특히 강을 선삭 가공하거나 하는 경우, 고온의 칩이 연속적이고 빠른 속도로 배출되는데 이러한 경우에는 칩 처리가 매우 중요한 문제가 된다.

칩을 능숙하게 감아내거나 분단시키는 것이 칩 처리의 포인트가 되는데, 특히 스로어웨이 팁을 사용한 선삭 가공에서는 그 방법으로 다음과 같은 것이 있다.

① 「브레이커 피스」라 불리는 플레이트를 팁의 경사면에 얹는다(사진 1).

② 팁 경사면상에 「칩 브레이커」라 불리는 홈을 만든다(사진 2).

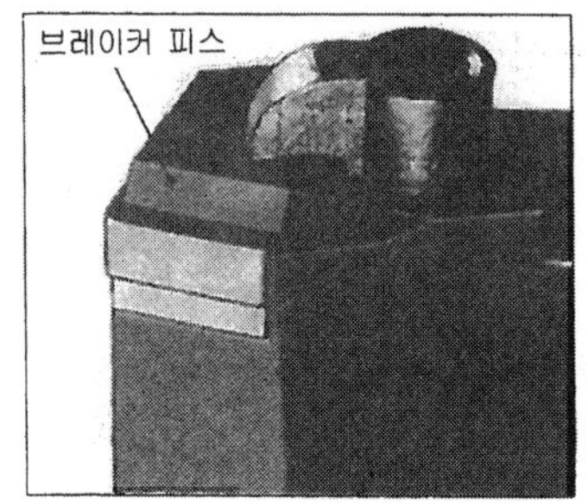

사진 1 브레이커 피스

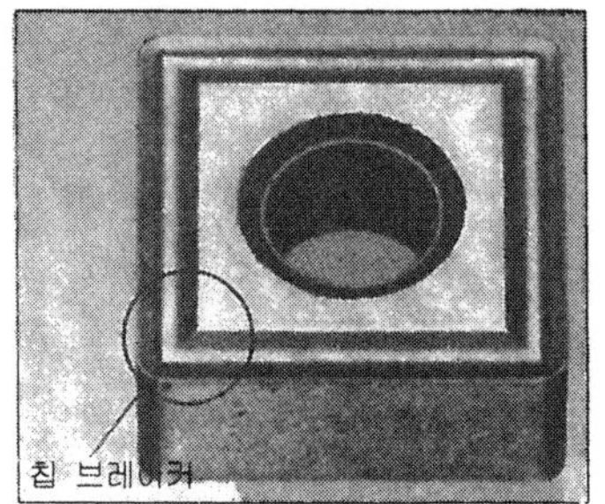

사진 2 칩 브레이커

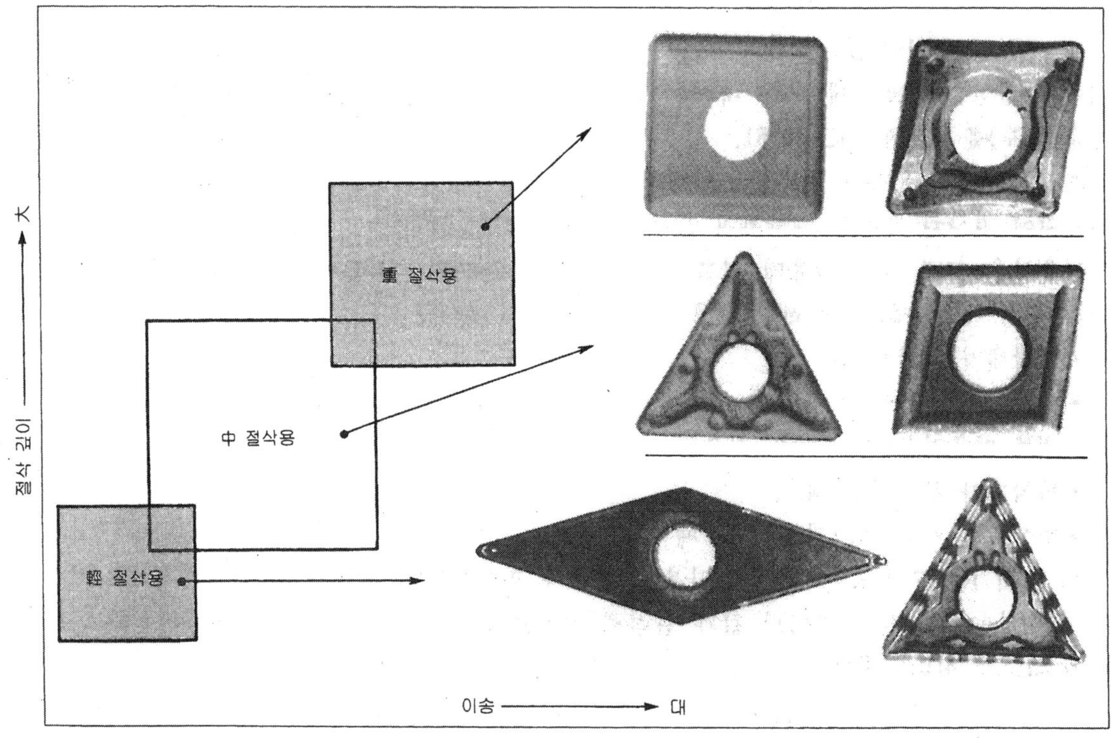

그림 1 각 절삭법에 적합한 칩 브레이커 모양

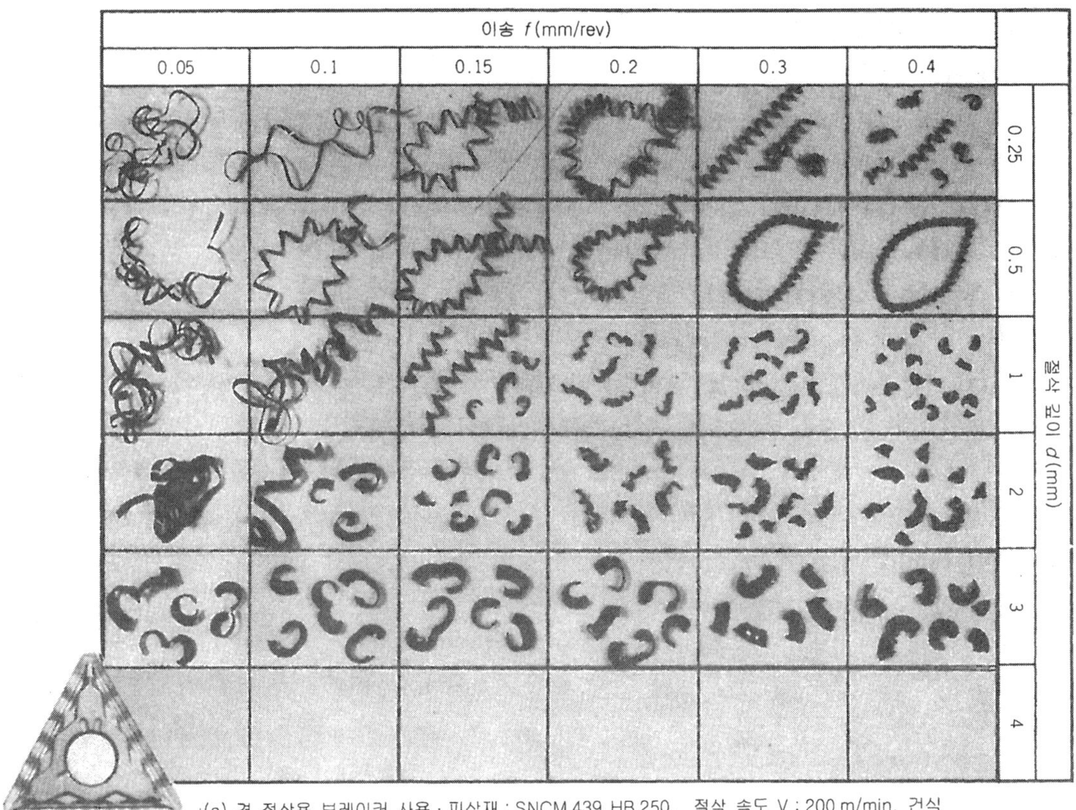

(a) 경 절삭용 브레이커 사용 · 피삭재 : SNCM 439 HB 250, 절삭 속도 V : 200 m/min, 건식

(b) 중 절삭용 브레이커 사용 · 피삭재 : SNCM 439 HB 250, 절삭 속도 V : 200 m/min, 건식

사진 3 이송과 절삭 깊이를 바꿨을 때의 칩 모양

특히 칩 브레이커의 경우, 연삭 가공으로 만드는 것과 미리 금형으로 성형하는 것의 2종류가 있다.

칩 브레이커에는 용도별로 다양한 종류가 있으며 절삭량과 이송량에 따라 경절삭용, 중(中)절삭용, 중(重)절삭용 또는 스테인리스용, 난삭재용 등으로 분류할 수 있다.

최근에는 스로어웨이 팁 금형의 제작 기술이 향상됐기 때문에 금형으로 성형된 3차원 형상을 가지는 칩 브레이커로 칩을 처리하는 방법이 주류를 이루고 있다.

그림 1은 절삭 깊이와 이송의 관계에 따라 경절삭, 중(中)절삭, 중(重)절삭용에 적합한 칩 브레이커의 형상을 나타낸 것이다.

또 **사진** 3의 (a)와 (b)는 **그림** 1의 경절삭용과 중(中)절삭용 칩 브레이커에 관하여 절삭 조건을 바꾸었을 경우에 배출되는 칩의 형태를 나타낸 것이다.

이상에서 알 수 있듯이 칩 브레이커의 홈 폭이 좁으면 절삭 깊이와 이송이 작을 때에 양호한 칩이 나오고 홈 폭이 넓은 팁에서는 절삭 깊이와 이송을 크게 했을 때에 양호한 칩이 나온다.

4 팁의 클램프 방법

 선삭용 스로어웨이 팁(바이트)을 체결하는 클램프 홀더는 그 종류가 매우 다양하다. 본 절에서는 대표적인 클램프 홀더와 그 클램프 기구에 관하여 소개한다.
 ① **나사 조임(S형 바이트)**…테이퍼 구멍 등을 이용하여 구멍붙이 팁을 클램프 나사로 홀더에 고정하는 방법. 포지티브 팁을 클램프할 때에 사용한다(**그림 1**).

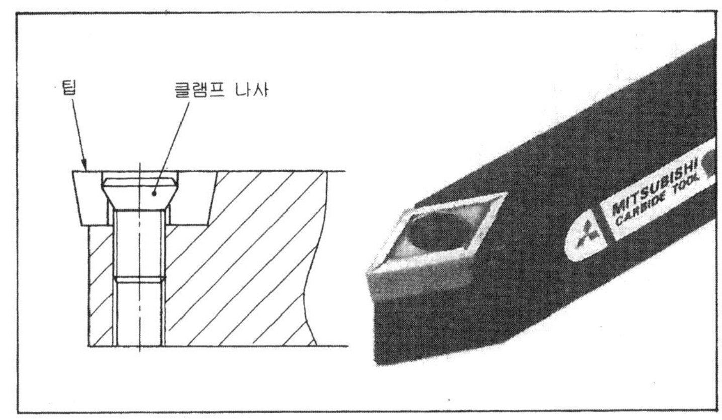

그림 1 나사 조임식(S형)

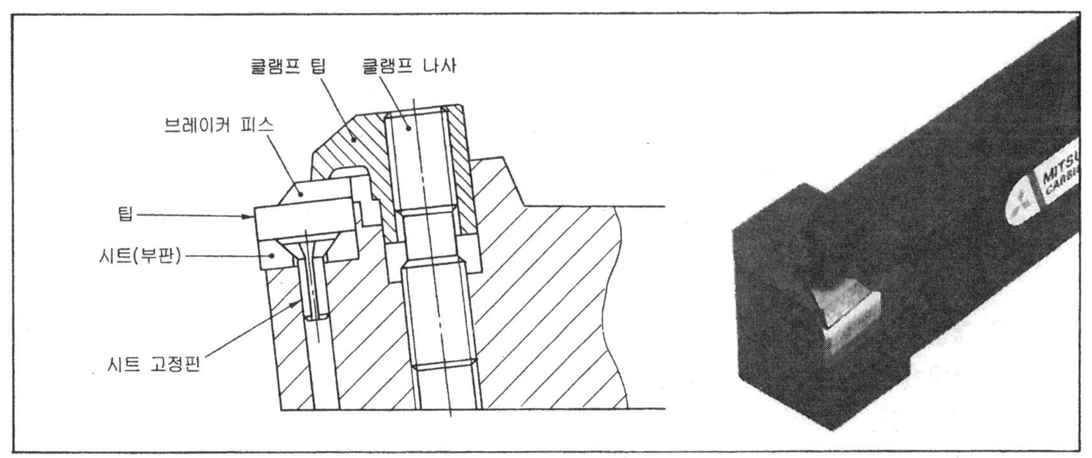

그림 2 클램프 온식(C형)

 ② **클램프 온(C형 바이트)**…클램프 팁을 사용하여 구멍이 없는 스로어웨이 팁을 팁 상면에서 홀더에 고정하는 방식. 칩 처리는 브레이커 피스로 한다(**그림 2**).
 ③ **핀 로크식 2면 구속(P형 바이트)**…구멍붙이 스로어웨이 팁을 핀으로 팁 자리인 2개의 벽면으로 끌어당겨 홀더에 고정시키는 방식. 클램프 강성, 날끝의 재현성, 조작성의 밸런스가 양호한 것이 특징. 일반적으로 L자형 레버를 이용한 레버 로크식이 흔히 사용

되고 있다(그림 3).

④ **핀 로크식 1면 구속(E형 바이트)**…편심 핀을 이용하여 구멍붙이 스로어웨이 팁을 팁 자리 중 하나의 벽면으로 밀어 홀더에 고정시킨다. 홀더 가격이 싸고 경제성이 높다는 점 이 특징이다(그림 4).

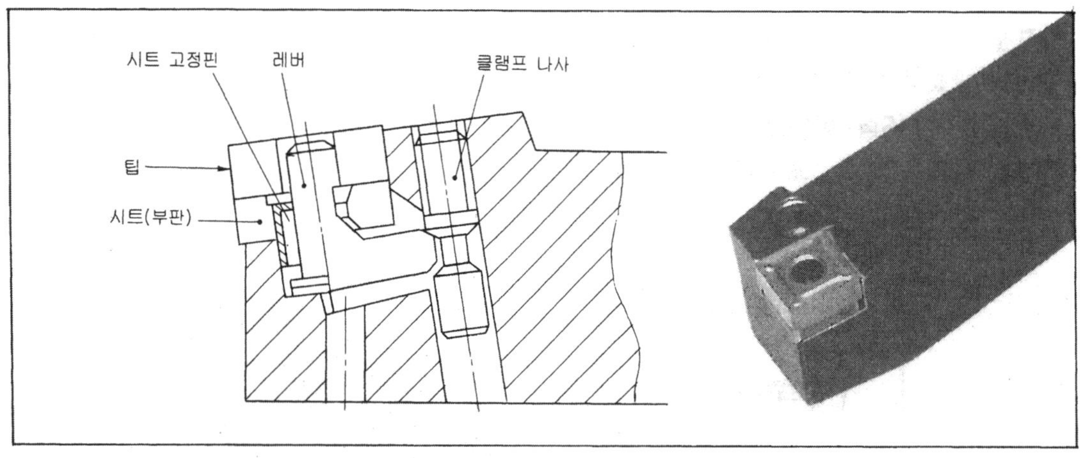

그림 3 핀 로크식 2면 구속(P형)

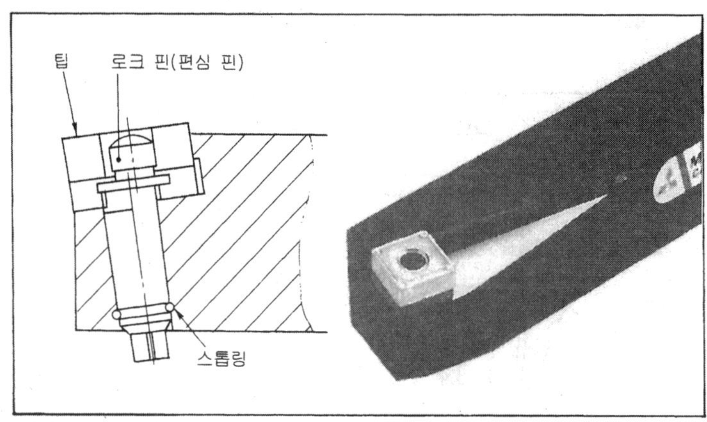

그림 4 핀 로크식 1면 구속(E형)

⑤ **2중 클램프(더블 클램프. M형 바이트)**…클램프 팁 및 레버 또는 핀을 사용하여 구멍 붙이 스로어웨이 팁의 상면과 측면을 밀어붙여 홀더에 고정시키는 방식. 클램프 강성이 매우 높다(그림 5).

⑥ **웨지 로크(W형 바이트)**…웨지(쐐기)를 이용하여 구멍붙이 스로어웨이 팁을 핀에 밀 어붙여 홀더에 고정시키는 방식(그림 6).

⑦ **테이퍼 로크(셀프 로크 바이트)**…클램프용 부품을 필요로 하지 않고 테이퍼의 끼워 맞춤이나 홀더의 탄성 변형을 이용하여 홀더에 고정시키는 방식. 조작성이 우수하다(**그림** 7).

이들 클램프 방식은 ISO를 중심으로 표준화가 진행되고 있다. 일본에서는 JIS로서 S 형, C형, P형, E형, M형, W형의 6가지 호칭 기호를 정하고 있다.

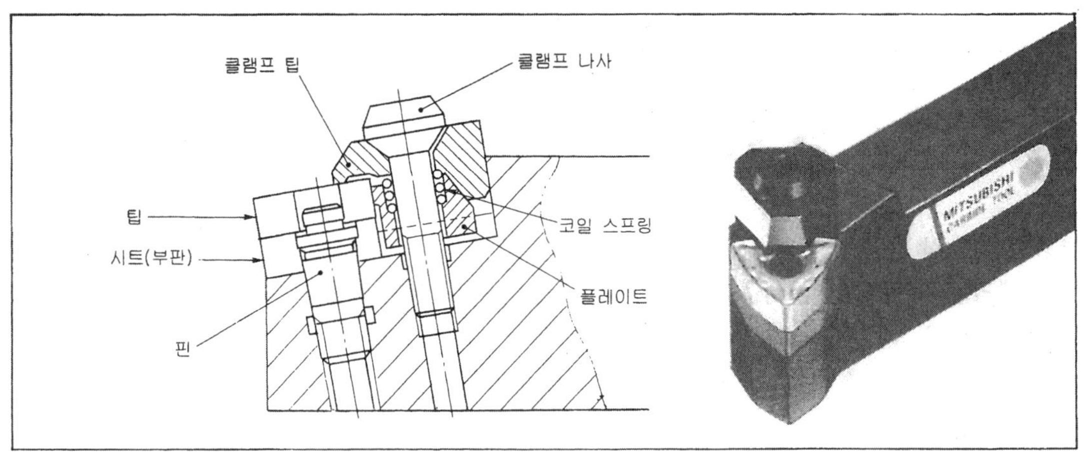

그림 5 2중 클램프식(M형)

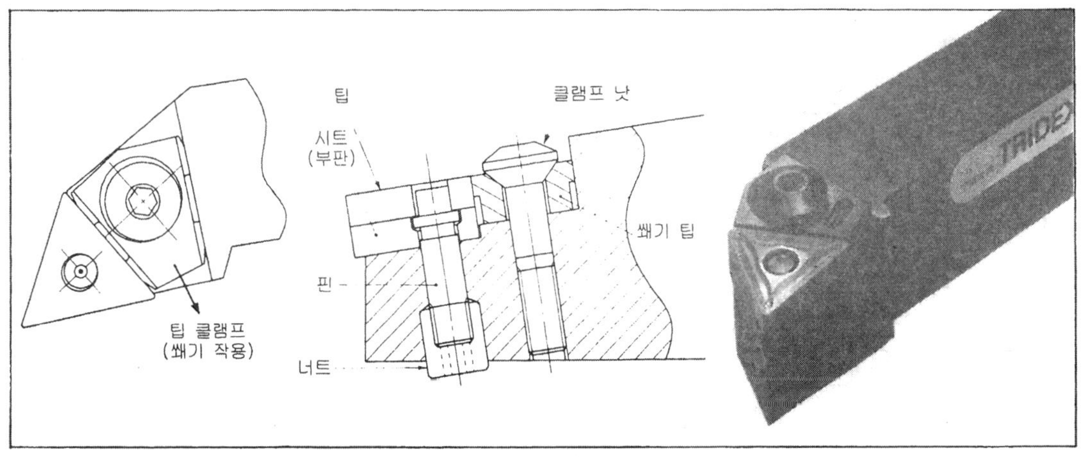

그림 6 웨지 로크식(W형)

　최근에 흔히 사용되고 있는 것은 S형, P형 바이트이다. 미국 등에서는 단단히 결합된 더블 클램프 방식의 M형 바이트가 흔히 사용되고 있다.

　한편 각 타입은 기본적인 기능에 따라 분류되고 있어 똑같은 방식이라 하더라도 메이커에 따라 구조가 다양하다.

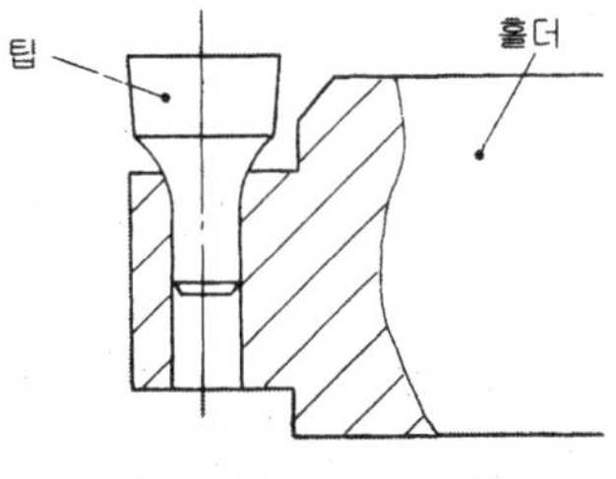

그림 7 테이퍼 로크식

5
섕크와 납땜

(1) 바이트 섕크

① **섕크와 절삭 저항**…예를 들면 연강을 절삭 속도 80 m/min, 절삭 깊이 5 mm, 이송 0.3 mm/rev로 절삭하는 경우, 이 바이트에 걸리는 절삭 저항은 약 290 kgf/mm²이 된다

그림 1은 섕크재를 SK7로 했을 경우의 섕크 치수와 절삭력의 관계를 나타낸 것이다.

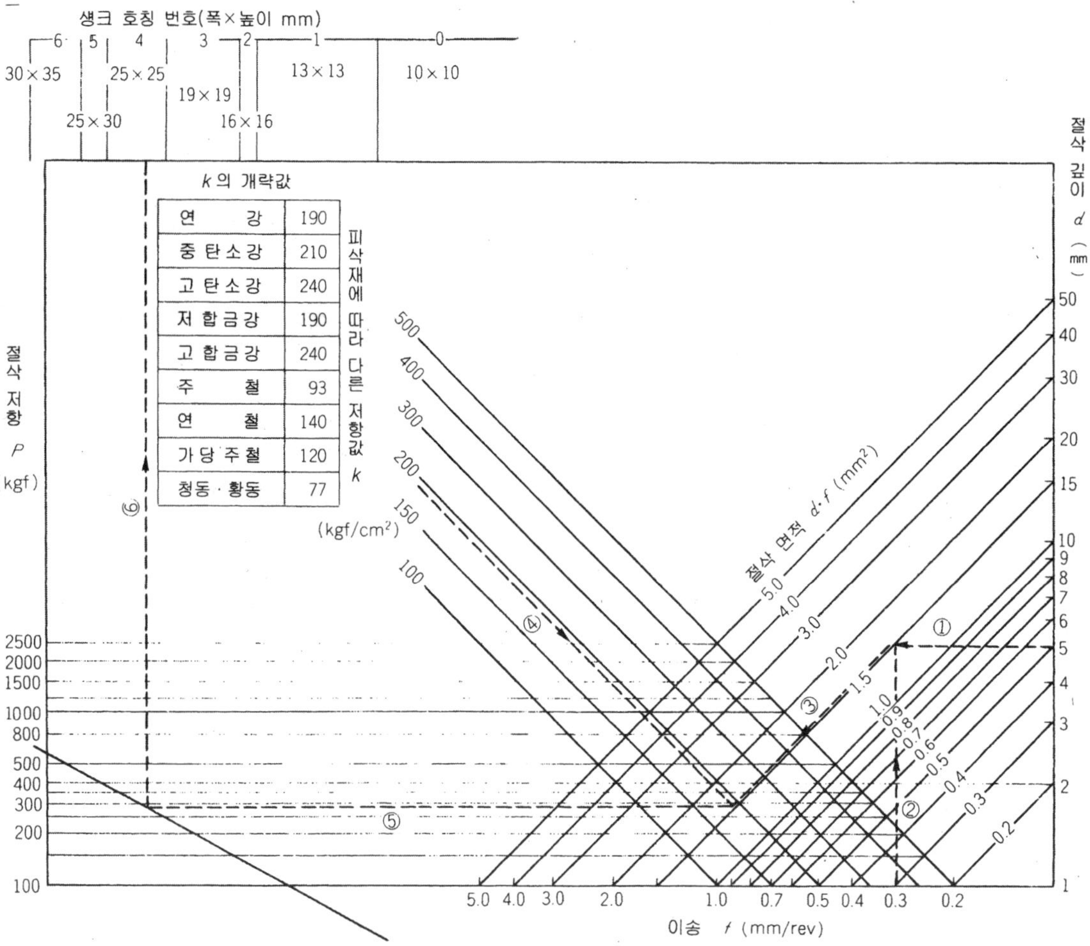

그림 1 바이트 섕크는 연동을 절삭하기만 하는데도 이토록 힘을 받는다

사진 1 호칭 4번의 섕크 바이트

이 그림에서 이 가공—피삭재 연강, 이송 0.3 mm/rev, 절삭 깊이 5 mm인 경우, 절삭 저항은 290 kgf나 되고 바이트 생크의 크기는 적어도 25×25 mm, 즉 4번을 선정해야 한다는 것을 알 수 있다.

사진 1은 호칭 4번의 바이트 생크이다.

② **생크의 강성**⋯강을 강하게 하려면 가열하여 해머로 충분히 단련함으로써 그 조직을 치밀하게 해야 한다는 것은 잘 알려져 있다. 반대로 치밀하게 한 강은 열에 의해서 조직이 변화하여 연화돼 버린다.

그래서 초경 바이트 등에 사용하는 생크재는 납땜 공정에서 가열되기 때문에 미리 조직을 가열 상태에 맞춘 다음 작업을 해야 한다. 또 그러한 처리에 견딜 수 있는 생크재를 선정해야 한다.

즉, 납땜시 가열 상태에서 조직이 가지런해지도록 사전에 조정해 놓아야 한다.

③ **생크재의 종류**⋯생크재의 성질은 탄소나 탄화물, 니켈이나 몰리브덴 등 다른 성분을 어느 정도 포함하고 있는가와 또 그 함유 상태에 따라 크게 다르다.

때문에 납땜 공정을 고려하여 절삭 공구로 완성됐을 때 표준 조직으로 되어 그 성능을 충분히 발휘할 수 있는 것을 선정하는 것이 중요하다.

생크재로서 일반적으로 이용되고 있는 것으로서 납땜 홀더는 탄소강이나 탄소 공구강이 가장 많고 커터나 클램프 홀더와 같이 높은 강성을 필요로 하는 생크(보디)는 합금강이나 고속도강이 사용된다.

그리고 각 성질을 손상시키지 않도록 전처리를 실시하는 것이 보통이다.

(2) 납 재

납땜의 재료로는 「습성(濕性)」이 좋은 것을 사용해야 한나. 납새는 용접과는 딜라 서로 동류 금속 또는 이종 금속을 각각 용해하지 않고 접합하는 것이다. 납재는 비철 금속 재료로서 팁이나 생크 등 접합한 금속보다도 낮은 온도에서 녹고 또한 절삭열에 의해 연화되지 않는 것이라야 한다. 납재는 접합하는 양 재료를 높은 강도로 접합할 수 있는 친화성이 좋은 것이 아니면 절삭시에 떨어질 가능성도 있다.

이 친화성, 부착성을 나타내는 것이 「습성」이다.

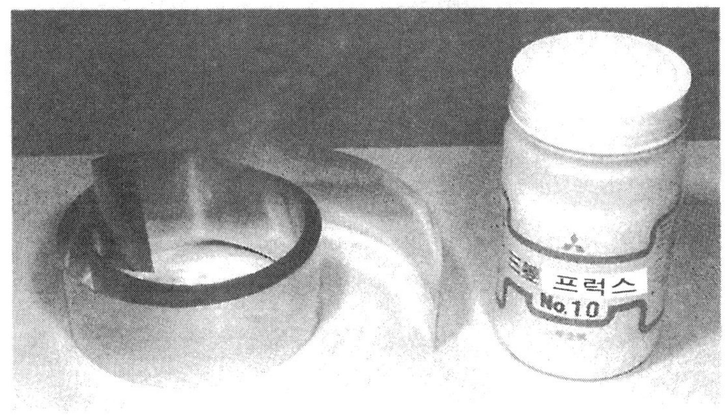

사진 2 **납재(좌)와 프럭스(우)**

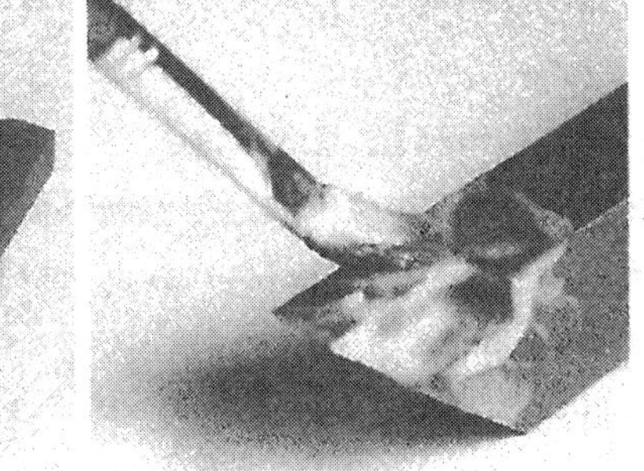

사진 3 생크와 팁 그리고 납재   사진 4 프럭스를 칠한다

사진 5 고주파 가열 장치로 납땜

물과 기름을 플라스틱판 위에 떨어뜨려 보면 물은 튀겨서 둥글게 되지만 기름은 쫙 퍼져 버린다. 즉 이 경우는 기름 쪽이 습성이 좋은 것이라 할 수 있다.

납재는 동납, 은납이 일반적이다. 동납은 녹는점이 높아 대형 바이트나 절단 바이트 등 절삭열로 납이 벗겨지기 쉬운 경우에 사용하며 일반적으로는 은납을 사용한다.

생크재를 가열하면 그 부분은 검게 산화되는데 이 부분이 접합부에 있으면 납땜이 제대로 되지 않는다. 때문에 산화를 방지하기 위해 '프럭스'(**사진 2**)를 사용한다. 단, 온도를 과도하게 올리면 역시 검게 산화돼 버린다.

사진 3~5는 납땜의 한 예이다.

6
밀링 커터의 날끝 각도

밀링 커터의 날끝 각도의 명칭은 정면 밀링 커터를 예로 들면 **그림** 1과 같다.

① **경사각**…밀링 커터의 경사각은 바이트의 경우와 같이 칩의 유출이나 접촉한 면의 경사를 표현하는 것으로, 바이트의 섕크부 축에 해당하는 것이 밀링 커터의 회전축이다.

이 축과 이것에 직교하는 평면으로 만들어지는 경사각을 「중심 방향 경사각」(레이디얼 경사각 : R), 이 축과 동일 평면으로 만들어지는 경사각을 「축 방향 경사각」(액셜 경사각 : A)이라 한다.

이들 2개의 각도는 밀링 커터의 회전 방향에 대해서 전(前) 경사로 되어 있는 경우를 마이너스($-$)로 하여 레이디얼 경사각, 액셜 경사각을 각각 플러스, 마이너스라 하면 ($+$: $+$), ($-$: $-$), ($+$: $-$), ($-$: $+$)의 4가지로 된다.

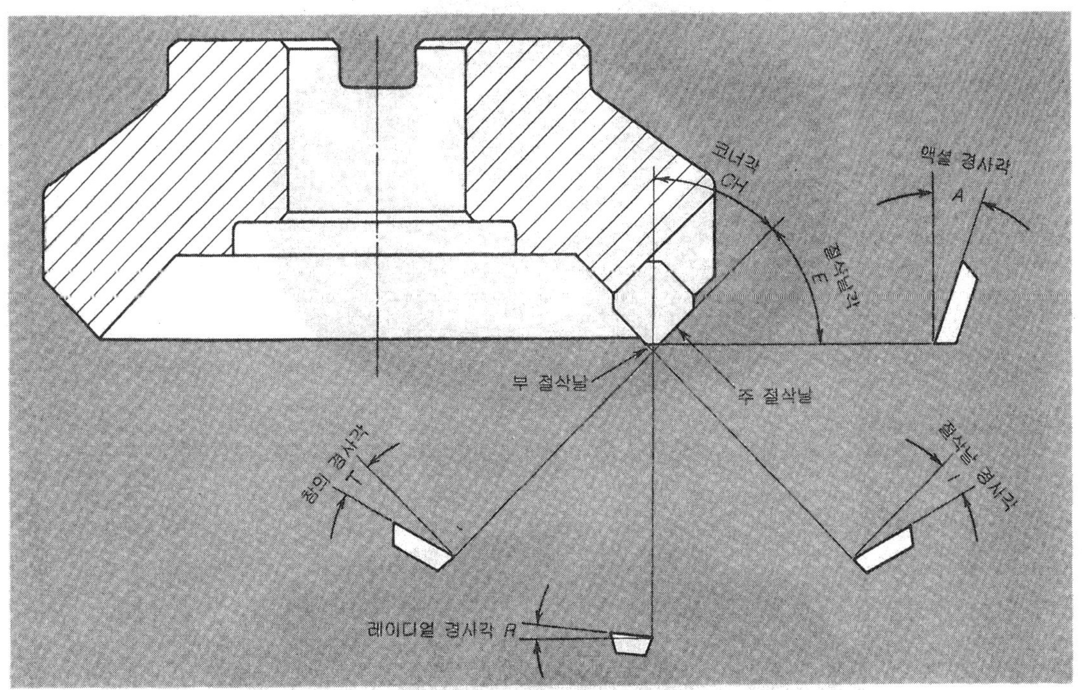

그림 1 정면 밀링 커터의 날끝 각도

그림 2를 살펴보면, 레이디얼 경사각과 액셜 경사각이 어떠한 것인가를 알 수 있다. 이 그림에서는 양쪽 모두 $+$라는 것을 나타내고 있다. 이 조합은 특히 칩의 흐름과 절삭 저항의 크기에 영향을 주고 있다.

($+$: $+$)의 경우는 절삭 저항은 작아도 단속 절삭시 공구 결손이 일어나거나 칩이 말리기 때문에 Al 합금이나 목재를 절삭하는 데에 이용된다. 이 타입은 더블 포지티브＝DP형(**사진** 1)이라 불린다.

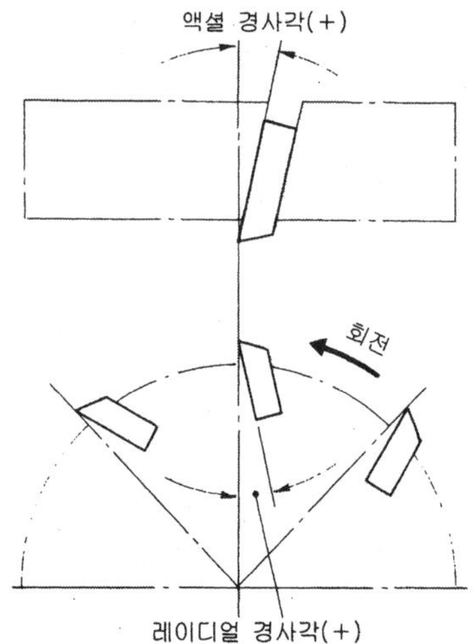

그림 2 *R*과 *A*의 조합

사진 1 경합금용 스로어웨이 정면 밀링 커터(DP형 : *R*+5°, *A*+17°, *CH* 45°)

사진 2 범용 스로어웨이 정면 밀링 커터(DN형 : *R*-5°, *A*-6°, *CH* 25°)

사진 3 범용 스로어웨이 정면 밀링 커터(NP형 : $R-2°$, $A+19°$, CH 45°)

용도에 의한 정면 밀링 커터의 분류

절삭 방식	작업 내용	피삭재질	날부 모양
평 면 절 삭 형	범 용	강 용	D P 날 형
어 깨 절 삭 형	중 (重) 절삭용	주 철 용	D N 날·형
	고 이 송 용	경 합 금 용	N P 날 형
	다 듬 질 용	난 삭 재 용	

(− : −)는 절삭 저항은 크지만 단속 절삭시의 결손은 별로 없다. 더블 네거티브＝DN형(**사진 2**)이라 불리고 있다.

(+R : −A)의 소합은 레이디얼 경사삭의 영향으로 칩이 날리게 되어 다듬실면이 나빠진다. 또한 날의 끝 부분이 직접적인 충격을 받기 쉬워져 실제로는 사용하지 않는다.

한편 (−R : +A)의 조합은 칩이 외주 방향으로 흘러 절삭 저항도 별로 커지지 않는다. 이 타입은 네거티브 포지티브＝NP형(**사진 3**)이라 불리고 있다.

이들 정면 밀링 커터는 피삭재질이나 가공물의 강성, 절삭 조건, 사용하는 공작 기계의 성능 등을 고려하여 가장 적절한 조합방법을 결정해야 한다.

한편 DP형, NP형에서 액셜 경사각이 20°를 전후로 그 이상인 것을 특히 하이 레이크 날형이라 부른다.

② **코너각**…밀링 커터를 정확히 반분하여 절단했을 때 단면으로 보았을 경우, 절삭날이 밀링 커터 회전축과 얼마만큼 경사져 있는가를 표현하는 각도이다.

같은 절삭 깊이일지라도 그 각도가 다르면 칩의 폭이 달라진다. 칩의 폭이 넓으면 두께는 얇아지고 절삭날에 대한 압력이 넓은 범위로 분산하여 힘도 작아지게 된다.

③ **참의 경사각**…액셜 경사각, 레이디얼 경사각, 그리고 코너각의 3가지 각도의 합성각으로, 절삭 저항이나 절삭날의 강도와 관계가 있다.

이 각도는 피삭재에 따라 적정값이 달라지지만 경합금이나 연강 등 부드러운 재료의 경우는 15~20° 정도, 일반 강재는 0~6°, 칩이 단단한 경우나 배출성이 나쁜 경우에는 −20~−30° 정도의 큰 음(負)각으로 하기도 한다.

④ **절삭날 경사각**…칩의 유출 방향에 크게 관계되는 것으로 일반적으로는 플러스 각도로 한다. 그러나 박판 가공 등에서는 가공물을 들어 올리듯이 절삭할 수 있으므로 음각이나 0으로 한다.

칩의 말림이 문제가 될 때에는 레이디얼 경사각을 마이너스로 선정하고 절삭날 경사각이 플러스가 되도록 액셜 경사각, 코너각을 선정하여 칩이 커터 밖으로 유출되기 쉽도록 한다.

7
절삭날각과 절삭 방향

(1) 밀링 커터의 크기와 절삭날각

실제로 밀링을 할 경우 다음과 같은 점에 주의해야 한다.

- 절삭 조건
- 밀링 커터의 크기 및 절삭 위치와의 관계(절삭날각)
- 절삭 방향을 결정한다(상향 절삭과 하향 절삭)
- 날끝 호닝

이들 가운데 밀링 커터의 크기와 절삭 위치에 관하여 살펴 보기로 한다.

커터가 가공물에 파고들 때 가공물이 일그러지며 날끝은 잠깐 동안 가공물의 표면을 미끄러지기 때문에 큰 힘으로 여유면 방향에서 밀어 올려짐과 동시에 큰 마찰열이 발생하여 날끝은 치핑되거나 빠지거나 한다.

이 현상은 절삭날이 피삭재에 파고드는 각도, 즉 절삭날각(인게이지각, 챔퍼각)이 일정한 값 이하로 되면 현저하게 적어진다.

그림 1에서 밀링 커터의 중심과 밀링 커터가 피삭재에 파고드는 점을 결부시킨 선이 기준선과 이루는 각도가 「절삭날각」이다.

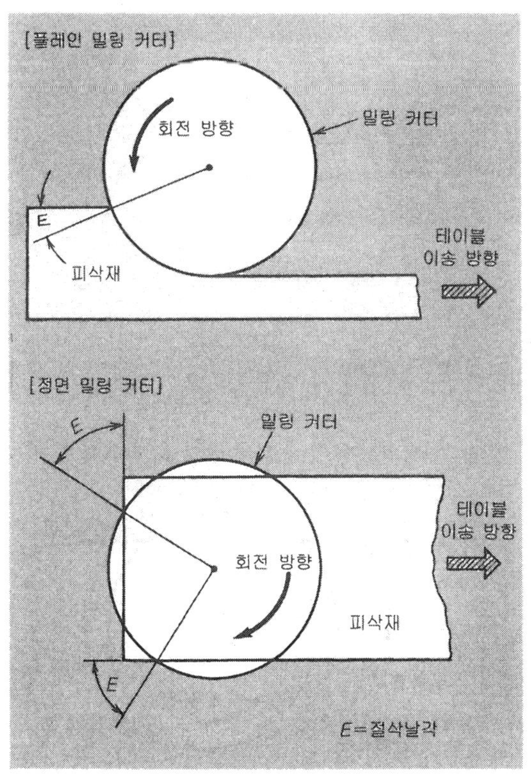

그림 1 밀링 커터의 절삭날각

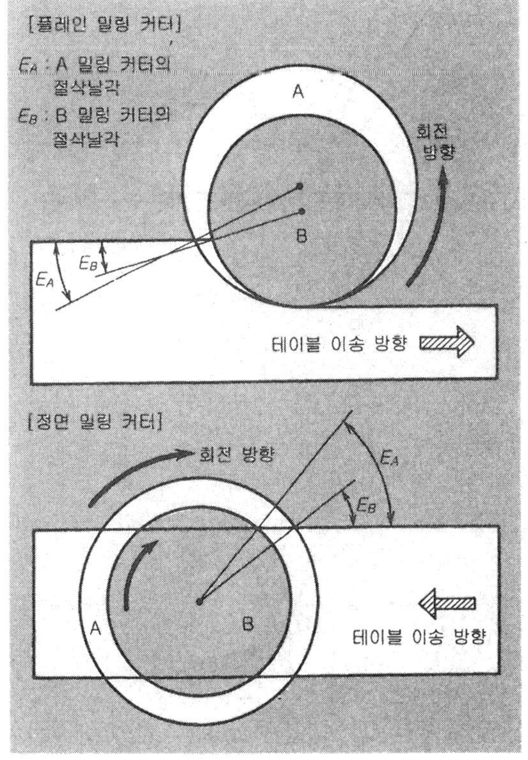

그림 2 밀링 커터 지름의 大小와 절삭날각의 大小

절삭날각은 밀링 커터의 축이 피삭재의 외측에 있을 때 마이너스로 된다. 사이드 밀링 커터나 플레인 밀링 커터에서도 이러한 절삭 방법을 사용하는 경우가 있다.

또 이 각도는 밀링 커터와 위치 관계 이외에 **그림 2**와 같이 밀링 커터의 크기에 따라서도 달라진다.

절삭날각이 커지면 **그림 3**과 같이 날끝과 피삭재가 접촉하는 부분에서는 칩의 두께가 겉보기의 이송보다 훨씬 얇아져 탄성 변형을 일으키기 쉬워지기 때문에 절삭하기 시작했을 때 절삭되지 않고 날끝은 큰 힘을 받아 치핑이나 결손을 일으키기 쉬워진다.

절삭날각은 일반적으로 강 절삭시 20~10°, 주철 절삭시 50° 이하, 경합금 절삭시 40° 이하가 되도록 한다.

따라서 절삭날각을 이 범위내로 하기 위해서는 피삭재의 절삭 폭에 따라 밀링 커터의 크기를 선정해야 한다.

절삭 폭에 대한 밀링 커터 지름의 표준 치수는 **그림 4**에 나타낸 바와 같다.

(2) 밀링 커터의 상향 절삭과 하향 절삭

절삭날이 절삭 개시점에서 가공물에 파고들 때 사이드 밀링 커터나 플레인 밀링 커터 등은 상향 절삭과 하향 절삭이 문제가 된다.

밀링 커터의 경우 어느 정도 두께가 있는 칩부터 절삭을 시작하는 하향 절삭이 바람직하지만 그 경우에는 사용하는 기계의 강성이 높아야 하고 이송 슬라이드부의 백래시 제거 장치를 구비해야 한다.

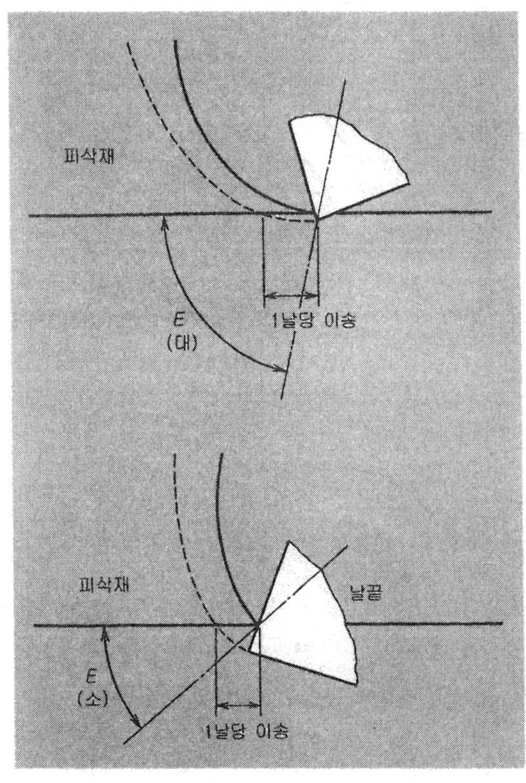

그림 3 절삭날각의 大小와 날끝이 닿는 모양

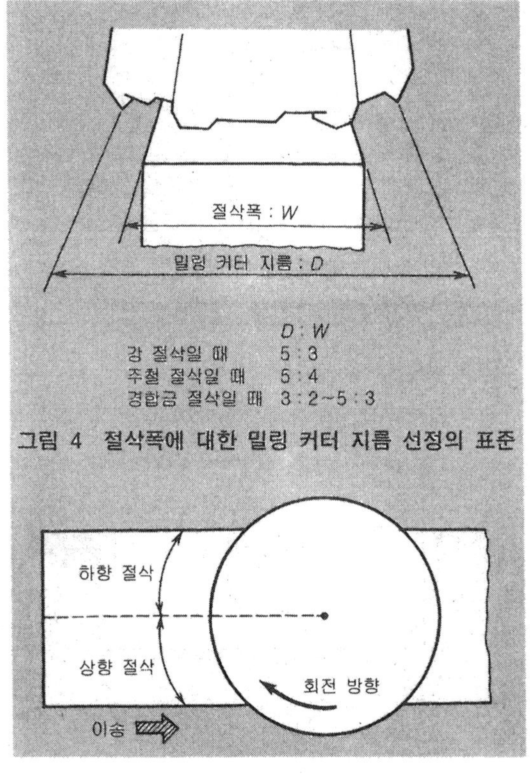

그림 4 절삭폭에 대한 밀링 커터 지름 선정의 표준

그림 5 상향 절삭과 하향 절삭의 합성

  단, 이러한 장비가 불완전한 구형 기계의 경우에는 공구의 손상이 다소 있더라도 종합적으로 절삭을 안정시키기 위해 상향 절삭을 하지 않을 수 없다.

  또한 소지름 정면 밀링 커터 절삭이나 엔드 밀 절삭의 경우에는 **그림 5**와 같이 밀링 커터축을 중심으로 상향 절삭과 하향 절삭이 병용되고 있다.

  커터 지름이 작다는 것이 다행히도 기계 슬라이드부에 미치는 영향은 없지만 절삭날 부분은 격심한 부하를 받고 있기 때문에 에어 등을 공급하여 발열이나 칩이 물리는 등의 2차 현상을 방지하도록 한다.

● 초경 밀링 커터의 다듬질면 거칠기

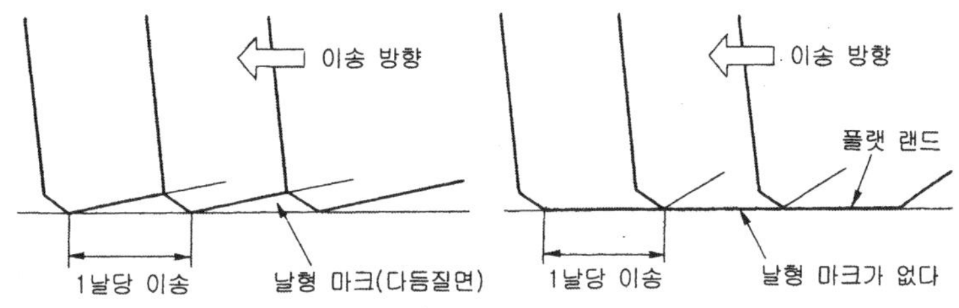

그림 6 보통날과 플랫 랜드 다듬질면의 차이

  밀링의 다듬질면 거칠기는 일반적으로 $12{\sim}24\,\mu\mathrm{m}$ 정도이지만 특히 고정밀도의 표면 거칠기가 필요한 경우에는 정면 사이드 절삭날에 플랫 랜드(부절삭날=**그림 6**)를 설치하여 다수날 때문에 발생하는 요철(凹凸)을 제거함으로써 $6\,\mu\mathrm{m}$ 징도의 표면 거칠기를 얻을 수 있다. 단, 플랫 랜드의 연삭은 간단하지 않아, 기계 설치 상태에서 절삭날을 갖추기는 쉽지 않으므로 특수한 블레이드를 부착한 이 밀링 커터를 사용하는 방법도 있다.

  이 블레이드는 경사면이 어묵모양으로, 플랫 랜드에 해당하는 절삭날이 큰 R로 되어 있기 때문에(**사진 1**) 설치 정밀도에 좌우되지 않아 양호한 다듬질면이 얻어진다.

  최근의 초경 스로어웨이 정면 밀링 커터에서는 이 플랫 랜드붙이가 표준이다.

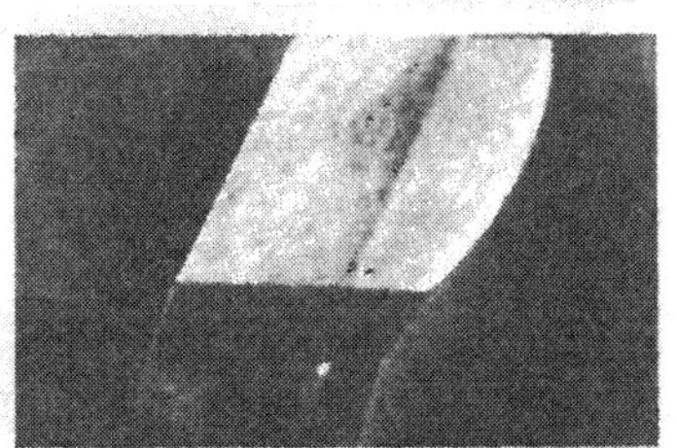

사진 1 R로 된 플랫 랜드

8
엔드 밀의 종류

엔드 밀은 그 구조나 용도에 따라 분류할 수 있다. 재종으로는 고속도강이 많이 사용되고 있으나 머니싱 센터의 보급으로 절삭 속도 등의 조건이 높아지면서 초경이나 코팅 재종도 증가하고 있다.

(1) 구조에 따른 분류

구조로 분류하면 솔리드 타입, 납땜 타입, 스로어웨이 타입이 있다.

솔리드 엔드 밀(**사진 1**)은 명칭 그대로 전체가 솔리드 재질로 되어 있다. 공구의 강성이 높으며 가장 일반적인 엔드 밀이다.

납땜 엔드 밀(**사진 2**)은 초경 등의 절삭날을 강도가 있는 합금강의 보디에 납땜한 것으로, 날끝의 성능을 활용한 공구이다.

스로어웨이 엔드 밀(**사진 3**)은 초경 등의 스로어웨이 팁을 클램프 나사로 본체에 설치한 것으로 날끝을 재연삭하지 않고 능률적인 가공을 할 수 있다.

사진 1 솔리드 엔드 밀

사진 2 납땜 엔드 밀

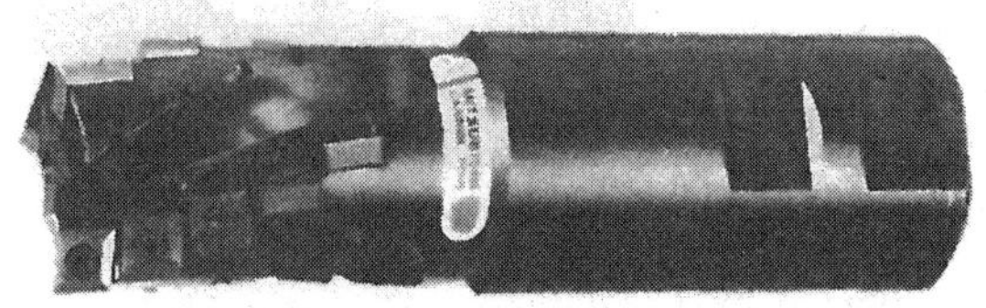

사진 3 스로어웨이 엔드 밀

표 1은 엔드 밀 날의 형상을 분류한 것이다. 러핑 엔드 밀의 재종은 고속도강이 주류를 이루고 있지만 그 이외의 형상에 대해서는 초경제(製)도 많이 만들어지고 있다.

표 1 엔드 밀의 날 모양

종 류	모 양	특 징
스퀘어 엔드 밀		가장 범용적인 것으로, 홈 가공, 측면 가공, 어깨 절삭 등에 사용한다. 또 거친 절삭, 중다듬질, 다듬질 모두에 사용하며 그 종류도 가장 많다.
테이퍼 엔드 밀		금형의 빼기 경사나 소켓부의 가공에 사용한다. 스퀘어 엔드 밀로 가공하고 나서 테이퍼 가공에 이용한다.
볼 엔드 밀		곡면 가공(모방 가공, 픽피드 가공)에 없어서는 안되는 엔드 밀이다. 중심부는 칩 포켓이 작기 때문에 절삭성은 다른 엔드 밀에 비하면 좋지 않다.
테이퍼 볼 엔드 밀		테이퍼 엔드 밀과 볼 엔드 밀의 특징을 겸비한 엔드 밀
레이디어스 엔드 밀		구석 부분의 R 가공이나 픽피드 가공에 사용한다. 픽피드 가공인 경우 R은 작을지라도 큰 지름의 엔드 밀을 사용할 수 있어 가공 능률이 높다.
러핑 엔드 밀		절삭날이 파상으로 되어 있어 칩이 작게 끊어지고 절삭 저항이 적어 거친 절삭에 적합하다. 단, 다듬질면은 거칠어지기 때문에 다듬질 가공에는 적합하지 않다. 또한 절삭날 경사면을 재연삭해야 한다.

엔드 밀의 형상과 각각의 사용 방법을 **그림** 1, 2에 정리했나.

그림 1은 솔리드, 납땜 엔드 밀의 경우, **그림** 2는 스로어웨이 엔드 밀의 경우를 나타내고 있다.

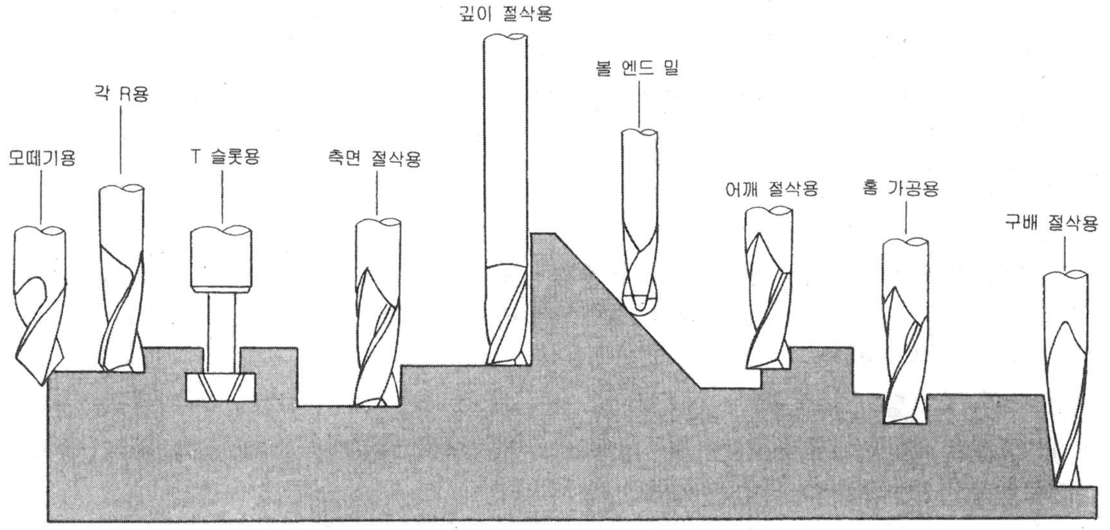

그림 1 엔드 밀의 모양과 용도(솔리드, 납땜)

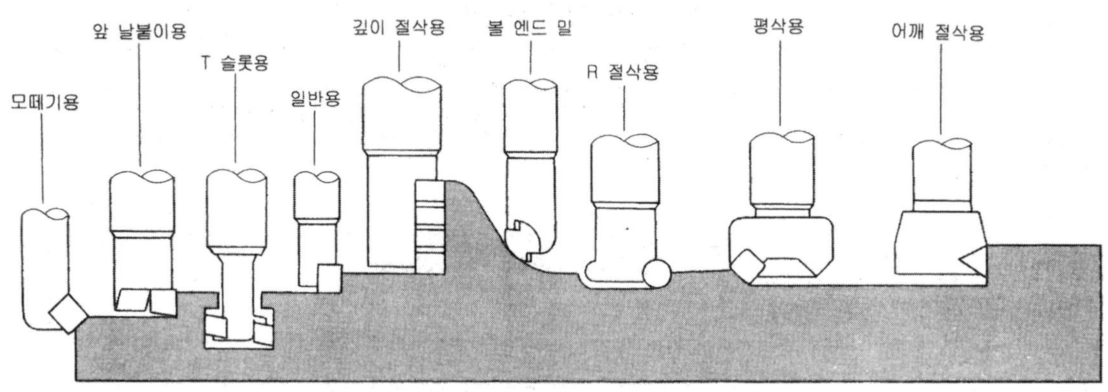

그림 2 엔드 밀의 용도(스로어웨이)

(2) 엔드 밀의 선정 방법

엔드 밀의 선정 방법을 먼저 구조면에서 살펴 보기로 한다.

① **솔리드 엔드 밀**…솔리드 재료로 만들어지기 때문에 절삭날에 이음매가 없고 다듬질 면도 양호하여 깨끗하게 다듬질을 할 수 있으므로 다듬질용으로 흔히 사용된다. 또 절삭 날의 비틀림각을 크게 할 수 있기 때문에 절삭성이 좋은 엔드 밀을 만들 수 있다.

또한 ϕ0.5 mm 정도의 소지름 엔드 밀도 제작할 수 있다.

② **납땜 엔드 밀**…예를 들면 ϕ30 mm, 40mm 정도의 초경 솔리드 엔드 밀을 만들려고 하면 가격이 몇백만원이나 된다. 그러나 납땜 엔드 밀은 절삭날만 초경으로 하고 보다는 합금강으로 하기 때문에 지름이 큰 것을 비교적 싼값으로 만들 수 있다.

또한 솔리드 엔드 밀과 같이 절삭날에 이음매가 없기 때문에 정밀도가 높은 깨끗한 다 듬질면이 된다.

③ **스로어웨이 엔드 밀**…절삭날이 강하여 거친 절삭을 하는 경우에도 능률적인 가공을 할 수 있다. 스로어웨이 팁을 사용하기 때문에 날끝의 재연삭도 필요 없고 피삭재에 적합 한 팁 재종을 선정할 수 있다. 또 기계상에서 날끝을 교환할 수 있다는 이점도 있다.

한편 엔드 밀을 재종에서 선정하는 경우를 살펴 보기로 하자.

④ **고속도강 엔드 밀**…인성이 우수하고 내결손성이 높은 공구이다. 가격도 저렴하고 지 름이 큰 것도 사용할 수 있다. 피삭재를 선정할 필요 없이 어떠한 재료에도 사용할 수 있 다는 특징을 지니고 있지만 절삭 속도는 그다지 올릴 수 없어 능률이 나쁘며 공구 마모가 빠르다는 결점도 있다.

⑤ **초경 엔드 밀**…절삭 속도를 높일 수 있으므로 능률적인 가공을 할 수 있다. 또 마모 에 강하므로 공구 수명이 길고 강성이 크기 때문에 엔드 밀의 기울기가 작고 가공 정밀도 가 높은 것이 특징이다.

⑥ **서멧 엔드 밀**…초경 엔드 밀보다 절삭 속도를 더욱 높일 수 있고 공구 수명도 길다. 절삭 깊이는 그다지 크게 할 수 없기 때문에 특히 강의 다듬질에 전용되고 있다. 서멧의 특성에 따라 다듬질면은 매우 깨끗하게 마무리된다.

열 충격에 약하기 때문에 엔드 밀의 경우에는 건식 절삭이 일반적이다.

9
엔드 밀의 특징

(1) 날끝 각도

엔드 밀의 날끝 각도에 관해서는 JIS B 0172(KS B 0137)에 표시되어 있다. **그림 1**에 다양한 날끝 각도를 나타냈다.

이 가운데서 특히 비틀림각(리드각)은 절삭 성능에 큰 영향을 미치고 있다. 비틀림각이 다르면 피삭재에 가해지는 충격이나 절삭력에 차이가 나는데 비틀림각이 클수록 절삭성이 양호하며 절삭 저항이나 충격도 작아진다.

단, 너무 크게 하면 칩의 배출이 나빠진다는 결점도 있다. 비틀림각은 일반적으로 30° 또는 45°가 많고, 고경도 재료의 측면 절삭 등 특수한 용도에는 60° 정도의 비틀림각을 가진 것이 있다.

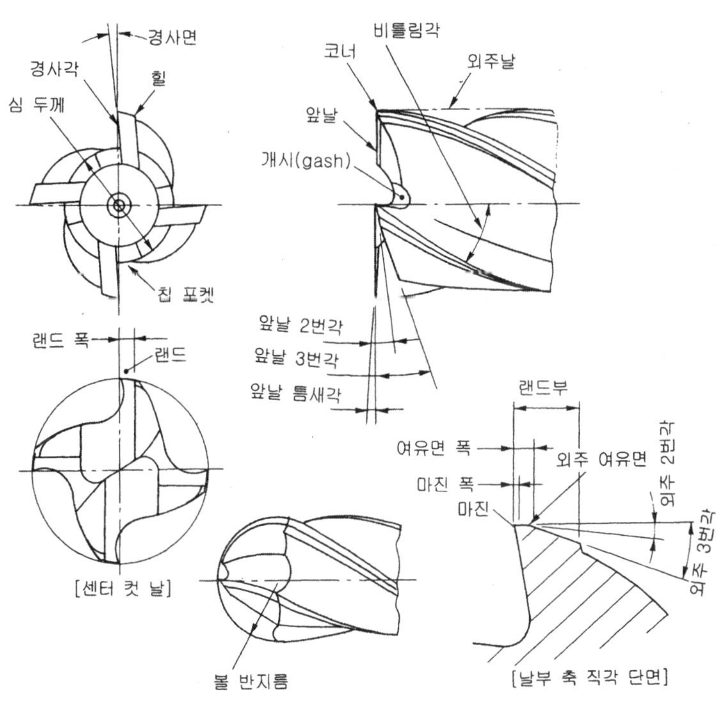

그림 1 엔드 밀의 다양한 날끝 각도

(2) 날 수

엔드 밀의 날수는 2개에서 6개 이상까지 다양하지만 대표적인 것은 2날 짜리와 4날 짜리 엔드 밀이다.

① **2날 짜리 엔드 밀**…칩 포켓이 크게 차지하기 때문에 칩의 배출성이 양호하다(**그림 2**). 때문에 홈의 절단 가공이나 보링 가공과 같이 축 방향으로 이송 가공을 하는 경우에

는 날수가 많은 것 보다 유리하며 절삭날의 재연삭도 간단하다. 그러나 칩 포켓이 큰 대신에 엔드 밀 단면적이 작기 때문에 강도는 떨어진다.

2날 짜리 엔드 밀은 홈 가공, 측면 가공, 펀칭 등에 사용한다.

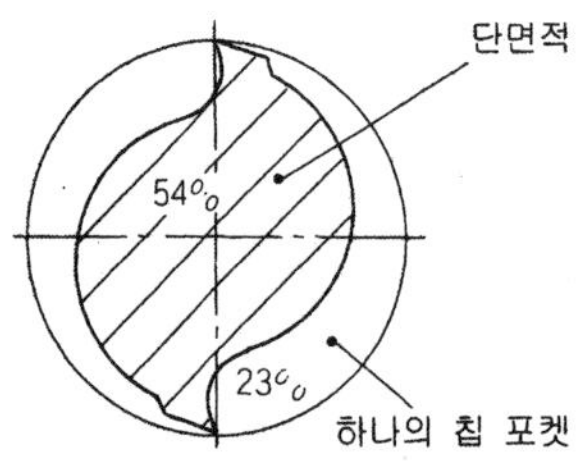

그림 2 2날 짜리 엔드 밀

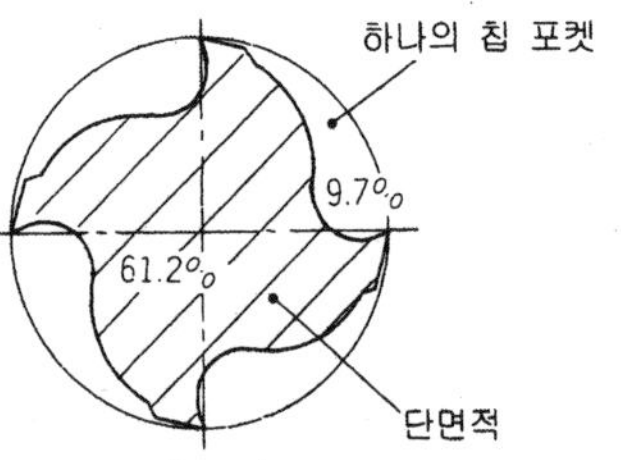

그림 3 4날 짜리 엔드 밀

② **4날 짜리 엔드 밀**…2날 짜리에 비해 단면적이 크고 강성이 높기 때문에 어깨 절삭 등의 가공 정밀도가 요구되는 경우에 유리하다(**그림 3**). 또 날수가 많기 때문에 이송을 높게 할 수 있으며 공구 수명도 길어진다.

단, 칩 포켓이 작기 때문에 깊은 홈의 절삭이나 세로 이송 가공과 같은 칩의 배출을 중시하는 절삭 가공에는 적절하지 않으며 얕은 홈의 가공이나 측면 가공, 다듬질 가공 등에 적합하다.

홈의 절단 가공에서 2날 쪽이 4날보다 유리한 것은 칩 배출성이 양호하다는 것 외에도 다른 이유가 있다.

그림 4에 나타낸 바와 같이 절삭 저항에 따라 엔드 밀이 휘었을 때 4날의 경우에는 홈 폭이 넓어져 버린다. 그러나 2날에서는 그러한 경향이 적고 정밀도가 양호한 홈 가공을 할 수 있기 때문이다.

또한 2날, 4날 양쪽의 이점을 가지는 3날 짜리 엔드 밀이 있지만 외형 치수의 측정이 어렵다는 문제점이 있다.

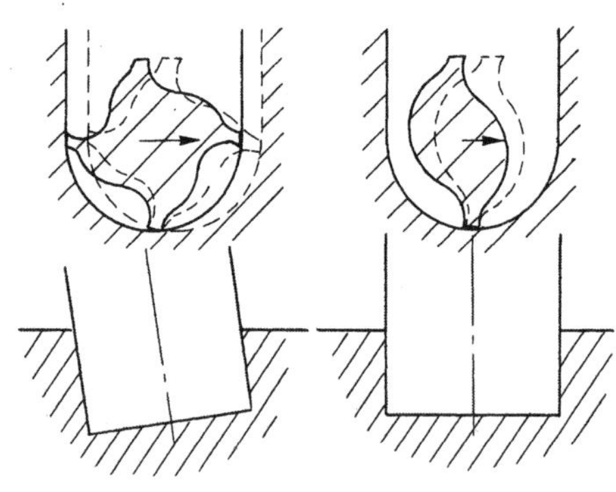

그림 4 엔드 밀의 휨과 가공 정밀도

(3) 상향 절삭과 하향 절삭

① **상향 절삭**…엔드 밀의 회전 방향이 가공물의 표면으로 향하는 절삭 방법(**그림 5**)으로, 절삭날은 피삭재에 완만하게 절삭해 들어가기 때문에 푹 패이는 등의 트러블이 잘 일

어나지 않는 가공법이다. 또 테이블 이송 기구의 틈새기는 자동적으로 제거되기 때문에 구식 기계에서도 사용할 수 있다.

상향 절삭은 다듬질면 날끝으로 비비듯하기 때문에 절삭면은 광택이 있고 표면 거칠기도 양호하다. 단, 에어 등으로 칩을 흐트러뜨리지 않으면 칩이 말리게 돼 다듬질면에 홈집을 낼 수가 있다.

가공 정밀도도 상향 절삭이 양호하다. 엔드 밀의 축은 하향 절삭인 경우에는 언제나 피삭재에서 떨어지는 방향으로 휘어지지만, 상향 절삭에서는 절삭 깊이가 지름의 1/8 이하에서는 하향 절삭과 같은 방향으로 휘어지나 그 이상의 절삭 깊이가 되면 반대로 피삭재에 파고드는 방향으로 휘어진다.

이와 같이 하향 절삭에서는 언제나 한 반향으로 힘이 가해지는데 대해 상향 절삭에서는 양방향에 힘이 가해져 상쇄되므로 엔드 밀의 기울기는 상향 절삭이 작다.

또 표면에 흑피나 모래가 박힌 피삭재에서는 그러한 부분에 절삭날이 들어가지 않는 상향 절삭이 유리하다.

한편 상향 절삭은 날끝이 미끄러지는 현상을 일으켜 여유면 마모가 발생하기 쉽고 공구 수명이 짧아지는 단점이 있다. 또한 절삭 저항이 크기 때문에 피삭재를 견고하게 설치해야 한다.

또 가공물의 끝 부분에 절삭날이 빠져 나올 때 쯤이면 그 곳에 버가 발생하기 쉽다. 또 가공 경화성 재료에서는 표면에 경화층이 생기는 수가 있다.

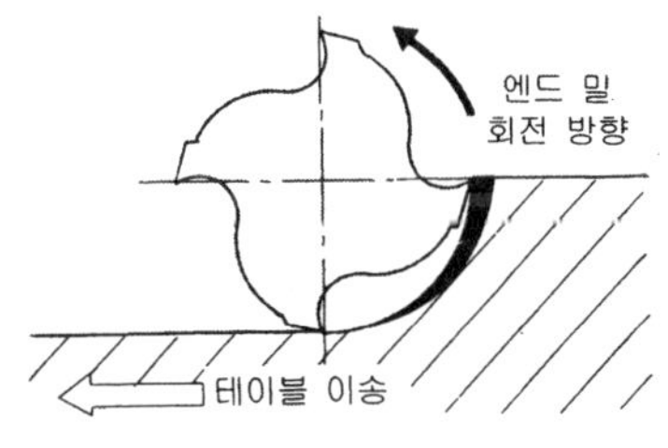

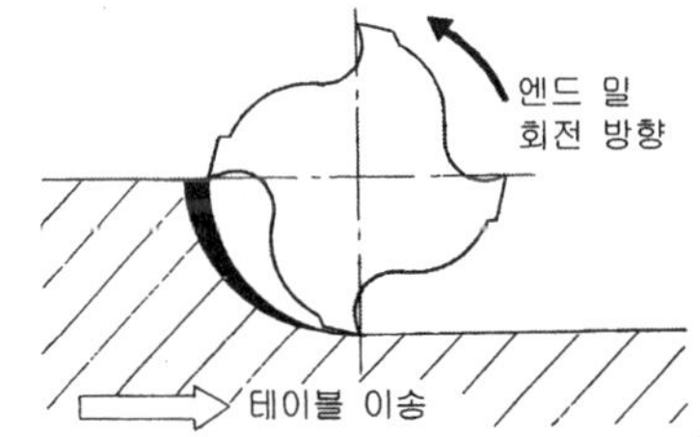

그림 5 상향 절삭   그림 6 하향 절삭

② **하향 절삭**…절삭날이 가공물 표면에서 내부로 향하는 절삭 방법이다(**그림 6**). 날끝의 여유면 마모가 적어 공구 수명은 길어진다. 절삭 저항이 작고 가공물의 설치 방법도 상향 절삭보다 간단하여 테이블 이송시의 소비 동력이 적게 든다. 또 가공 경화성 재료를 절삭하는 경우에도 경화층은 잘 생기지 않는다.

그러나 테이블 이송 기구에 백래시 제거 장치가 필요하고 다듬질면 거칠기도 상향 절삭에 비해 나쁘기 때문에 주의를 해야 한다.

또 흑피나 모래가 박혀 있는 피삭재에서는 절삭날이 갑자기 그 부분을 절삭하게 되므로 날끝을 쉽게 손상시키는 것도 결점이다.

(4) 돌출량에 의한 영향

엔드 밀은 날 길이가 짧을수록 공구의 강성이 증가하고 절삭 성능도 향상된다. 엔드 밀의 돌출 길이를 L, 휨을 δ로 하면 다음과 같은 관계가 있다.

$$\delta = \frac{PL^3}{3EI}$$

P : 절삭 저항

E : 엔드 밀의 영 계수

I : 단면 2차 모멘트($=\pi D_0^4/64$)

D_0 : 엔드 밀에 상당하는 환봉 지름(날부 지름 D를 환봉 지름으로 환산한 값$=$
    $0.7{\sim}0.8D$)

따라서 엔드 밀의 휨은 돌출량의 3제곱에 비례하고 날부 지름의 4제곱에 반비례한다. 즉 엔드 밀의 돌출 길이가 2배로 되면 휨은 8배로 되고 날부 지름이 2배로 되면 휨은 1/16배까지 작아진다.

그림 7은 돌출 길이와 절삭 길이의 관계를 나타낸 것이다. 그림에서 돌출 길이가 2배로 되면 공구 수명은 1/10 정도로까지 저하하는 것을 알 수 있다.

또 돌출 길이가 길어지면 공구의 강성은 낮아지기 때문에 가공면의 기울기가 커지므로 표면 거칠기가 악화된다.

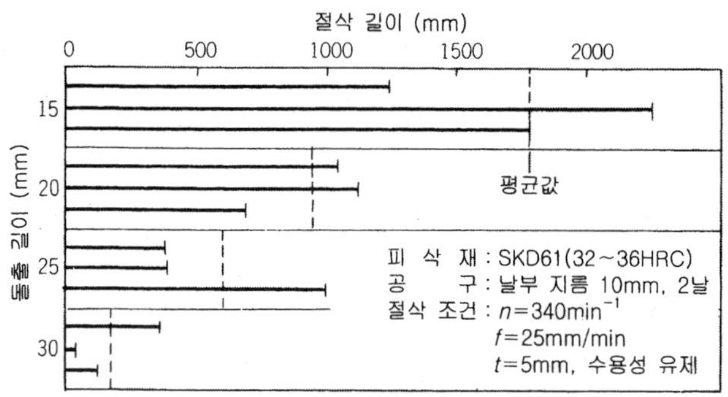

그림 7 돌출 길이와 공구 수명

10
드릴의 종류와 선정 방법

(1) 드릴 각 부분의 명칭

그림 1은 일반적인 드릴 각 부분의 명칭이다.

선단각은 고속도강에서는 일반적으로 118° 이지만 초경의 경우에는 약간 큰 140° 정도이다.

여유각은 일반적으로 6°이다. 이 각도가 너무 작으면 발열이 커지게 되고 반대로 너무 크면 날끝이 약해져 버린다.

비틀림각은 칩의 배출이 양호해지도록 방법을 강구하지 않으면 안된다. 표준은 22~30°, 강한 비틀림의 경우 30~40°, 약한 비틀림의 경우 15~22° 정도이다.

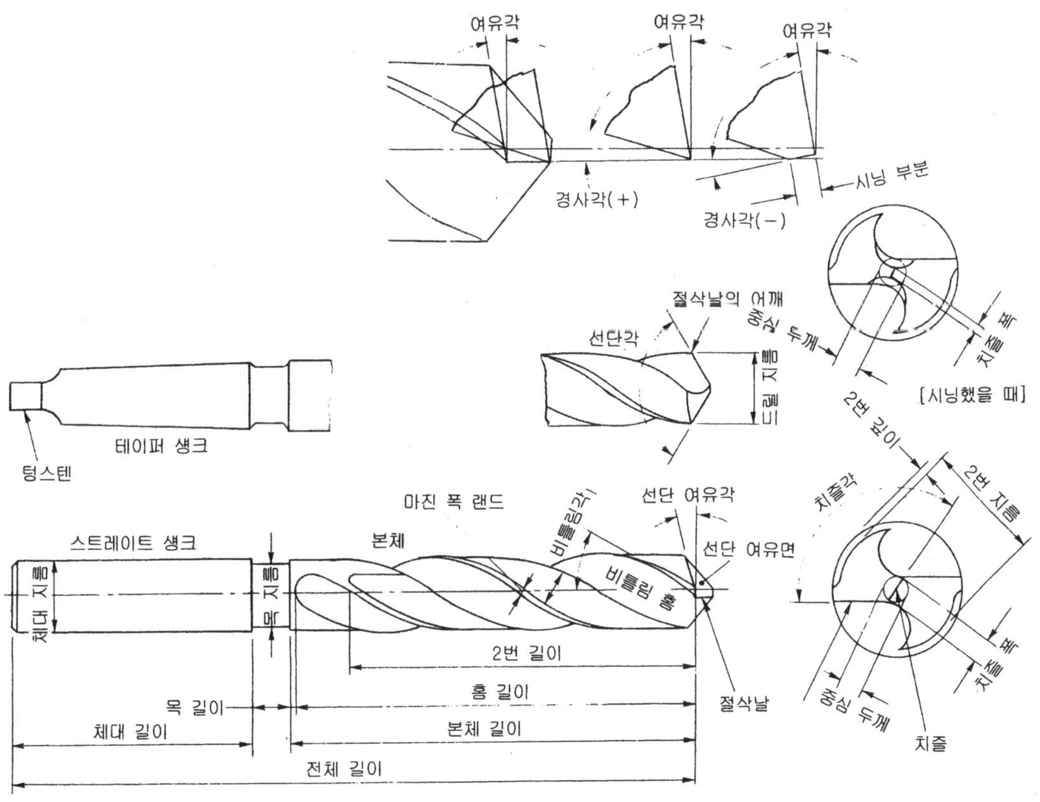

그림 1 드릴 각부의 명칭

중심 두께(웨브)는, 이것이 너무 커지게 되면 마찰되는 부분이 많아져 절삭 저항이 커지게 된다. 그래서 치즐(끝부)의 중심 두께를 시닝하여 얇게 조절한다.

일반적으로 드릴의 경우 가공 깊이(L)와 가공 지름(D)의 비, L/D는 6~7 이하가 가공할 수 있는 한계로, 그 이상의 깊은 구멍인 경우에는 건 드릴 등을 사용한다.

(2) 드릴의 종류

드릴도 엔드 밀과 마찬가지로 솔리드 타입, 납땜 타입, 스로어웨이 타입의 3가지가 있다.

① **솔리드 드릴**…드릴 전체가 고속도강이나 초경 재질로 만들어진 것으로 **사진 1**과 같이 선단에 기름 구멍을 뚫은 것도 있다. 또 비틀린 홈을 따라 기름 구멍도 비틀려 있는 초경 솔리드 드릴도 등장하고 있다.

② **납땜 드릴**…**사진 2**와 같이 초경 등의 절삭날을 강성이 있는 합금강의 보디에 납땜한 것이다. 고속 절삭시의 칩 배출을 양호하게 하기 위해 드릴 선단에 기름 구멍이 내어져 있는데 이 구멍은 날끝이 납땜제의 용융 온도까지 높아지지 않도록 하는 냉각 효과도 발휘한다.

③ **스로어웨이 드릴**…초경 등의 스로어웨이 팁을 클램프 나사 등으로 본체에 설치한 것이다. **사진 3**은 선단에 스로어웨이 팁을 2개 붙인 드릴이다.

사진 1 솔리드 타입(기름 구멍붙이)

사진 2 납땜 타입(기름 구멍붙이)

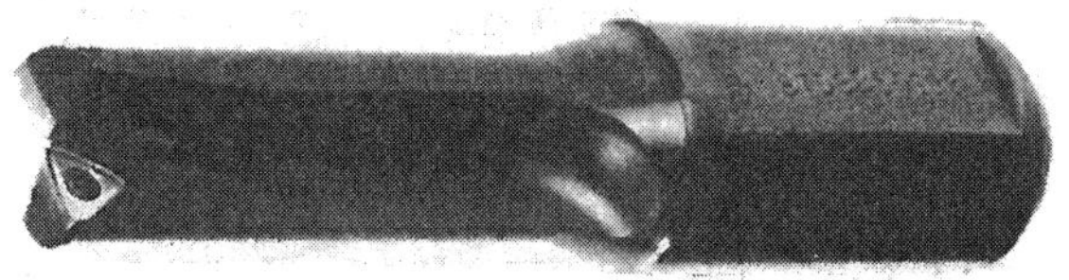

사진 3 스로어웨이 타입(기름 구멍붙이)

(3) 드릴의 선정 방법

우선 전술한 드릴의 구조에 따라 가공 목적에 알맞는 드릴을 선정한다.

① **솔리드 드릴**…드릴 가공에서는 8 mm 이하의 소지름 구멍을 뚫는 경우가 매우 많지만 그러한 작은 구멍은 솔리드 드릴이 아니면 가공할 수 없다. 가장 많이 접할 수 있는 드릴이라 할 수 있다.

단, 솔리드 드릴은 선단에 치즐 에지라 불리는 독특한 절삭날을 갖고 있다. 이것으로 가공 구멍의 선단부에서는 절삭이라기보다는 밀어붙인다는 감이 드는 강인한 절삭을 하고 있다. 한편 거기에서는 절삭 속도가 매우 낮기 때문에 절삭날에 용착이 발생하기 쉽다는 결점도 있다.

② **납땜 드릴**…①에서 설명한 바와 같이 드릴 선단부에서는 매우 강도 높은 절삭을 하기 때문에 고속도강보다 인성이 떨어지는 초경 합금을 고속도강 드릴과 같은 날형으로 만들 수는 없다.

그래서 납땜 드릴에는 초경 재종에 적합한 독특한 날형을 납땜하여, 종래의 고속도강 드릴의 형상에 구애받지 않고 드릴 전체의 강성을 높게 한 것이 많이 시판되고 있다. 그 날형의 한 예가 **사진 2**와 같은 치즐 에지가 없는 드릴이다.

치즐 에지가 없기 때문에 중심날이 결손될 염려가 없고 절삭 저항도 대폭적으로 적어진다. 드릴 중심에 날이 없으면 구멍 바닥의 중심에 코어가 남게 될 것으로 생각되지만 이 코어의 지름은 대단히 작고 절삭시의 저항에 의해서 근원부터 잘라내 버리게 되므로 최종적으로 코어는 거의 없어지게 된다.

③ **스로어웨이 드릴**…스로어웨이 드릴은 최소 가공 구멍 지름이 14 mm 전후, 최대 가공 깊이가 구멍 지름의 2.5배 정도인 비교적 크고 얕은 구멍의 가공에 적합하다.

절삭날은 스로어웨이식이므로 재연삭할 필요도 없고 또 그에 따라 성능에 차이가 나거나 하지 않으므로 드릴 길이는 언제나 일정해 조정할 필요가 없다.

예를 들면 코팅 초경 팁의 경우 고속도강 드릴의 5~10배라는 높은 절삭 속도로 사용된다. 그리고 스로어웨이 팁은 비교적 값이 싸므로 경제적으로도 유리하다.

선단 모양이 거의 평탄하고 본체의 강성도 높은 점, 치즐 에지에서의 무리한 절삭이 없는 점, 내측 날과 외측 날의 절삭 저항에 균형이 잡혀 있는 점 등으로 센터 구멍이나 기초 구멍 없이 정확한 위치에 구멍을 뚫을 수 있다. 또 이중판이나 챔퍼부, 관통부가 경사면인 경우에노 사용할 수 있는 것도 있다.

한편 칩은 팁에 설치된 브레이커와 내부 급유에 의한 절삭 유제에 의해서 잘게 잘려서 배출은 순조롭지만 반대로 칩이 잘 절단되지 않는 SS 400이나 표면 경화강 등의 연강은 다루기가 쉽지 않다.

단, 스로어웨이 드릴은 공구 본체의 제작 정밀도, 사용하는 팁의 정밀도, 절삭중인 드릴의 휨 등으로 드릴 지름의 정밀도 관리가 어렵다는 문제가 있다.

공구 회전형인 경우, 보통 얻을 수 있는 구멍 정밀도는 ± 0.3 mm 정도이다. 가공물 회전형은 치수 보정을 할 수 있으므로 여기에는 해당되지 않는다.

(4) 공구 재종에서 선택

① **고속도강 드릴**…드릴의 모양이 가늘고 길어 강성이 낮을 뿐 아니라 그 선단에서는 구멍의 전(全) 단면을 절삭하는 대단위 가공을 하고 있다. 따라서 드릴은 크게 비틀리거나 구부러질 수 있으므로 들어갈 때나 빼낼 때의 불안정한 동작에 충분히 견딜 수 있는 재질이 아니면 안된다.

때문에 드릴에서는 인성이 높고 결손에 강한 고속도강이 주류를 이루고 있다. 또 지름이 큰 드릴이라도 비교적 싼값에 만들어져, 인코넬과 같은 난삭재를 별도로 하면 어떠한 피삭재에도 적용할 수 있다는 장점을 지니고 있다. 그러나 절삭 속도가 오르지 않기 때문에 능률이 나쁘다는 결점도 있다.

② **초경 드릴**…초경 드릴은 절삭 속도를 올릴 수 있기 때문에 능률적인 가공이 가능하고 내마모성이 우수하여 고속도강에 비해 5~10배 이상의 긴 수명이 얻어진다. 따라서 공구 교환 시간도 대폭적으로 절약되어 대량 생산 라인 등에서 많이 사용되고 있다.

공구의 강성이 높고 구멍의 가공 정밀도도 양호하여 절삭 속도를 올릴 수 있기 때문에, 고속도강에 비해 다듬질면 거칠기도 향상된다. 또 드릴 부시를 사용하지 않고 정확한 위치에 구멍을 뚫을 수 있으므로 부시의 길이분 만큼 짧은 드릴을 사용할 수 있어, 가공 정밀도나 공구 수명면에서도 우수하다.

나아가 인코넬이나 고경도 재료 등의 난삭재에 대해서는 보다 효과적이다.

11
초경 공구의 날끝 재연삭

절삭 공구 특히 바이트나 드릴, 밀링 커터 등은 그 날끝을 숫돌로 재연삭함으로써 절삭성을 복원시킬 수 있다. 그것은 팁 타입도 마찬가지이다.

그러나 초경 합금의 예를 들자면 그 경도는 93 HRA 정도로, 다이아몬드 다음 가는 경도를 지니고 있기 때문에 어떠한 숫돌로나 연삭이 가능한 것은 아니다. 그리고 이 경우에 있어 날끝의 재연삭은 강재의 경우와는 달리, 숫돌 입자로 팁의 입자를 절삭해 간다기 보다 극단적인 표현을 빌자면 두드려서 떨어뜨린다는 표현이 적절할 지도 모른다.

일반적으로 초경의 경우 황삭 연삭용으로서 「청 숫돌」이라 불리는 GC 숫돌(사진 1), 다듬질 연삭용으로서 다이아몬드 숫돌(사진 2)의 사용이 부득이하다.

초경 팁을 연삭할 때 일반적으로 탄화 규소계 그린 카본 랜덤, 즉 GC 숫돌＝청 숫돌을 사용하는데, 생크재를 연삭하거나 과대한 압력으로 연삭하면 숫돌이 로딩을 일으켜 초경 팁은 열이 상승한다. 이 때문에 크랙이 들어갈 수 있으므로 충분한 주의가 필요하다.

사진 1 GC 숫돌(청 숫돌)

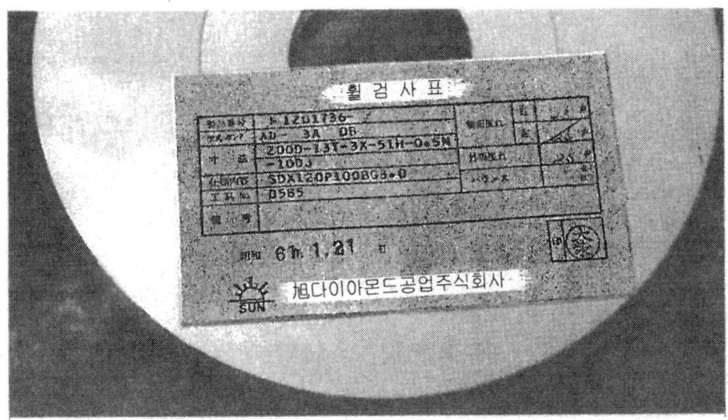

사진 2 다이아몬드 숫돌(레지노이드 본드)

사진 3 정면 밀링 커터의 초경 팁을 다이아몬드 숫돌로 재연삭

초경 팁의 다듬질 연삭에는 일반적으로 다이아몬드 숫돌을 사용한다. 다이아몬드 숫돌 (**사진** 2)에는 결합제의 차이에 따라 레지노이드 결합체(기호 B), 메탈 본드(기호 M), 비 트리파이드 결합체(기호 V)가 있다.

일반적인 연삭에는 레지노이드 결합체 숫돌을 선정하도록 한다.

사진 3은 공구 날끝 연삭 장치로서 다이아몬드 숫돌로써 정면 밀링 커터의 초경 팁을 재연삭하고 있는 모양이다.

2편

공구 재종의 특성과 선택 기준

공구 재종의 선택과 사용 조건의 설정

● 공구 재종과 피삭재 및 절삭 조건

금속 재료를 절삭 공구로 절삭할 때 작업자는 언제나 다음과 같은 3가지 점에 관심을 갖는다. 어떠한 칩이 나올 것인가, 가공물은 어떻게 될 것인가, 공구 수명은 어떠할까 하는 것이다.

따라서 작업자는 칩이 어떠한 상태로 나올 것인가, 그것을 작업에 방해가 되지 않도록 능숙하게 처리하려면 어떻게 해야 할 것인가, 이를 위해 공구 수명이 짧아지지는 않을 것인가, 칩이 가공물에 영향을 미치지는 않을 것인가, 그리고 특히 절삭을 함으로써 가공물 표면이 질적으로 변화하지 않을 것인가, 또 다듬질 상태와 표면 거칠기, 치수 변화에는 어떠할 것인가 등에 대한 몇 가지 조건에 대응해 나가야 한다.

절삭이라는 작용은 절삭 공구로 가공물의 표면을 칩의 형태로 분리시키는 것이며 그때 절삭 공구에는 가공물 표면이 분리되지 않으려는 힘(절삭 저항)이 작용하게 되는데 이 힘이 열로 변한다.

이 열은 절삭열이라 하여 절삭 상황에 따라서 다양하게 변한다. 이 열과 가공물의 접촉에 의해 절삭 공구의 선단은 다양하게 손상된다.

예를 들면 칩이 절삭 공구의 윗면(경사면)을 마찰하여 통과할 때 일어나는 「경사면 마모(크레이터 마모)」, 절삭된 새로운 가공면이 공구의 여유면과 접촉해서 일어나는 「여유면 마모(플랭크 마모)」 등이다.

이러한 날끝에 발생하는 손상이나 열적 영향에 의한 변형에 따라 절삭 공구의 절삭성은 점차 나빠지게 되어 가공물의 정밀도나 다듬질면 거칠기를 열화시키게 된다.

때문에 공구의 수명을 어떻게 하면 길게 유지시킬 수 있을 것인가 하는 것은 절삭 공구의 손상은 물론 가공물의 품질면에서나 경제성면에서도 가장 중요한 관심사라 할 수 있다.

그리고 이를 위해서는 가공물, 즉 피삭재의 성질과 공구 재종 성질의 조합 그리고 절삭 조건을 어떻게 설정할 것인가가 가공 작업의 양부를 가늠하는 열쇠가 된다.

일반적으로 가공 재료의 성질이나 공구 재종의 성질을 고려할 경우, 각 재료의 화학적 성분이나 현미경 조직, 기계적 성질 등에 관해서 비교한다.

또 절삭 조건을 고려하는 경우에는 절삭 공구의 모양을 비롯하여 절삭 속도, 절삭 깊이, 이송, 절삭 형상(양식) 등 외에 연속 절삭인가 단속 절삭인가, 절삭유제의 유무(건식

인가 습식인가), 가열 가공인가 냉각 가공인가 하는 이른바 절삭 방법에 관해서 고찰해 본다.

또한 공작 기계의 구조나 강성 등에 관해서도 고려해 본다.

금속 재료 가공용 공구 재종으로서 현재 우리들이 흔히 사용하는 것으로는 고속도강(고속도 공구강), 초경 합금, 코팅, 서멧, 다이아몬드, CBN 등이 있다.

이들 재종을 실제로 금속 절삭에 이용할 때의 구체적인 절삭 조건 설정에 관해서 살펴보기로 한다.

● 절삭의 메커니즘

금속 재료를 절삭 가공할 때, 가공물과 절삭 공구 사이에는 기계적, 화학적, 열적 반응이 일어나 가공물의 표면층에는 질적 변화나 다듬질 상태의 변화가 발생한다.

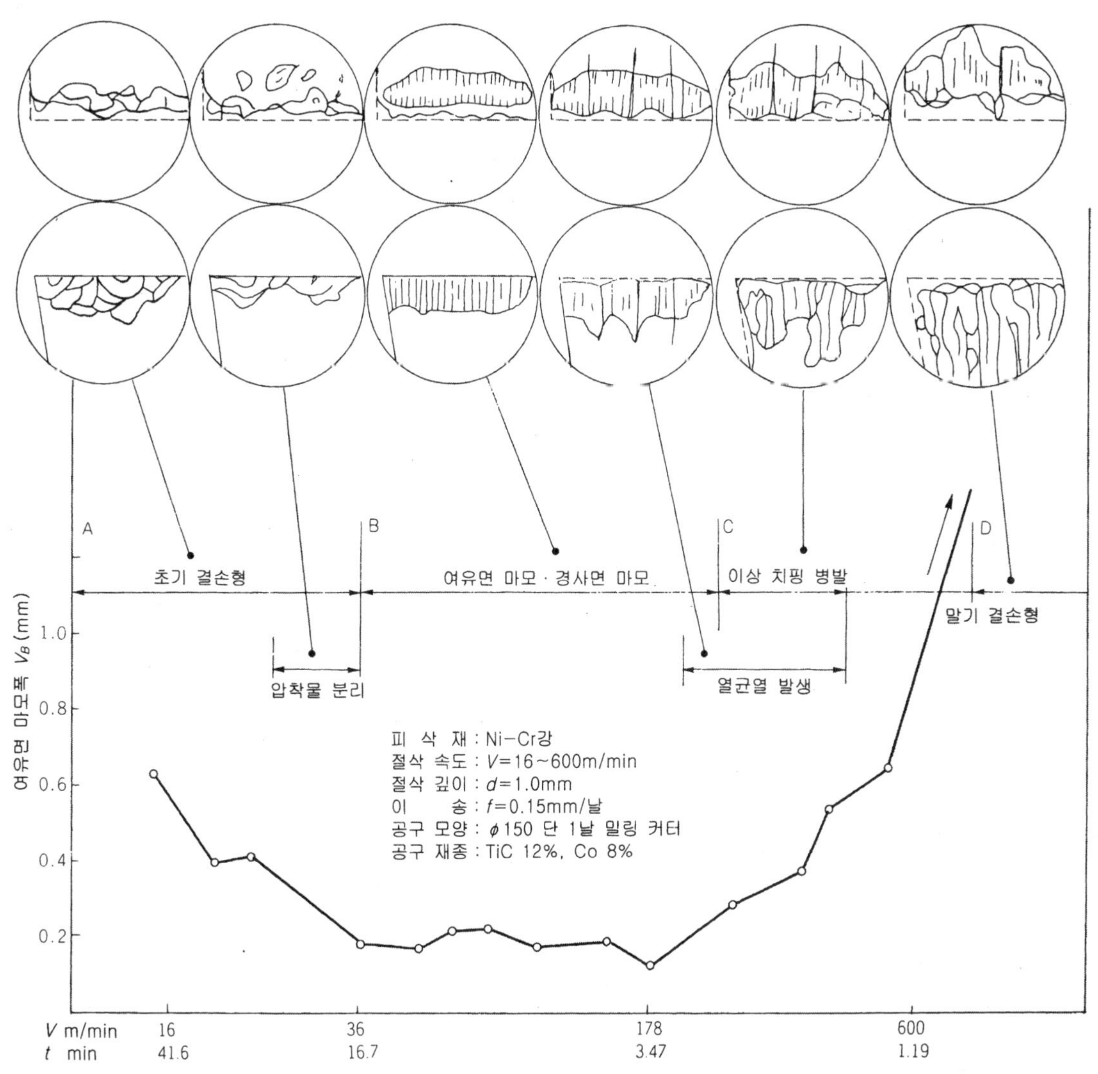

그림 1 절삭 속도와 날끝 손상

한편 절삭 공구의 경우는 경사면 마모나 여유면 마모, 결손, 용착이라는 날끝의 손상이 발생한다. 그 대책으로서 새로운 공구 재종이 탄생돼 온 것이다.

그러한 가공물측, 날끝측의 현상은 절삭 공구로서 사용하는 조건, 특히 절삭 속도에 따라 크게 다르다.

그림 1은 절삭 속도의 변화가 날끝의 손상에 크게 영향을 주고 있다는 것을 나타내는 하나의 예이다. 초경 합금(P 30 상당)을 공구 재종으로 하여, 합금강(니켈 크롬강)을 절삭 속도 10~600 m/min까지 변화시켜 절삭했을 때에 생긴 날끝의 대표적인 손상이다.

저속측, 예를 들면 10~15 m/min에서 사용했을 경우, 절삭날의 모서리가 대부분 결손(초기 결손)되어 가공물 표면이 거칠어짐에 따라 가공 치수의 안정을 유지할 수 없게 된다.

이것은 금속 절삭에서 절삭 메커니즘상의 열적, 화학적 영향보다도 기계적인 영향으로 날끝에 큰 부담을 주고 있기 때문이다.

그래서 인성이나 구부림 강도 등 초경 합금 그 자체의 기계적 성질을 향상시킨 재종, 예를 들면 WC-Co계 초경 재종(JIS 사용 분류 K종)이나 초미립자 초경 합금(JIS 사용 분류 Z종)을 선정하거나 또는 고인성 재종인 고속도강을 선정할 필요가 있다.

즉 열적, 화학적 영향이 적은 저속 영역의 절삭 조건에서 사용하거나 또는 날끝 손상이 열적, 화학적 영향보다도 기계적인 치핑이나 결손으로 발생하고 있는 경우에는 그 대응 공구 재종으로서 기계적으로 인성이 높은 것을 선정하는 것이 중요하다.

절삭 속도를 다시 20~30 m/min으로 올리면 절삭날 상면에 칩의 일부가 부착(압착 또는 구성 날끝)되어 이것이 가공이 진행됨에 따라 점차로 커지고 결국에는 절삭날 상면에서 떨어져 칩과 함께 떨어져 나가게 된다.

이때 절삭날 상면 조직의 일부도 함께 떨어져 나가게 되어 공구의 절삭날에는 조개 껍질이 깨진 것과 같은 박리 결손(**사진** 1)이 발생한다.

이 부착물은 저속에서는 절삭 상태의 가공물 조직처럼 부드럽지만 고속에서는 가공 재료의 담금질 조직과 같이 단단한 상태(절삭중의 급격한 가공 경화 작용에 의한 매우 단단한 퇴적물)로 되어 날끝 가까이에 부착되는 것으로, 이것이 구성 날끝이다.

저속 절삭시에 발생하는 퇴적물을 압착물, 고속 절삭시에 발생하는 것을 용착물이라 하여 구별하여 부른다. 이들 부착물은 화학적으로 반응하기 힘든 상태를 절삭날측에 또는 절삭 상태에서 만듦으로써 어느 정도는 방지할 수 있다.

예를 들면 절삭날 표면을 Al_2O_3(알루미나)나 TiN(질화 티탄) 등으로 코팅하고 활성 절삭 유제를 사용하거나 하여 이 현상을 억제할 수 있다.

그러나 후자의 경우는 반대로 이 퇴적물(구성 날끝)을 절삭날의 일부로서 활용할 수도 있다. 예를 들면 절삭날 모서리에 안정하게 부착시켜 퇴적되도록 평탄한 면(절삭날 모서리에 만드는 네거티브 랜드)을 만든다. **사진** 2가 그 한 예로서 SWC(Silver White Chip) 바이트라 불리는 것이다.

절삭 속도를 35 m에서 50 m, 100 m/min으로 올려 가면 절삭날의 손상 상태는 급격한 변화를 보이지 않고 시간의 경과와 함께 서서히 진행한다. 따라서 그 손상의 크기를 관리하면 가공물이나 절삭 공구도 충분히 그 능력을 발휘하여 날끝 마모의 안정권에서 사용할 수 있다.

사진 1 절삭날 박리 결손의 예

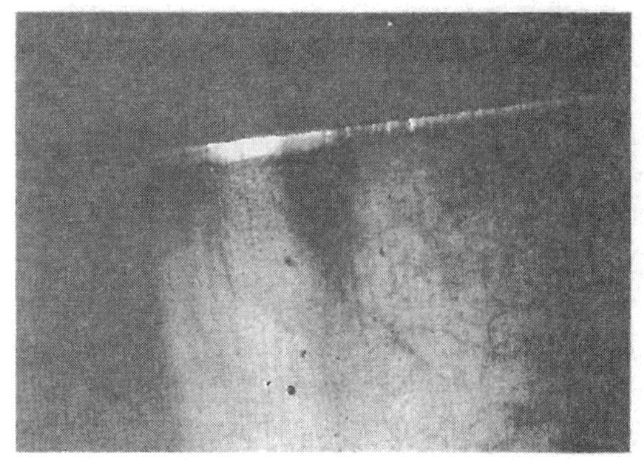

사진 3 여유면 마모의 예

이 절삭 조건 영역이 이른바 공구 재종의 사용 조건인데, 이 조건 영역은 가공물, 절삭 공구 그리고 가공 분위기에 따라 달라지기 때문에 그 특성을 충분히 이해하고 설정해야 한다.

절삭 속도를 다시 120 m, 150 m, 200 m/min으로 올려 가면 가공면과의 접촉에 의해 공구 여유면에 마모(**사진 3**)가, 또한 칩의 찰과에 의해 절삭날 상면(경사면)에 오목한 크레이터 마모(**사진 4**)가 발생한다. 이런 현상이 확대되면 절삭날의 결손을 초래하게 된다.

사진 2 SWC 바이트(셰이퍼 바이트의 응용 예)

이 현상은 공구 날끝이 고온이 되어 공구 그 자체의 성능이 열화할 뿐 아니라 용착, 확산에 의해 합금화한 성분이 없어져 가는 것이라고 설명할 수 있다. 그 대응책으로서는 절삭 공구 재료의 조성을 바꾸는, 즉 Ti나 Ta(탄탈)를 많이 포함하는 재종(예를 들면 서멧이나 코팅 초경) 또는 Al_2O_3(산화 알루미늄=알루미나)계 세라믹스 등 확산에 대응할 수 있는 조성의 재종을 사용하는 것이다.

나아가 절삭 속도를 250 m, 300 m, 500 m/min으로 올려 가면 절삭날에는 균열이 발생하기 때문에 공구는 결손된다.

균열은 처음에는 절삭날에 직각으로 생기기 시작하고 그대로 계속해서 사용하면 절삭날에 평행으로 생기며 이때 결손이 발생한다.

사진 4 경사면 마모의 예

사진 5 절삭날 열균열의 예

고속 절삭에 의해서 급격한 고열이 발생하고 날끝 표면이 심하게 가열되어 그 부분만이 팽창한다. 그리고 가공이 끝나면 표면은 반대로 급격하게 냉각하여 수축되기 때문에 그 팽창, 수축을 반복하면 날끝 표면은 열화하여 균열이 발생한다(사진 5).

이에 대한 대응책으로서는 고열에 대해 내구성이 있는 Al_2O_3계 세라믹스, 열 전도성이 높으면서 고열에 견딜 수 있는 메탈계 세라믹스 등을 사용하는 방법이 있다.

● 공구 재종 선정의 조건

이와 같이 절삭 공구는 사용 조건 특히 절삭 속도에는 매우 민감하기 때문에 이들 재종을 사용하는 경우에는 조건 설정을 충분히 고려해야 한다.

또 사용하고 있는 공구 재종이 현재의 조건에 적합한가의 여부도 그 날끝 손상 형태를 조사함으로써 판단할 수 있다.

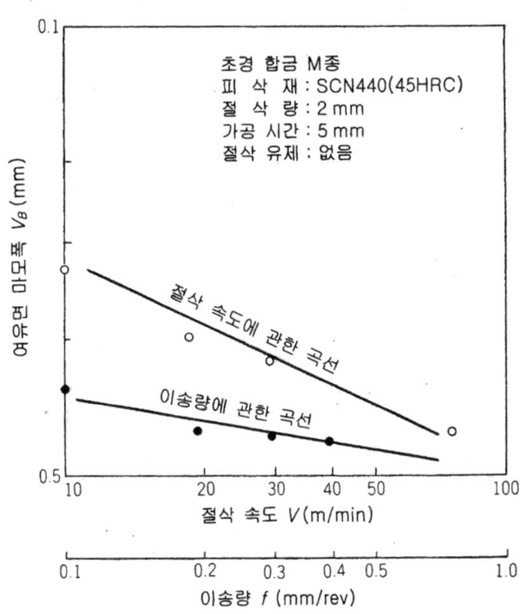

그림 2 절삭 속도, 이송량과 공구 마모의 관계

즉 공구 재종의 선택과 사용 조건 설정은 이른바 표리일체의 관계에 있어 절삭 조건을 기준으로 하여 선정하든지 또는 절삭 공구 재종에서 조건을 설정하거나 또는 상황에 따라 그 기준을 어디에 둘 것인가를 결정하기만 하면 자연히 설정되는 것이다.

한편, 작업 능률 절삭 속도를 올리기 위해 고속으로 변경하기보다도 다듬질면에 미치는 영향을 고려하여 날끝의 코너 R을 크게 한 다음에 이송량을 크게 하는 편이 공구 마모면에서나 또 칩 처리면에서도 효과적인 조건 설정이라 할 수 있다(**그림** 2).

다음 절에서는 이러한 견해를 기초로 하여 공구 재종과 절삭 조건의 설정이라는 관점에서 각 재종의 선택 기준, 포인트에 관하여 살펴 보기로 한다.

고속도강 엔드 밀의 예

● 고속도강의 특성

  금속 재료의 표면을 분리시키는 절삭 공구는 절삭되는 재료보다도 단단하고 질겨야함은 물론이고 발생하는 열(절삭열)에 의해서 그 절삭 공구의 성질(단단하고 질긴)이 변하지 않아야 하는 것이 중요하다.

  가장 일반적인 재료의 하나로, 기계 구조용 탄소강(JIS 구분에서 S○○C라 불리는 재료)이 있다. 이 재료를 단단하게 하여 이것을 공구로서 다른 재료를 절삭하는 경우, 만약 절삭되는 재료가 부드러워 절삭되기 쉬운 상태라면 간단하게 그리고 장시간에 걸쳐 가공할 수 있다.

  이와 같은 공구로서의 재료(절삭 공구)를 단단하게 하는, 즉 열처리를 하는 것은 재료 속의 철과 탄소와의 결합(조직 상태)을 안정적이고 가장 단단한 상태(예를 들면 마텐자이트 조직)로 만들어 내기 위한 것이다(사진 1).

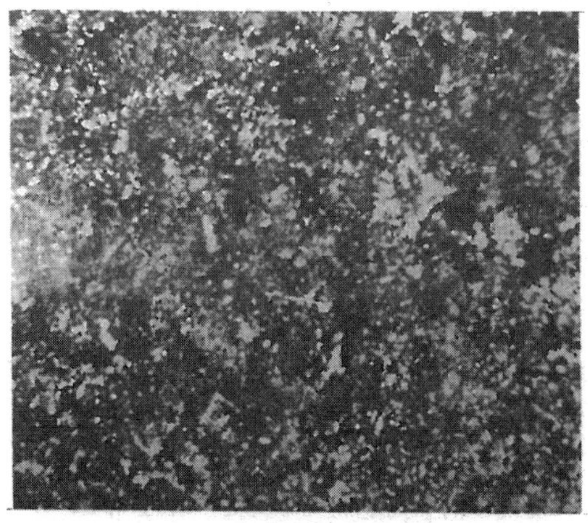

사진 1 담금질된 탄소 공구강의 조직

강을 가열하고 그 후에 급냉시키는 방법을 「담금질」이라 한다. 그러나 절삭하는 힘은 열로서 소비되기 때문에 절삭 공구는 이 절삭열의 영향을 받는다.

이 열은 때로는 400~600℃를 초과하는 수가 있기 때문에 절삭 공구는 서서히 가열된 상태가 되어 단단한 마텐자이트 조직 상태를 유지할 수 없게 된다. 마텐자이트는 100~250℃ 정도에서 「트루스타이트」라는 조직이 되어 강은 연화돼 버린다.

기계 구조용 탄소강이 100℃ 이상에서 급격히 부드러워지는 것은 그 때문인데, 절삭열에 의해서 결국에는 피삭재와 같은 정도의 경도로까지 떨어져 버려 전혀 절삭할 수 없게 되는 것이다. 실제로는 연화하는 과정에서 피삭재 표면과의 접촉 작용으로 날끝이 마모되어 절삭 작업이 불가능하게 된다(**그림 1**).

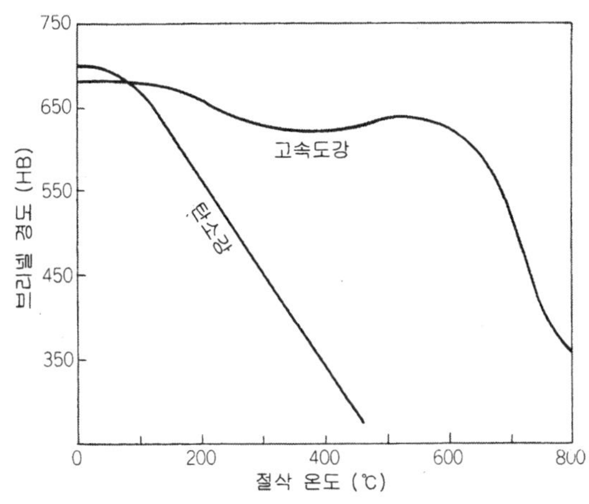

그림 1 탄소강의 절삭 온도와 경도의 관계

그래서 절삭열에도 견딜 수 있는 단단하고 질긴 그리고 고속으로 절삭할 수 있는 탄소강의 연구 개발이 진행되었고 19세기 중반에 영국의 로버트·마셰트에 의해 고속으로 절삭 가공할 수 있는 강, 그 명칭도 「하이스피드·스틸」, 고속도강(일반적으로 마셰트강이라 하는 공냉 자경강)이 탄생한 것이다.

그 후 고속도강의 연구는 미국의 테일러와 화이트에 의해 계승되고 개량이 진행되어 고온 담금질한 테일러·화이트강이 탄생했다. 이 재료를 사용한 고속도강 공구는 현재 「고속도강」이라 불리어 널리 사용되고 있다.

이 당시의 고속도강은 W(텅스텐) 8%, Mn(망간) 0.3%, C(카본) 1.6%라는 고탄소강으로 담금질하여 마텐자이트 조직으로 하면 500~600℃에서도 담금질시의 경도를 유지하는 획기적인 것이었다.

현재 우리들이 사용하고 있는 고속도강은 W, Mo(몰리브덴), Cr(크롬), V(바나듐), Co(코발트) 등을 포함한 고탄소강으로, 용해시켜 만드는 용해 고속도강과 W나 탄화물 등의 주요 성분을 분말상으로 하여 구어 굳힌(분말 야금) 분말 고속도강이 있다.

표 1은 최근의 고속도강 재종(JIS G 4403(KS G 3522))으로, 그 화학 성분을 나타낸 것이다. SKH 4는 구 JIS의 SKH 4 A에서 또 SKH 51은 구 JIS의 SKH 9에서 기호가 변경된 것이다.

표 1 고속도강의 화학 성분 (JIS G 4403 ; KS G 3522)

종류의 기호		화학 성분 %										참고 용도 예
		C	Si	Mn	P	S	Cr	Mo	W	V	Co	
텅스텐계	SKH 2	0.73 ~ 0.83	0.40 이하	0.40 이하	0.030 이하	0.030 이하	3.80 ~ 4.50	—	17.00 ~ 19.00	0.80 ~ 1.20	—	일반 절삭용 외 각종 공구
	SKH 3	0.73 ~ 0.83	0.40 이하	0.40 이하	0.030 이하	0.030 이하	3.80 ~ 4.50	—	17.00 ~ 19.00	0.80 ~ 1.20	4.50 ~ 5.50	고속 중(重)절삭용 외 각종 공구
	SKH 4	0.73 ~ 0.83	0.40 이하	0.40 이하	0.030 이하	0.030 이하	3.80 ~ 4.50	—	17.00 ~ 19.00	1.00 ~ 1.50	9.00 ~ 11.00	난삭재 절삭용 외 각종 공구
	SKH 10	1.45 ~ 1.60	0.40 이하	0.40 이하	0.030 이하	0.030 이하	3.80 ~ 4.50	—	11.50 ~ 13.50	4.20 ~ 5.20	4.20 ~ 5.22	고난삭재 절삭용 외 각종 공구
몰리브덴계	SKH 51	0.80 ~ 0.90	0.40 이하	0.40 이하	0.030 이하	0.030 이하	3.80 ~ 4.50	4.50 ~ 5.50	5.50 ~ 6.70	1.60 ~ 2.20	—	인성을 필요로 하는 일반 절삭용 외 각종 공구
	SKH 52	1.00 ~ 1.10	0.40 이하	0.40 이하	0.030 이하	0.030 이하	3.80 ~ 4.50	4.80 ~ 6.20	5.50 ~ 6.70	2.30 ~ 2.80	—	
	SKH 53	1.10 ~ 1.25	0.40 이하	0.40 이하	0.030 이하	0.030 이하	3.80 ~ 4.50	4.60 ~ 5.30	5.70 ~ 6.70	2.80 ~ 3.30	—	비교적 인성을 필요로 하는 고경도재 절삭용 외 각종 공구
	SKH 54	1.25 ~ 1.40	0.40 이하	0.40 이하	0.030 이하	0.030 이하	3.80 ~ 4.50	4.50 ~ 5.50	5.30 ~ 6.50	3.90 ~ 4.50	—	
	SKH 55	0.85 ~ 0.95	0.40 이하	0.40 이하	0.030 이하	0.030 이하	3.80 ~ 4.50	4.60 ~ 5.30	5.70 ~ 6.70	1.70 ~ 2.20	4.50 ~ 5.50	
	SKH 56	0.85 ~ 0.95	0.40 이하	0.40 이하	0.030 이하	0.030 이하	3.80 ~ 4.50	4.60 ~ 5.30	5.70 ~ 6.70	1.70 ~ 2.20	7.00 ~ 9.00	비교적 인성을 필요로 하는 고속 중절삭용 외 각종 공구
	SKH 57	1.20 ~ 1.35	0.40 이하	0.40 이하	0.030 이하	0.030 이하	3.80 ~ 4.50	3.00 ~ 4.00	9.00 ~ 11.00	3.00 ~ 3.70	9.00 ~ 11.00	
	SKH 58	0.95 ~ 1.05	0.50 이하	0.40 이하	0.030 이하	0.030 이하	3.50 ~ 4.50	8.20 ~ 9.20	1.50 ~ 2.10	1.70 ~ 2.20	—	인성을 필요로 하는 일반 절삭용 외 각종 공구
	SKH 59	1.00 ~ 1.15	0.50 이하	0.40 이하	0.030 이하	0.030 이하	3.50 ~ 4.50	9.00 ~ 10.00	1.20 ~ 1.90	0.90 ~ 1.40	7.50 ~ 8.50	비교적 인성을 필요로 하는 고속 중절삭용 외 각종 공구

　　성분적으로는 W를 중심으로 하는 W계 고속도강, Mo를 중심으로 하는 Mo계 고속도강으로 구분되고 있다.

　　일반적으로는 W계 고속도강이 많이 사용되고 있지만 이것은 고속도강이 모두 열간 경도가 높은 W계이기 때문에 Mo계 고속도강도 드릴이나 호브를 중심으로 그 특성을 활용한 공구로서 이용되고 있다.

　　Mo계 고속도강은 제1차 세계대전 당시에 W가 부족해지자 그 대용으로서 W에 가까운 성질을 지닌 Mo가 풍부한 미국에서 개발되었다.

　　Mo계 고속도강은 W계에 비해 인성(靭性)이 있기 때문에 특히 드릴과 같은 구멍을 뚫는중에 절손되어서는 안되는, 인성이 필요한 공구 재종으로서 SKH 51이, 그리고 호브와 같이 내마모성이나 허리의 강도가 필요한 재종에는 Co가 많은 Mo계 고속도강 SKH 57을 이용한다.

　　그림 2는 고속도강의 강종별 특성의 비교이다. 이 그림에서 연삭비라는 것은 「가공물의 연삭량/숫돌의 소모량」을 말하는 것으로, V의 함유량이 증가할수록 내마모성은 양호해지지만 반대로 연삭이 어려워진다는 것을 알 수 있다.

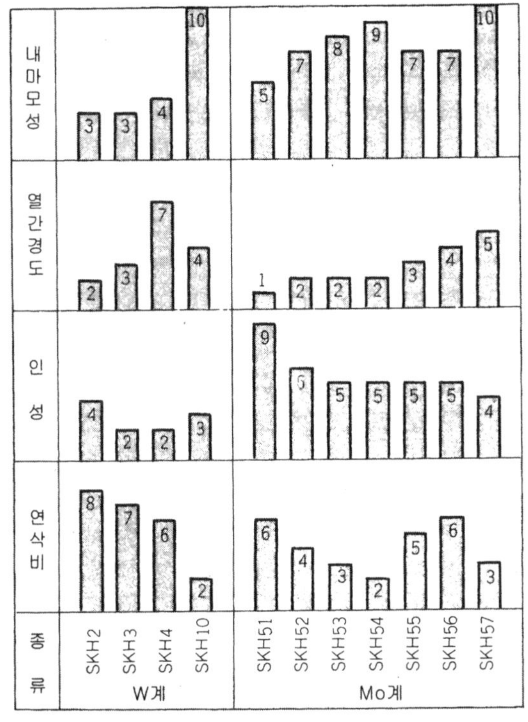

그림 2 고속도강의 강 종별 특성 비교

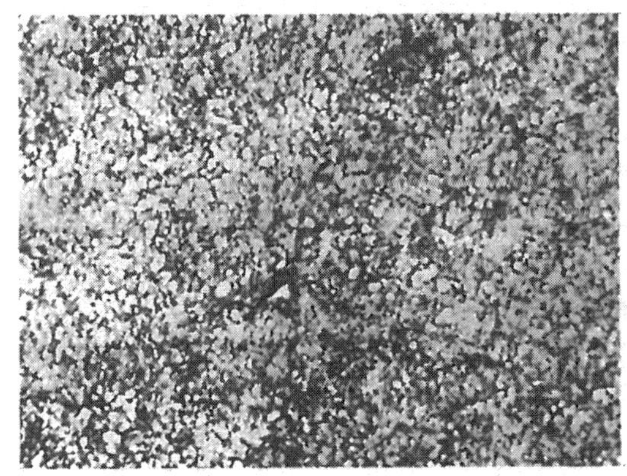

사진 2 최근의 분말 고속도강 조직의 예

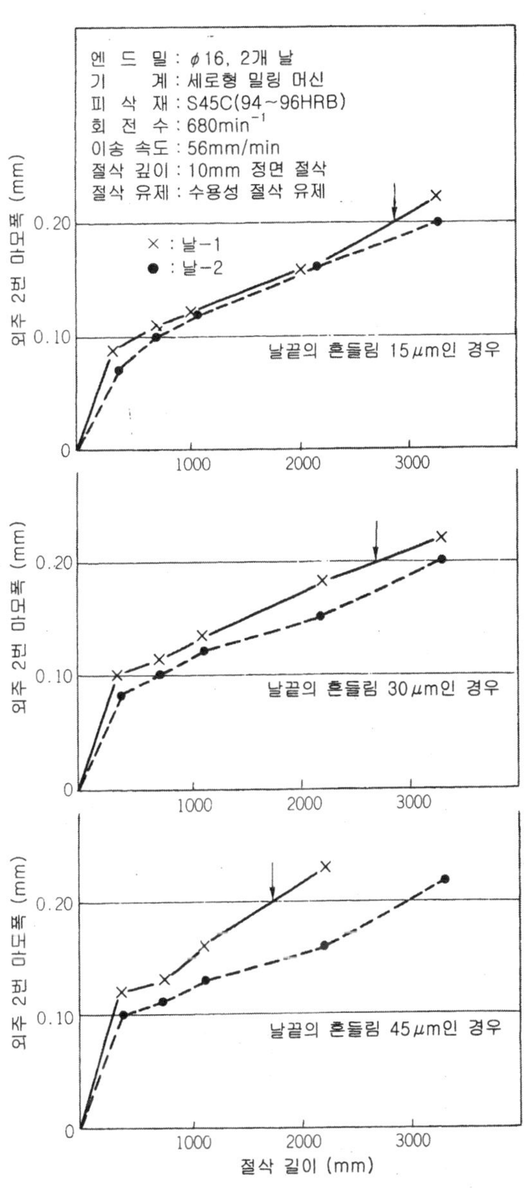

그림 3 고속도강 엔드 밀의 외주 2번 마모와 절삭 길이

　　W는 C와 결합하여 탄화물을 만들지만 강하고 마모가 잘 안되는 특성을 갖도록 하는 데 유용하다. Mo나 Cr은 담금질, 뜨임 등의 열처리를 용이하게 하는 동시에 점성과 내마모성을 높이는 데 효과적이다.

　　또 Co나 V는 W와 비슷한 성질을 갖지만 탄화물의 조직을 미세화하고 안정화시키는 데 도움이 되며 특히 W와 Cr만으로 이루어진 강보다는 2배 가까이 인성이나 내마모성을 강화시킨다. 그러나 일반적으로 Co와 V는 상호 보완하는 물질로, V가 많을 때는 Co를 적게 하고 Co가 많을 때는 V를 적게 하는 듯하다.

　　한편, 절삭 공구로서의 경도나 점성이 우수한 조직일지라도 그것이 국부적이라면 충분한 내구성은 발휘할 수 없으므로, 이 우수한 조직인 탄화물을 미립자로 하여 단단하고 질긴 바탕에 고르게 분포시키는 것이 절삭 공구로서는 이상적이다(Co나 V는 이 작용을 한다).

이들 고속도강은 경도와 점성을 겸비했기 때문에 1,200~1,350℃에서 담금질하여 점성을 증가시키기 위해 530~630℃에서 뜨임을 한다. 이로써 경도 62~67 HRC라는 단단하고 끈질긴 고속도강이 완성되는 것이다.

표 2　고속도강 엔드 밀에 의한 홈 절삭의 권장 절삭 조건표 (OSG)

호칭치수 (mm)	저 탄 소 강 (인장 강도 50kgf/mm² 이하) 강 합금, 강철(연질)		중 탄 소 강 (인장 강도 50~80kgf/mm²) 경질강 합금, 연질 강철		고 탄 소 강 (인장 강도 80~100kgf/mm²) 합금강, 스테인리스		특 수 강 조 질 강		알 루 미 늄 알루미늄 합금 플 라 스 틱	
	회 전 수 (min⁻¹)	이송 속도 (mm/min)	회 전 수 (min⁻¹)	이송 속도 (mm/min)	회 전 수 (min⁻¹)	이송 속도 (mm/min)	회 전 수 (min⁻¹)	이송 속도 (mm/min)	회 전 수 (min⁻¹)	이송 속도 (mm/min)
0.6	13,200	65	12,500	48	10,000	36	7,100	20	17,000	80
0.8	11,200	71	9,500	53	7,100	36	5,000	20	16,000	100
1	9,000	71	7,500	53	5,600	36	4,000	20	14,000	100
2	5,600	90	4,500	65	2,800	36	2,000	20	12,500	160
3	4,500	106	3,360	75	2,000	36	1,400	20	11,200	250
4	3,150	125	2,360	85	1,400	40	1,000	25	8,000	290
5	2,500	140	1,900	95	1,120	45	800	28	6,300	315
6	2,240	150	1,700	100	1,000	48	710	28	5,600	315
8	1,600	180	1,180	118	710	56	500	34	4,000	387
10	1,250	200	950	132	560	63	400	38	3,150	400
12	1,000	190	750	118	450	60	315	38	2,500	375

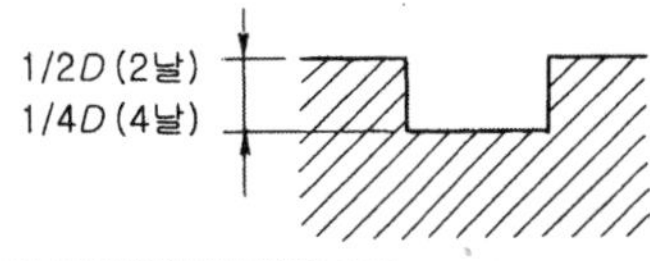

주 1) 이 표는 쇼트형 2날·절삭 깊이 1/2D, 쇼트형 4날·절삭 깊이 1/4D를 기준으로 작성하고 있다.
　2) 절삭 깊이가 1)을 초월할 때에는 이송 속도를 20~50% 떨어뜨린다.
　3) 기계, 척은 내성이 있는 정밀도가 높은 것을 사용한다.
　4) 절삭유는 절삭재에 적합한 것을 선정한다.

표 3　고속도강 소지름 엔드 밀에 의한 측면 절삭의 권장 절삭 조건 (OSG)

호칭치수 (mm)	저 탄 소 강 (인장 강도 50kgf/mm² 이하) 강 합금, 강철(연질)		중 탄 소 강 (인장 강도 50~80kgf/mm²) 경질강 합금, 경질 강철		고 탄 소 강 (인장 강도 80~100kgf/mm²) 합금강, 스테인리스		특 수 강 조 질 강		알 루 미 늄 알루미늄 합금 플 라 스 틱	
	회 전 수 (min⁻¹)	이송 속도 (mm/min)	회 전 수 (min⁻¹)	이송 속도 (mm/min)	회 전 수 (min⁻¹)	이송 속도 (mm/min)	회 전 수 (min⁻¹)	이송 속도 (mm/min)	회 전 수 (min⁻¹)	이송 속도 (mm/min)
3	5,300	250	4,000	190	2,650	95	1,600	45	18,000	800
4	3,750	300	2,800	224	1,900	106	1.120	53	12,500	900
5	3,000	335	2,240	250	1,500	118	900	60	10,000	1,000
6	2,650	355	2,000	265	1,320	125	800	63	9,000	1,000
8	1,900	425	1,400	315	950	150	560	75	6,300	1,180
10	1,500	475	1,120	355	750	170	450	85	5,000	1,250
12	1,180	450	900	335	600	160	355	85	4,000	1,180

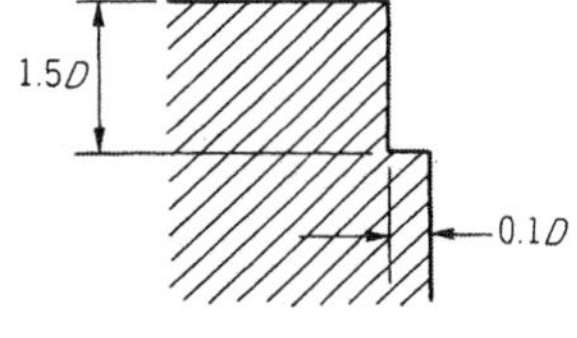

주 1) 이 표는 쇼트형 4날·절삭 깊이 (0.1D)×절삭폭(1.5D)을 기준으로 작성하고 있다. 쇼트형 2날은 이송 속도를 1/2로 떨어뜨린다.
　2) 다듬질 절삭을 할 때에는 회전수를 1.3~1.5배로 한다.
　3) 기계, 척은 내성이 있는 정밀도가 높은 것을 사용한다.
　4) 절삭유제는 피삭재에 적합한 것을 선정한다.

● 분말 고속도강과 코팅

최근에는 분말 야금법에 의해 탄화물을 더욱 더 미세하게 한 고합금 고속도강이 사용되고 있다. 이것은 종래의 용해 고속도강과 초경 합금 사이의 성질을 보완하는 것으로, 내마모성을 높이고 고인성으로 한 것이다. 고경도화하는 금형 재료나 혹한 절삭 조건의 가공에 사용되는 엔드 밀 등의 재종으로서 널리 사용되고 있다(사진 2).

한편 작업 현장에서는 보다 높은 절삭 성능을 도모해 완성된 고속도강 재료의 표면에 화학 반응에 강하고 기계적 마모에도 강한 합금을 만들어 내는 이른바 코팅 처리를 한 공구가 많이 사용되고 있다.

코팅재에는 TiN(질화 티탄)이 사용되고 있다.

● 사용 조건의 설정

절삭 공구용 고속도강은 고속 절삭과 중절삭에 견딜 수 있도록 W, Mo, Cr, Co, V를 첨가하여 고온에서의 날끝 연화를 방지하고 예리한 날끝에서도 절삭 충격력에 견딜 수 있는 강한 인성을 만들어 내기 위해 적당량의 C를 첨가하여 최적의 열처리를 실시하고 있는 것은 전술한 바와 같다.

또 고속도강은 조직의 균일화, 미세화를 도모함으로써 더욱 우수한 내마모성, 고(高)인성을 만들어 내고 TiN 등을 코팅하여 다시 성능의 향상을 꾀하고 있다.

그러나 모재로서 강의 한계를 초월한다는 것은 불가능하기 때문에 자연히 적용 공구도 한정되어 오늘날에는 드릴, 탭, 엔드 밀, 브로치, 기어 절삭 공구 등에 이용되고 있다.

고속도강 공구의 경우, 가공중에 발생하는 절삭열과 칩의 세거를 목적으로 질식유제를 사용하는 것도 사용상의 큰 특징이다.

① **엔드 밀**…그림 3은 일반적으로 사용되는 고속도강 엔드 밀(SKH 51 = 구 JIS에서는 SKH 9)의 마모와 가공 길이의 관계를 나타낸 것이다. 날끝의 진동이 초기 마모에 크게 영향을 주고 있다는 것을 알 수 있을 것이다. 단, 전체로서 엔드 밀과 같은 다인 공구의 경우에는 진동이 0.02~0.03 mm 이내라면 영향은 적다고 할 수 있을 것이다.

표 2, 표 3은 소지름 엔드 밀(특히 $\phi 3 \sim \phi 12$ mm까지)의 대표적인 가공 조건이다. 칩의 배출이나 홈 가공, 어깨 절삭과 같은 가공 양식 등에 따라 공구의 날형이나 날수를 바꿀 필요가 있지만 일단 표준으로서 이용할 수 있을 것으로 생각된다.

또 코팅 처리한 고속도강 엔드 밀의 경우에는 이들 조건을 이용하여 장수명을 기대(예를 들면 3~4배)할 수 있는 외에 보다 고속(예를 들면 50% 상승)에서 사용할 수 있거나 하므로, 가공 목적에 맞추어 조건 설정을 하는 것이 중요하다.

고속도강 엔드 밀에서는 특히 2번 마모, 에지 치핑이 공구 손상의 대표적인 것이기 때문에 칩 처리만 충분히 주의한다면 절삭 속도와 이송 조정으로 효과적인 사용이 가능하다.

② **드릴**…드릴의 경우에는 최근에 난삭재용 드릴이나 롱드릴을 제외하면 대부분이 코팅 처리되고 있다.

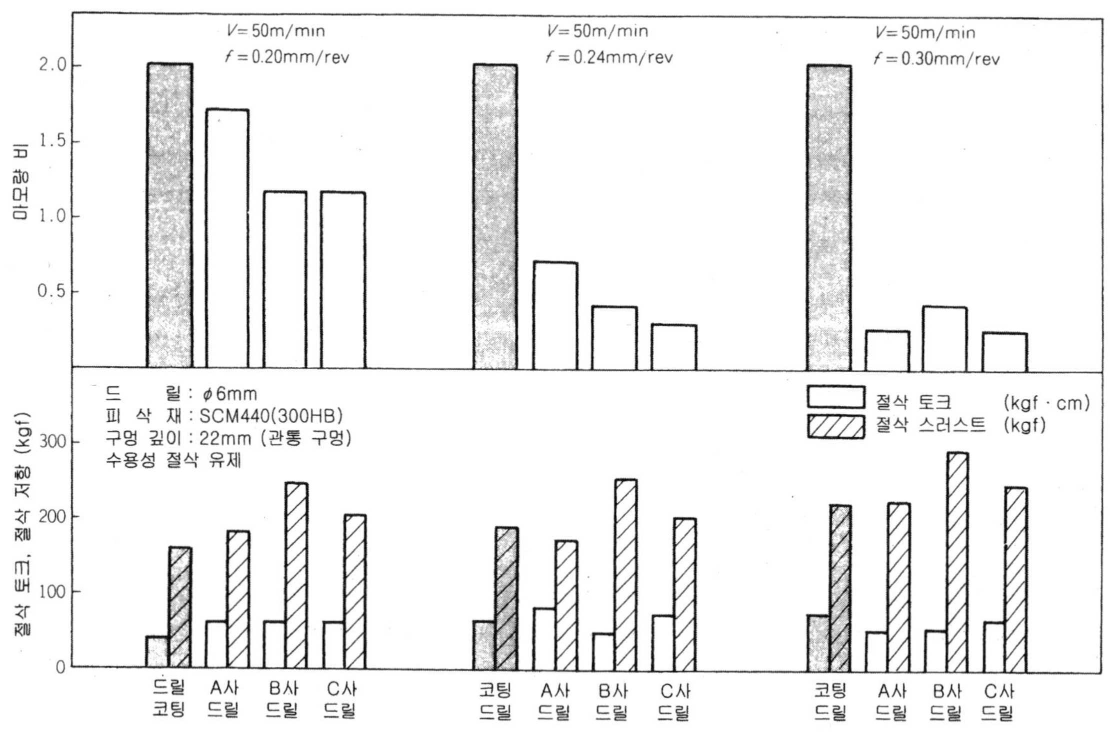

그림 4 코팅 고속도강 드릴의 마모와 절삭 저항

드릴 φ3.5	5.3 / 500	10.5 / 1000	15.8 / 1500	21(m) / 2000(구멍)	성능비 %	절삭 조건
EX 쇼트 코팅			1516구멍	1516 구멍	100	피 삭 재 : S45C 절삭 속도 : 25m/min 이 송 량 : 0.13mm/rev (논 스텝) 구멍 깊이 : 10.5mm (정지) 절삭 유제 : 수용성(JIS W 1종 2호) 희석 배율 5배
표준 코팅		937 구멍			62	기 계 : 세로형 드릴링 머신
드릴 φ12	4.6 / 200	9.2 / 400	13.8 / 600	18.4(m) / 800(구멍)		피 삭 재 : SKD11 절삭 속도 : 13m/min
EX 쇼트 코팅			506구멍		100	이 송 량 : 0.15mm/rev (논 스텝) 구멍 깊이 : 23mm (관통) 절삭 유제 : 수용성(JIS W 1종 2호)
표준 코팅	28구멍	EX 드릴 날끝 모양			6	희석 배율 5배 기 계 : 세로형 드릴링 머신
드릴 φ6	4.0 / 200	8.0 / 400	12.0(m) / 600(구멍)			피 삭 재 : SKD61(35~36HRC) 절삭 속도 : 13m/min
EX 쇼트 코팅			515구멍		100	이 송 량 : 0.15mm/rev (논 스텝) 구멍 깊이 : 20mm (관통) 절삭 유제 : 수용성(JIS W 1종 2호)
표준 코팅	163구멍				32	희석 배율 5배 기 계 : 세로형 드릴링 머신
드릴 φ10	7.8 / 200	15.6 / 400	23.4(m) / 600(구멍)			피 삭 재 : S45C 절삭 속도 : 25m/min
EX 레귤러 코팅			414구멍		100	이 송 량 : 0.25mm/rev (논 스텝) 구멍 깊이 : 39mm (관통) 절삭 유제 : 수용성(JIS W 1종 2호)
표준 코팅	225구멍				54	희석 배율 5배 기 계 : 세로형 복합 공작 기계

그림 5 특수 선단 날형(EX 타입)과 표준 형상 코팅 드릴의 내마모성 비교(OSG)

표 4 고속도강 드릴의 권장 절삭 조건 (후지꼬시)

피 삭 재			강		주 철		경강 합금강		알루미늄		동		스테인리스	
사용 드릴	시방	종 류	일반형 드릴						강 비틀림 드릴					
		비틀림 각	표준 (20°~30°)						대 (34°~40°)					
		홈 폭 비	표준						대					
		중심 두께	표준						소					
	선 택 기 준		강, 주강, 합금강, 주철, 가단 주철 등의 구멍 뚫기에 최적. 또한 스테인리스강, 오스테나이트강, 단단한 황동, 얕은 구멍의 알루미늄 합금, 니켈 등 거의 모든 피삭재의 구멍 뚫기에 이용할 수 있다.						알루미늄, 다이캐스트 합금, 마그네슘 합금, 아연, 동 등 비철금속의 구멍 뚫기, 깊은 구멍 가공에 최적 또 피삭성이 좋은 스테인리스강의 구멍 뚫기, 깊은 구멍 가공에 좋은 결과를 얻을 수 있다.					
절 삭 조 건			회전수 min^{-1}	이송량 mm/rev	회전수 min^{-1}	이송량 mm/rev	회전수 min^{-1}	이송량 mm/rev	회전수 min^{-1}	이송량 mm/rev	회전수 min^{-1}	이송량 mm/rev	회전수 min^{-1}	이송량 mm/rev
드릴 지름 (mm)	ϕ 2		3550	0.03	3550	0.03	1800	0.01	10000	0.03	2800	0.03	1800	0.03
	ϕ 3		2240	0.06	2240	0.06	1120	0.03	6300	0.06	1800	0.06	1120	0.06
	ϕ 5		1400	0.11	1400	0.11	710	0.05	4000	0.11	1120	0.11	710	0.11
	ϕ 8		900	0.16	900	0.16	450	0.08	2500	0.16	710	0.16	450	0.16
	ϕ 12		560	0.22	560	0.22	280	0.11	1600	0.22	450	0.22	280	0.22
	ϕ 16		450	0.26	450	0.26	224	0.13	1250	0.26	355	0.26	224	0.26
	ϕ 20		355	0.30	355	0.30	180	0.15	1000	0.30	280	0.30	180	0.30
	ϕ 25		280	0.34	280	0.34	140	0.17	800	0.34	224	0.34	140	0.34
	ϕ 32		224	0.38	224	0.38	112	0.19	630	0.38	180	0.38	112	0.38
	ϕ 40		180	0.42	180	0.42	90	0.21	500	0.42	140	0.42	90	0.42
	ϕ 50		140	0.45	140	0.45	71	0.23	400	0.45	112	0.45	71	0.45
절 삭 유 제			수 용 성		건식, 에어 제트 또는 다량의 수용성유		유 화 유		수 용 성		수 용 성		유 화 유	

표 5 코팅 고속도강 드릴의 권장 절삭 조건 (후시꼬시)

피 삭 재		구조용 강 SS 탄소강 S-C		합금강 SCM 공구강 SK		스테인리스강 SUS 다이스강 SKD		주 철 FC		알루미늄 합금 Al	
절 삭 조 건		회전수 min^{-1}	이송량 mm/rev	회전수 min^{-1}	이송량 mm/rev	회전수 min^{-1}	이송량 mm/rev	회전수 min^{-1}	이송량 mm/rev	회전수 min^{-1}	이송량 mm/rev
드릴 지름 (mm)	ϕ 2	5000	0.05	4000	0.04	2900	0.04	6000	0.07	7200	0.07
	ϕ 3	3400	0.07	2700	0.05	1900	0.05	4000	0.10	4800	0.10
	ϕ 5	2000	0.10	1600	0.09	1100	0.08	2400	0.14	2900	0.14
	ϕ 8	1300	0.14	1000	0.12	720	0.11	1500	0.20	1800	0.20
	ϕ 10	1000	0.16	800	0.14	570	0.13	1200	0.23	1400	0.23
	ϕ 12	850	0.18	660	0.16	480	0.14	1000	0.27	1200	0.27
	ϕ 16	640	0.22	500	0.20	360	0.18	760	0.32	900	0.32
	ϕ 20	510	0.25	400	0.23	290	0.20	600	0.38	720	0.38
	ϕ 25	410	0.25	320	0.23	230	0.20	480	0.38	570	0.38
	ϕ 32	320	0.25	250	0.23	180	0.20	380	0.38	450	0.38
기계	세로형	절삭 유제를 충분히 공급									
	가로형	스텝 피드 가공 · 절삭 유제를 날끝에 공급									
드릴의 종류와 이송 계수	이송량에 곱해지는 계수	스탠다드(표준) 드릴 : ×1.3 쇼트(스터브)드릴 : ×1.6 롱 드릴 : ×1.0									

　그림 4는 코팅 드릴과 무처리 드릴로 강을 구멍 가공했을 때의 마모량비와 절삭 저항을 비교한 것이다. 이송 속도가 높을수록 코팅의 특성이 발휘되고 있다.

또 **그림** 5는 표준 코팅 고속도강 드릴과 선단을 특수 형상화한 코팅 드릴의 내마모성을 비교한 것인데 특수 날형의 코팅 드릴이 표준 날형의 코팅 드릴보다 2~3배나 수명이 길다.

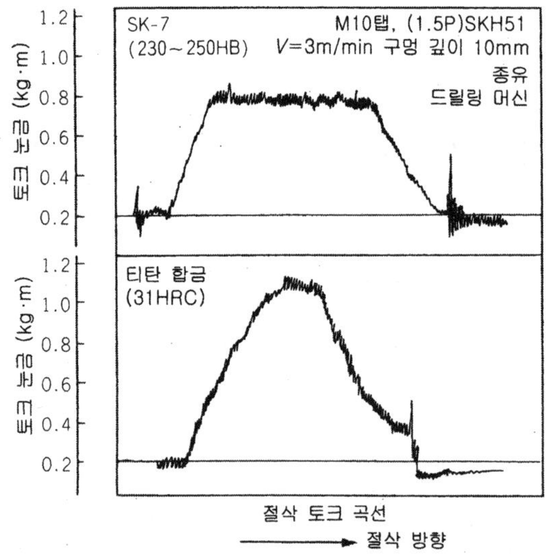

그림 6 태핑 가공의 절삭 토크

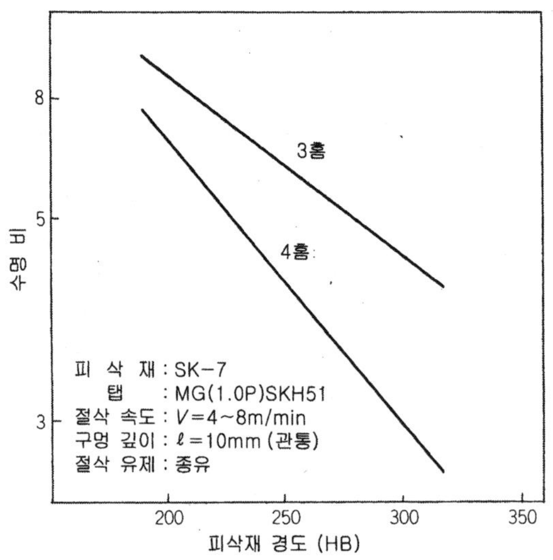

그림 7 태핑 가공의 수명 곡선

표 6 탭 가공의 권장 절삭 조건 (OSG)

피 삭 재		절 삭 속 도 (m/min)					절 삭 유 제
		핸드 탭	스파이럴 탭	포인트 탭	홈 없는 탭	초경 탭	
저 탄 소 강	C 0.2% 이하	8~13	8~13	15~25	8~13	–	유염화계 비수용성 절삭유제 태핑 페이스트 식물성유
중 탄 소 강	C 0.25~0.40%	7~12	7~12	10~15	7~10	–	
고 탄 소 강	C 0.45 이상	6~9	6~9	8~13	5~8	–	
합 금 강	SCM	7~12	7~12	10~15	5~8	–	
조 질 강	25~49HRC	3~5	3~5	4~6	–	–	
스 테 인 리 스 강	SUS	4~7	5~8	8~13	5~10	–	
석출 경화형 스테인리스강	17-4PH · 17-7PH	3~5	3~5	4~6	–	–	
공 구 강	SKD	6~9	6~9	7~10	–	–	
주 강	SC	6~11	6~11	10~15	–	–	
주 철	FC	10~15	–	–	–	10~20	에멀션 타입 수용성 절삭 유제 비수용성 절삭유제
	FCD	7~12	7~12	10~20	–	10~20	
동	Cu	6~9	6~11	7~12	7~12	10~20	비수용성 절삭유제 (불활성 타입) 에멀션 타입 수용성 절삭유제 광 유 식물성유
황 동 · 황 동 주 물	Bs · BsC	10~15	10~20	15~25	7~12	15~25	
청 동 · 청 동 주 물	PB · PBC	6~11	6~11	10~20	7~12	10~20	
알 루 미 늄 압 연 재	AL	10~20	10~20	15~25	10~20	–	
알 루 미 늄 합 금 주 물	AC · ADC	10~15	10~15	15~20	10~15	10~20	
마 그 네 슘 합 금 주 물	MC	7~12	7~12	10~15	–	10~20	
열 경 화 성 플 라 스 틱	베이클라이트 페 놀 에 폭 시	10~20	–	–	–	15~25	수용성 절삭유제 미스트 급유 공기 냉각 건식 절삭
열 가 소 성 플 라 스 틱	염 화 비 닐 나 일 론 듀 라 콘	10~20	10~15	10~20	–	10~20	

또 홈 길이를 표준 드릴보다 짧게 한 장수명형 코팅 드릴도 있어 메이커에서는 코팅으로 내마모성을 높이고 다시 날부 형상의 개선으로 장수명화를 도모하고 있다.

표 4, **표 5**는 각각 무처리 드릴, 코팅 드릴의 권장 절삭 조건이다. 코팅 드릴의 특징을 최대한으로 이끌어낸 조건 설정으로, 보통 이송으로 고속 영역에서 이용하고 있다는 것을 잘 알 수 있다

③ **탭**…고속도강 재종이 많이 사용되는 공구로서 드릴 이외에 탭이 있다. 탭 가공의 최대 특징은 절삭 종료 후에 공구를 역회전시키는 것인데, 특히 난삭재라 불리는 재료의 경우, 여유면 또는 경사면(홈부)상에 용착물이나 압착물이 부착되면 탭을 빼낼 때에 날 결손의 원인이 되는 수가 있다.

그래서 절삭 조건을 설정할 때는 이 압착물이나 용착물의 발생을 억제하고 동시에 올바른 정밀도로 탭 가공될 수 있는 절삭 조건과 절삭유제를 선정하는 것이 중요하다.

그림 6은 태핑시 절삭 토크의 변화를, **그림 7**은 절삭 속도와 수명의 관계를 나타낸 것으로, 최적 조건이 존재한다는 것을 알 수 있다.

표 6은 고속도강제인 일반 탭의 절삭 속도와 절삭유제의 권장 조건이다. 초경 탭의 조건도 비교하여 나타냈다. 코팅 탭도 나사의 정밀도나 다듬질면에 대한 영향을 고려한다면 동일 조건으로 하여 수명 연장을 겨냥하는 것이 바람직하다.

그러나 칩의 처리성을 충분히 고려한 흔들림 정밀도가 양호한 탭의 경우라면 3배 이상의 절삭 속도를 채택할 수도 있다.

한편, 절삭 속도는 탭의 재질, 종류, 챔퍼 산수, 기초 구멍 모양, 피삭재 및 절삭유제 등의 사용 조건에 좌우되므로 선택에 충분히 주의를 해야 한다.

초경 합금의
선택 기준과
사용 조건의 선정

● 초경 합금의 특성

(1) 초경 합금의 개발

절삭은 가공물 표면을 칩으로서 절삭해 내는 것인데 이때 발생하는 온도는, 예를 들면 중탄소강을 절삭 속도 25 m/min, 절삭 폭 6.5 mm로 스프링 바이트를 이용해 평삭(이른바 2차원 절삭)했을 경우, **그림 1**에 나타낸 바와 같이 바이트 상면 가까이는 약 750℃, 절삭날 가까이에서는 670℃, 전반적으로는 700~750℃의 고온이 된다.

그림 2는 각종 공구 재종의 고온 특성을 살핀 것인데, 고속도강도 이 부근의 온도에서는 물러져 절삭 공구로서는 사용할 수 없다.

때문에 이러한 고온에서도 연화되지 않고 절삭 공구로서 사용할 수 있는 재료의 연구가 진행되어 19세기 초에 W를 주성분으로 하는 합금(주조 W_2C)이 고열에 견디면서 고속도강보다 몇 배의 절삭 성능을 나타낸다는 것이 확인되었다.

그러나 당시에는 여전히 취성(脆性)에 문제가 있고 성능에 차이가 많았다.

제 1 차 대전 후, 독일에서는 전구의 필라멘트용 텅스텐선을 뽑아내는 다이스의 재료인 다이아몬드가 결핍되었다.

그래서 독일의 오슬람사는 대용할 수 있는 재료의 개발을 추진, WC 분말에 Co 분말을 가하여 소결하는 합금 제조법(분말 야금법)을 개발했다. 이것이 오늘날 초경 합금의 시작으로, 1920년대에 들어 이 방법은 독일을 비롯하여 미국, 일본에서도 공업화가 진행되어 실용화되기 시작했다.

이 WC-Co 합금은 절삭 온도가 600℃는 물론 1,000℃에 이르러도 경도가 변하지 않아 안정된 성능을 나타냈다. 그러나 얼마 가지 않아 이 합금은 강 절삭시에 절삭 공구 상면에 오목한 마모가 발생하여 절삭날의 열화를 초래한다는 것이 밝혀졌다. 아울러 이를 개선하기 위해서는 TiC(탄화 티탄), TaC(탄화 탄탈), NbC(탄화 니오브) 등을 첨가하면 된다는 사실도 또한 밝혀졌다.

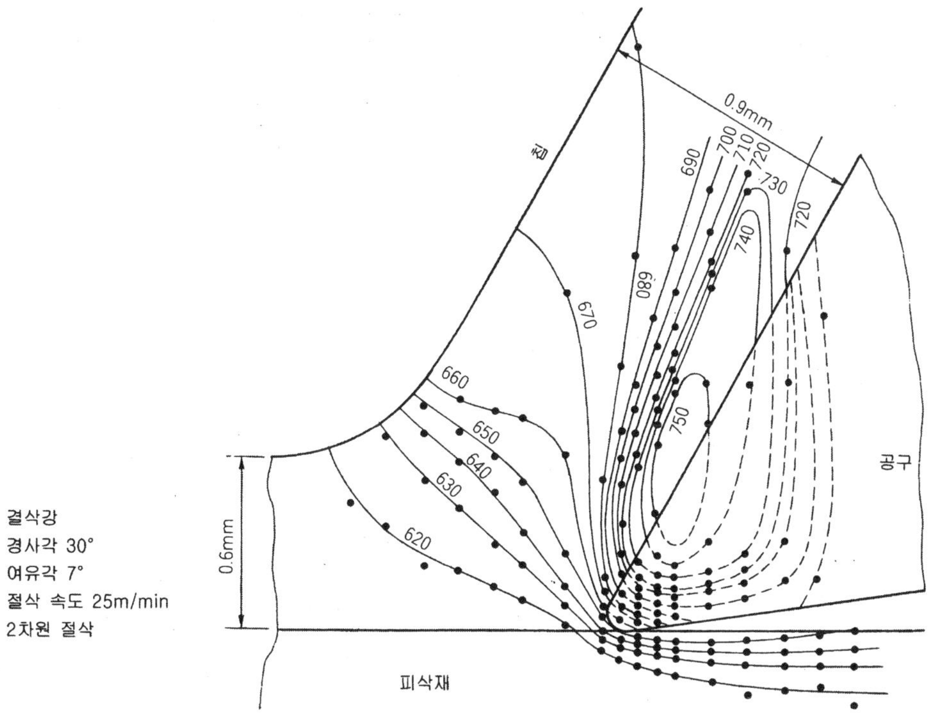

그림 1 절삭날 부근의 온도 분포(℃)

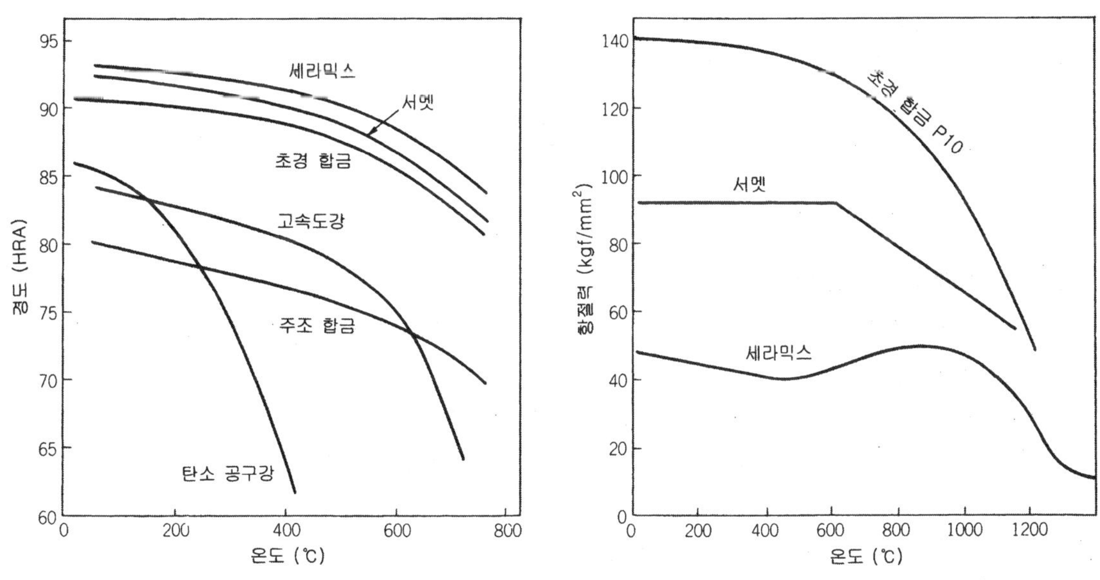

그림 2 각종 공구 재료의 고온 특성

1930년대 들어 독일에서는 S 1종(WC−16% TiC−6%−Co), S 2종(WC−14% TiC−8%−C), S 3종(WC−5% TiC−7%−Co)이 발표되었다.

또한 제2차 대전 후, 초경 합금은 WC−Co계, WC−TiC−Co계, WC−TiC−TaC−Co계의 3계열 합금이 주류를 이루어 오늘날의 기초가 확립됐다.

표 1 초경 합금 재종의 화학 성분 및 특성 (JIS B 4104)

사용 분류 기호		성분 (%)					경도 (HRA)	항절력 (kgf/mm²)
		W	Co	Ti	Ta	C		
P 종	P 01	30~78	4~ 8	10~40	0~25	7~13	91.5 이상	70 이상
	P 10	50~80	4~ 9	8~20	0~20	7~10	91 이상	90 이상
	P 20	60~83	5~10	5~15	0~15	6~ 9	90 이상	110 이상
	P 30	70~84	6~12	3~12	0~12	6~ 8	89 이상	130 이상
	P 40	65~85	7~15	2~10	0~10	6~ 8	88 이상	150 이상
	(P 50)	60~83	9~20	2~ 8	0~ 8	5~ 7	87 이상	170 이상
M 종	M 10	70~86	4~ 9	3~11	0~11	6~ 8	91 이상	100 이상
	M 20	70~86	5~11	2~10	0~10	5~ 8	90 이상	110 이상
	M 30	70~86	6~13	2~ 9	0~ 9	5~ 8	89 이상	130 이상
	M 40	65~85	8~20	1~ 7	0~ 7	5~ 7	87 이상	160 이상
K 종	K 01	83~91	3~ 6	0~ 2	0~ 3	5~ 7	91.5 이상	100 이상
	K 10	84~90	4~ 7	0~ 1	0~ 2	5~ 6	90.5 이상	120 이상
	K 20	83~89	5~ 8	0~ 1	0~ 2	5~ 6	89 이상	140 이상
	K 30	81~88	6~11	0~ 1	0~ 2	5~ 6	88 이상	150 이상
	(K 40)	79~87	7~16	—	—	5~ 6	87 이상	160 이상

주) Ta의 일부는 Nb로 치환해도 관계 없다.

현재 이 합금 재료는 JIS B 4053(KS B 3248) 「초경질 공구 재료의 분류 및 기호」(1989년의 개정 전에는 「절삭용 초경 합금의 사용 선택 기준」이라 불렸다)에서 그 적용 재종의 하나로 **표 1**에 나타낸 바와 같이 그 주요 성분, 경도, 저항력(인성을 나타내는 저항력)의 값이 결정되어 있다. P50과 K40은 1987년 개정 JIS에서 삭제되었지만 참고 사항으로 실었다.

또한 **표 2**는 일본의 주요 공구 메이커의 초경 재종에 관하여 카탈로그 값에서 그 기계적, 물리적 특성을 살펴 본 것이다.

(2) 사용 분류에 의한 재종 기호

① **사용 분류 기호 P**…칩이 연속적으로 유출되는 **그림 3 (a)**와 같은 이른바 연속 유동형 칩의 작업 구분이다.

칩이 절삭 공구 상면(경사면)을 통과할 때 절삭 온도와 절삭 저항에 의해서 절삭 공구 성분인 C(탄소)와 칩 성분인 Fe(철)이 반응하여 탄화철(Fe_2C)로 되어 칩과 함께 제거된다.

이로써 절삭 공구 상면에는 오목한 모양의 마모(크레이터 마모)가 발생하게 되는데 이 현상을 「확산」이라 부르고 있다.

이 크레이터도 처음에는 경사면상의 절삭날 모서리 부근에서 발생하지만 이것이 서서히 절삭날 모서리에 근접해 결국에는 절삭날 모서리의 결손 또는 치핑을 초래하면서 절삭날이 열화된다.

확산을 방지하는 데에는 다른 금속과 잘 융화되지 않는 Ti를 이용하면 된다. 즉 TiC를 분말로 하여 WC와 Co 분말 속에 혼입시켜 소결한다.

표 2 초경 재종의 기계적 · 물리적 특성 (각 사의 카탈로그에서 발췌)

	JIS 분류	메이커 재종 기호	경 도 (HRC)	항절력 (kgf/mm²)	영 계수 ($\times 10^4$kgf/mm²)	열 전도율 (cal/cm·g·℃)	압축 강도 (kgf/mm²)	열팽창 계수 ($\times 10^{-6}$/℃)
도시바텅갈로이	P 10	TX10D	92.0	130	5.3	0.07	460	6.5
	P 20	TX20	91.5	160	5.4	0.08	480	6
		TX25	91.0	170	5.5	0.10	480	5.5
	P 30	TX30	90.5	180	5.6	0.12	500	5.5
	P40	TX40	89.5	200	5.4	0.14	470	5.5
	M 10	TU10	92.5	150	5.8	0.12	500	5.5
	M 20	TU20	91.5	170	5.7	0.15	490	5.5
	M 40	TU40	89.0	240	5.4	—	440	—
	K 01	TH03	93.0	130	6.3	0.23	630	4.5
	K 10	TH10	92.0	160	6.3	0.19	620	4.7
	K 20	G2	92.5	170	6.2	0.19	530	5
	K 30	G3	90.0	190	5.8	0.17	490	5
미츠비시머티어리얼	P 종	STi10T	91.5	160	4.8	0.07	580	6.5
		STi20	91.0	180	5.2	0.08	500	8.0
		STi30	90.5	200	5.5	0.10	—	5.8
		STi40T	89.0	220	5.4	0.14	450	5.5
	M 종	UTi10T	92.0	150	5.8	0.06	600	5.5
		UTi20T	90.5	200	5.3	0.09	500	5.5
	K 종	HTi03A	93.0	150	6.1	0.19	—	4.5
		HTi05T	92.5	155	6.1	0.19	620	4.5
		HTi10	92.0	200	6.4	0.19	600	4.5
		HTi20	91.0	230	6.4	0.19	560	4.6
	Z 종	UF20	91.5	250	5.7	0.16	—	6.6
		UF30	90.0	300	5.3	0.16	—	6.1
스미모토전기공업	P 종	ST10P	92.1	195	4.8	0.06	500	6.2
		ST20E	91.8	195	5.6	0.10	490	5.2
		ST30N	90.6	215	5.3	0.10	425	5.2
		ST40N	90.4	265	—	0.18	—	—
	M 종	U10E	92.4	180	4.7	—	600	—
		A30	91.3	215	5.3	—	—	5.2
		A40	89.2	275	—	0.22	—	—
	K 종	H2	93.2	185	6.1	0.25	624	4.4
		H1	92.9	210	6.6	0.26	620	4.7
		G10E	91.1	225	6.3	0.25	585	—
	Z 종	AF1	93.0	450	5.7	—	580	5.7
		F0	93.6	205	6.5	—	—	—
		F1	92.9	240	6.0	—	—	—
다이제트공업	P 01	SR05	92.5	130	5.5	0.07	—	5.7
	P 10	SR10	92.5	150	5.0	0.07	—	5.7
	P 20	SR20	91.5	160	5.3	0.08	—	5.9
	P 30	SR30	90.5	200	5.4	0.14	—	5.5
	P 40	SR40	90.0	210	5.4	0.14	—	5.5
	M 10	UM10	92.0	170	5.5	0.14	—	5.5
	M 20	UM20	91.0	180	5.3	0.15	—	5.4
	M 40	UM40	88.0	250	5.4	0.17	—	5.0
	K 01	KG03	93.0	180	6.6	0.21	—	5.0
	K 10	KG10	92.5	210	6.4	0.19	—	5.0
	K 20	KG20	91.5	230	6.3	0.18	—	5.1
	K 30	KG30	90.5	270	6.0	0.17	—	5.3
	(K 40)	KG40	89.0	270	6.1	0.18	—	5.1
	Z 종	FB10	93.5	200	5.6	0.13	—	5.5
		FB20	91.5	260	5.1	0.15	—	5.6

(주) Z종은 초미립자 초경 합금으로서 Z 01, Z 10, Z 20, Z 30의 4개의 사용 분류 기호가 정해져 있다. K 40은 구 규격.

이 WC-TiC-Co계는 예전의 JIS에서 합금 S종으로 규정되어 강의 절삭이나 주철의 고속 절삭, 열의 영향을 받기 쉬운 절삭 가공용 재종으로서 널리 사용되었다. 그러나 현재 이 재종은 그다지 볼 수 없게 되었고 Ta도 혼합한 WC-TiC-TaC-Co계가 경도나 인성, 내확산성이 우수한 재종으로서 많이 사용되고 있다. TaC는 이 재종의 내크레이터성을 저하시키지 않고 인성을 보완하는 것이다.

② **사용 분류 기호 K**⋯그림 3 (b)에 나타낸 선단형 칩이나 그림 (c)에 나타낸 균열형과 같은 칩이 짧게 잘리므로, 경사면 마모보다 여유면 마모가 심한 작업에 적합한 초경 재종이다. 여기에는 특히 W 90%, Co 5~8%, C 5~6%의 재종이 적합하다. 예전의 JIS에서는 합금 G종으로서 규정되어 있었는데 현재의 K 10~K 20에 해당한다.

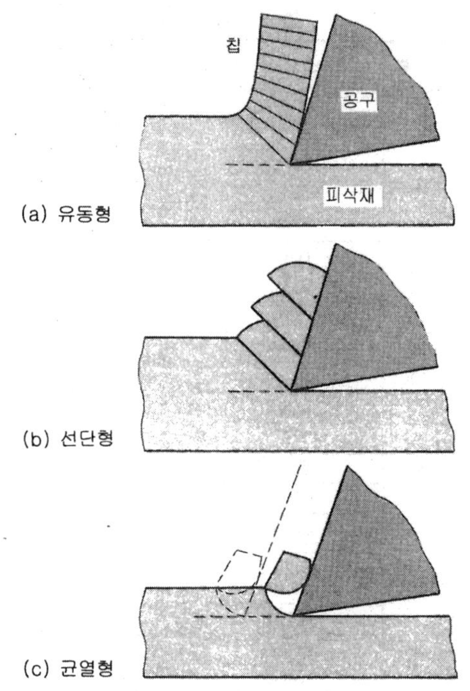

그림 3 칩 모양의 모식도

이 재종은 질기고 내마모성이 우수하여 주철이나 알루미늄 합금, 목재, 석재 외에 정밀 금형 재료나 고온, 고압 대응 공구 재료로서 널리 사용되고 있다.

● 왜 P, M, K인가?

JIS B 4053(KS B 3248)에 규정되어 있는 절삭용 초경 합금의 사용 분류 기호인 P 10, K 20, M 30 등은 ISO(국제표준기구)의 규격을 참고로 한 것이다.

머리에 오는 알파벳은 피삭재를, 2자리의 숫자는 절삭 조건을 표현하고 있다.

이 ISO는 DIN(독일 규격)을 참고로 하고 있지만 DIN 단계에서는 다음과 같이 되어 있었다.

- 일반 강재, 주강류 : Langspannende Werkstoffe, 즉 긴 칩이 나오는 피삭재로서 "L"로 표현한다.
- 주철, 비철 금속, 비금속 재료 : Kurtzspannende Werkstoffe, 즉 짧은 칩이 나오는 피삭재로서 "K"로 표현한다.
- 스테인리스강, 특수강, 내열 합금 등 : Mehrzwecksorte, 즉 다목적용으로서 "M"으로 표현한다.

즉 DIN 단계에서는 L 10, K 20, M 30으로 했지만 L의 머리 문자가 이미 많은 분야에서 이용되고 있었기 때문에 혼동되지 않도록 배려하여 비교적 사용되고 있지 않았던 P를 사용한 것 같다.

③ **사용 분류 기호 M**…P와 K의 중간적인 작업 대상의 용도에 사용되는 것으로 칩은 연속 유동형, 절삭날의 경사면 마모나 여유면 마모가 심하게 발생하는 스테인리스강이나 망간강, 강인 주철 등의 절삭에 대응한 초경 합금이다.

M 용도 분류 재종은 P 용도 대응 재종보다 화학적 마모(크레이터 마모 등)는 크지만 기계적 내마모성을 증가시키고, K 용도 대응 재종보다 기계적 마모(여유면 마모 등)는 커도 화학적 내마모성을 증가시키는 등의 배려를 하고 있다.

(3) 화학 성분과 특성의 관계

그림 4는 초경 합금의 화학 성분비에 의한 기계적, 물리적 성질의 변화를 나타낸 것이다. 일반적으로 초경 합금은 함유 성분에 따라서 그 물리적, 기계적 나아가 화학적 특성은 달라지지만 이들 외에 입자의 크기나 모양 또는 배열 상태에 따라서도 변하게 된다.

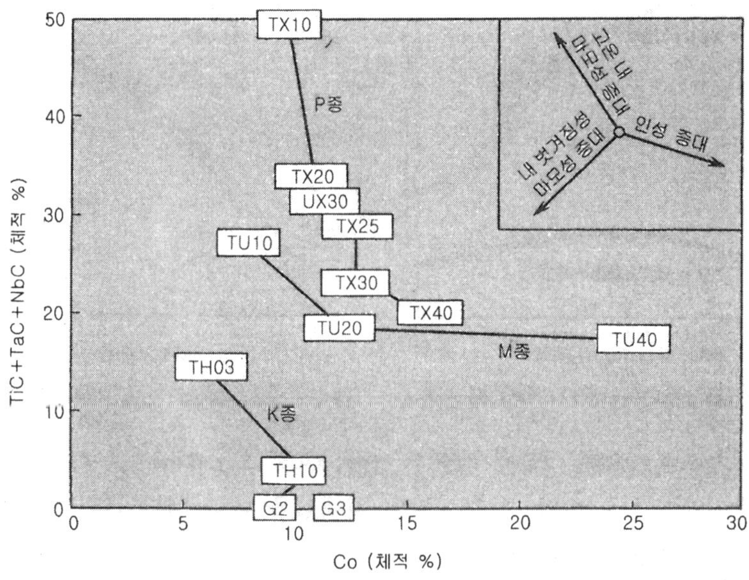

그림 4 초경 합금의 화학 성분에 의한 특성과 그 배열 (도시바 텅걸로이의 예)

예를 들어 함유 성분을 고려하면 Co량은 중량의 5∼30%가 일반적이지만 **그림 5**에서 알 수 있듯이 Co가 증가하면 경도는 저하된다. 저항력은 20∼30%에서 최대값이 되고(**그림 6**) 압축 강도는 5% 정도가 가장 크며 그 이상으로 되면 감소한다.

인장 강도는 Co량과 함께 증가하지만 저항력의 1/2 값을 나타낸다. 또 소성 변형은 Co량이 증가하면 증가되지만 반대로 탄성 한계는 감소된다.

탄성계수 E는 Co를 5∼15중량% 포함하는 합금인 경우 $63,300∼54,200\,\mathrm{kgf/mm^2}$로 가장 높은데, 이는 WC의 입도와는 별 관계가 없다. 또 충격값, 피로 강도는 25중량% 정도까지는 Co의 양과 함께 증가한다.

C량은 그 양의 유효 폭이 매우 좁아 C가 많으면 프리카본상(相)이 발생하여 균열되기 쉬워 메지게 되지만 반대로 너무 작으면 Co_3W_3 등의 η 상이 나타나 물러지게 된다. 또 합금 특성은 입자의 크기나 배열 상황에 따른 영향도 받는다.

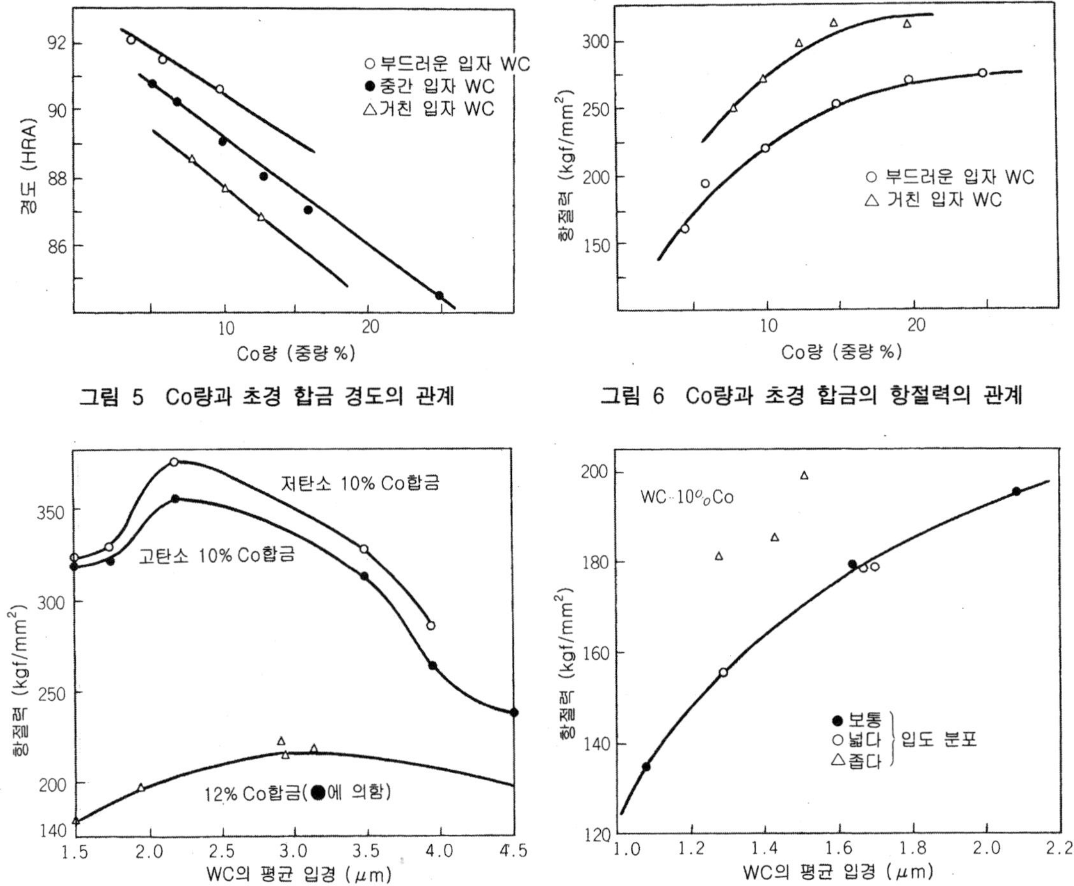

그림 5 Co량과 초경 합금 경도의 관계   그림 6 Co량과 초경 합금의 항절력의 관계

그림 7 초경 합금의 탄화물 입경과 항절력의 관계   그림 8 초경 합금의 입도 분포, 입경과 항절력의 관계

탄화물(WC) 입도의 영향은 함유 성분의 양에 따라 다르지만 10~12중량% Co 합금인 경우, WC 입자 지름 2~3 μm일 때 항절력은 최대값을 나타낸다(**그림 7**).

또 입자의 배열 상황(입도 분포)도 보다 좁고 가늘게 분포되어 있는 쪽의 항절력이 증가하고 있다(**그림 8**).

또한 다른 탄화물 첨가량에 의한 영향도 간과할 수 없다. TiC, TaC는 이들이 증가하면 항절력은 저하된다. 경도는 TaC가 증가하면 낮아지고 TiC가 증가하면 높아진다.

한편 VC, Cr_3C_2, TaC는 탄화물 입자의 성장 억제제로서 효과가 있다.

그림 9는 공구 날끝의 손상과 합금 특성의 관계를 나타낸 것이다. 절삭 공구로서 본 초경 합금의 기계적, 열적 마모 또는 압착, 용착, 소성 변형, 열균열(서멀 트랙), 결손 균열 등에 관해서 고찰해 보기로 한다.

통상의 여유면 마모에 대해서는 Co량이 적을수록 그리고 WC 입경이 미세할수록 우수하다.

단순히 생각하면 WC-Co계, WC-Ta-Co계, WC-TiC-TaC-Co계의 순서로 기계적 마모가 잘 일어나지 않게 되고 열적 마모는 반대 순서로 잘 발생하지 않게 된다.

크레이터 등에 관계되는 압착, 용착 현상은 Co량이 적을수록, WC 입도가 클수록, TiC나 TaC가 많을수록 잘 발생하지 않게 된다.

분 류	주요 발생 장소	손 상 기 구	초경 재종과의 관련
기계적 손상 (날끝 온도가 낮다) / 정 상 마 모	V_B V_B 여유면	열의 영향이 없이 마찰에 의해 조금씩 깎여지는 현상이다. 이 경우 입자 단위와 다른 큰 탈락은 없는 것으로 생각한다.	단단한 것일수록, 같은 경도라면 입자가 잘 깨지지 않는 것일수록 마모는 적다. K > M > P K01>K30 M10>M40 P10>P40
극미소 결손	① 여유면 ② 경사면 (크레이터상)	① 진동 등 때문에 입자의 결합 부족으로 탈락한다. ② 피삭재나 칩의 압착 침식이 내부력보다 커지게 되어 입자 단위의 결함과 탈락을 일으키는 것. 재결정 온도 이하인 곳에 압착되기 쉬운 곳이 있다.	인성이 큰 것일수록 강하다. 같은 경도라면 K가 강하다. K > M > P K30>K01 M40>M10 P40>P10
결 손	① 소결손 ② 결손 ③ ④ 압착 손상	① 압착력이 클 때 발생하기 쉬운 소결손으로 절삭날에 걸리는 힘이 과대해졌기 때문에 주분력 방향에 가깝다. ② 거시적인 압착 손상. ③ 날끝에 걸리는 힘이 구부림 응력을 상회하는 경우에 발생 ④ 고경도 부품의 이송, 또는 배분력에 의해 파괴.	①②③ : 상기에 준한다. ④ : K > M > P K01>K30 M10>M40 P10>P40
열적 손상 (날끝이 고온) / 열 마 모 (용착 확산)	①② ①→③ 깊게 한다 ③ ④ ④ 결손	고온에 의한 결합도 또는 공구 성능의 열화로 마모가 촉진되는 것과 용착 확산으로 칩에 붙어 떨어지는 것이 있다.	TiC가 가장 효과적이고 다음은 TaC이며, Co는 적을수록 좋다. 탄화물 입자는 클수록 좋다. P > M > K P10>P40 M10>M40 큰 차이 없음
소 성 변 형	① ②	고온에 의한 ① 항장력의 저하 ② 항압력의 저하로 절삭날이 변형 (저온에서도 발생할 가능성이 있다).	Co, TiC가 적을수록 좋다. K > M > P K01>K30 M10>M40 P10>P40 WC 입경은 클수록 좋다.
열 균 열		고온에 의한 열 응력(주로 온도 구배에 영향을 주는)으로 먼저 날끝의 직각 크랙이 발생하고 다음에 평행 크랙이 발생하여 결국에는 그 부분이 결손되어 떨어진다. 발생 순위에는 예외가 있다	특별한 판단기준은 없다. P30이 좋은 것으로 되어 있다. WC 입경은 클수록 좋다.

그림 9 초경 합금 공구 날끝의 손상과 합금 특성의 관계

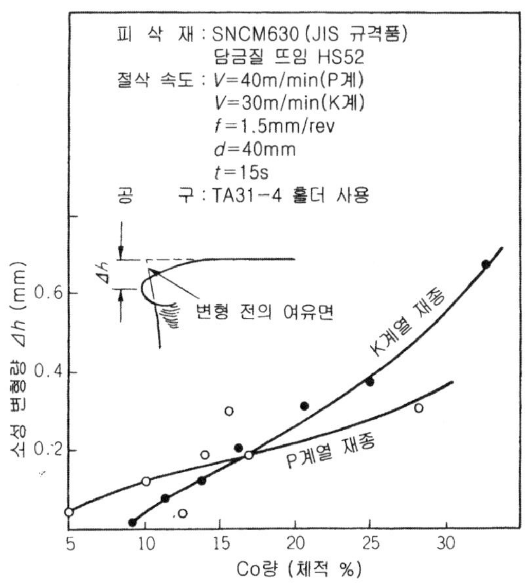

그림 10 초경 합금의 Co 함유량과 소성 변형의 관계

또 단단하고 강성이 높은 재료를 절삭하거나 하는 경우에는 절삭날 모서리부가 여유면 측으로 밀리게 되어 변형이 생길 수 있는데 이것을 소성 변형이라 한다(**그림 10**).

이 현상은 일반적으로 경도를 높임으로써 개선되고 WC 입경을 크게 하는 쪽이 좋은 결과를 낸다.

열균열은 정면 밀링 커터로 가공할 때와 같이 가열, 냉각을 반복하는 단속 절삭의 경우에 흔히 볼 수 있는 현상이다.

처음에는 절삭날 모서리에 직각으로 균열이 발생하고 다음에 절삭날 모서리에 평행으로 발생한다. 이것이 깊게 발생하면 큰 결함으로 연결되기 때문에 열전도성이 좋은 강인(強靭) 재료가 요망되는 것이다.

TiC나 TaC가 적고 Co가 많은 쪽이 또 탄화물의 입자가 미세하고 균일하게 분포되어 있는 쪽이 열균열은 잘 일어나지 않게 된다.

그림 11은 절삭날부에 열균열이 발생하는 모양을 모식화하여 표현한 것이다.

열균열은 먼저 그림 (a)와 같이 절삭날에 수직으로 생긴다. 그것이 계속되면 (b)와 같이 수직으로 생긴 열균열(이것을 종균열이라 한다)의 수가 증가해 간다.

또한 균열이 계속되면 (c)와 같이 절삭날에 평행으로 열균열(이것을 횡균열이라 한다)이 생긴다. 이 횡균열이 성장하면 그림 (d)와 같이 절삭날부가 없어지게 된다.

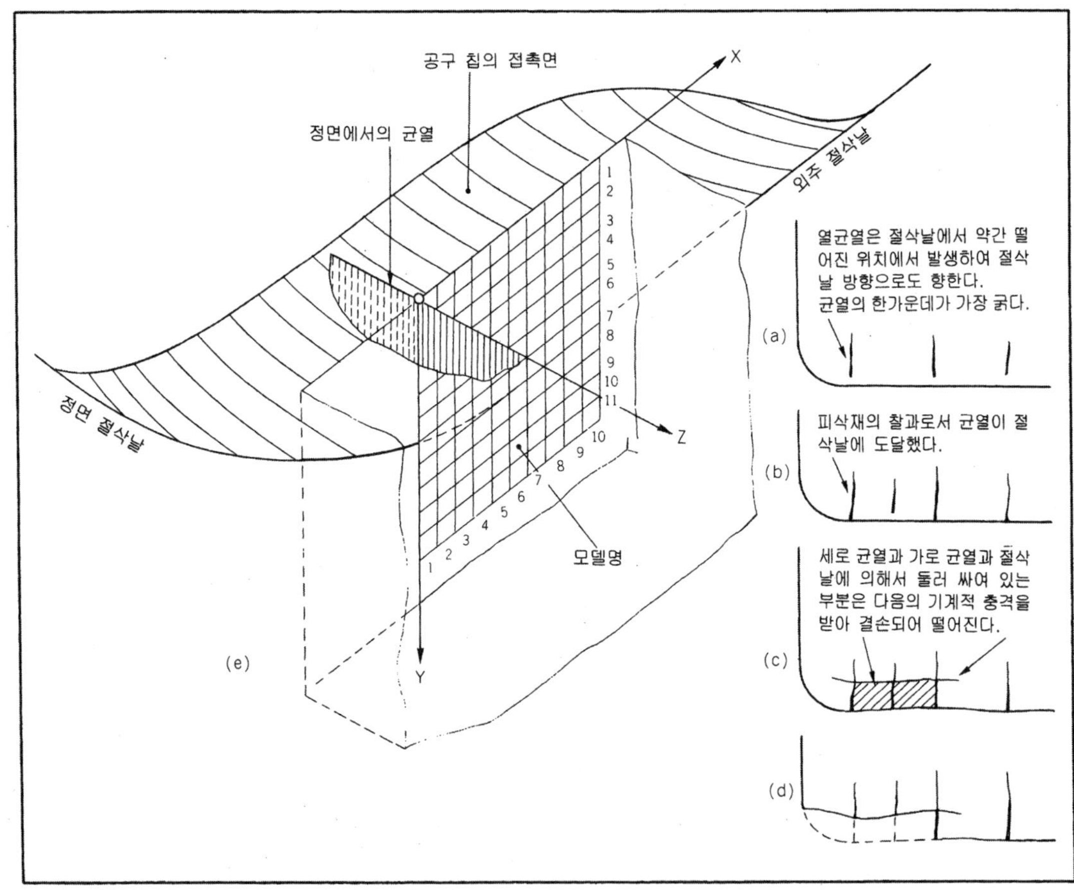

그림 11 초경 합금 날끝의 서멀 크랙(열균열)의 발생·발달 과정

물론 이 균열은 크레이터 마모가 발생하고 있는 경우에도 마찬가지로 일어난다.

그림 (e)는 크레이터 내에서 발생하는 열균열의 진행을 모델화하여 표현한 것으로, Z축 방향은 종균열, X축 방향은 횡균열, Y축 방향은 이 균열의 깊이를 나타내고 있다.

즉 이들 Z, X, Y축으로 구성되는 부분이 그림 (d)와 같이 없어진 상황을 표현하고 있는 것이 된다.

결손·균열은 그 발생 과정이 다양하여 절삭날 모서리에 균열이 발생하여 결손되거나 합금 내부에 소결 과정 및 성형 과정에서 변형이 발생하고 그것이 어떠한 충격으로 한계 강도를 초과하여 균열이 생겨 결손되기도 한다. 또 인장과 압축의 반복 응력에 의한 피로로 국부적으로 균열이 발생하여 결손에 이르는 것도 있지만 어느 것이든 TiC나 TaC가 적고 Co가 많으며 WC 입자 지름이 큰 쪽이 좋다.

(4) 초미립자 초경 합금의 개발

한편 초경 합금의 메짐을 보완하기 위해 WC 입자를 미립화한 초미립자 초경 합금(마이크로 얼로이)이 개발되어 초경 합금과 고속도강 사이를 메우는 재종으로서 이목이 집중되고 있다. 그리고 중절삭, 단속 절삭 등의 혹한 가공용 공구 재종이나 $\varphi 0.05\,\mathrm{mm}$의 미세 드릴용 재종, 엔드 밀 재종으로서 응용되고 있다.

19페이지에 소개한 사진에서도 알 수 있듯이 이 초미립자의 입경은 $0.5\,\mu\mathrm{m}$ 정도에서 경도, 항절력이 모두 매우 높아 절삭날의 강도가 필요한 공구 재종으로서 널리 사용되고 있다.

표 3은 상온에서의 경도와 항절력의 관계를 일반 초경 합금과 비교한 것이다. 이 표에서 초미립자 합금은 일반 초경 합금과 같은 경도라면 강도가 높다는 것을 알 수 있다.

표 3 초미립자 초경 합금의 물리적 · 기계적 성질(도시바 텅걸로이)

	메이커 재종 기호	경 도 (HRA)	항 절 력 (kgf/mm²)	비 중	JIS 초미립자 초경 합금 사용 분류 (참고)		
					분류 기호	경도(HRA)	항절력(kgf/mm²)
초미립자 초경 합금	F	93.5	250	14.9	Z01	92 이상	120 이상
	M	92.0	270	14.5	Z10	91 이상	130 이상
	EM	91.5	290	14.1	Z20	89.5 이상	150 이상
	EM10	91.5	350	14.0	Z30	88.5 이상	170 이상
	UM	90.5	330	13.9			
	H	90.5	330	12.3	주) 위의 JIS 분류 기호는 왼쪽의 메이커 재종 기호와 대응시킨 것은 아니다.		
초경 K종	TH03	94.0	190	13.8			
	G2F	91.5	280	14.9			
	G3	90.5	320	14.8			

● 사용 조건의 설정

초경 합금 팁에는 그 기본적인 특성을 활용한 수많은 재종(공구 재종)이 있다는 것은 이미 살펴 보았다. 이 사용 분류별 재종의 절삭 방식과 작업 조건을 종합한 JIS를 부록의 데이터 시트에 나타냈다.

JIS에는 절삭 공구용 재종으로서 이용될 뿐만 아니라 암석이나 토사, 콘크리트나 아스

팔트 등을 가공하는 토목 광산용 재종, 금속판이나 금속 블록을 절단, 변형, 절곡, 드로잉 가공하는 내마모용 초경 재종의 규정도 있지만 본 절에서는 절삭 공구용에 한정시켜 고찰해 간다.

(1) 절삭 조건과 날끝 손상

절삭 공구용 초경 합금 재종은 JIS 사용 분류에서 P, M, K로 정리되어 있다. 이들 각종 재종의 절삭 속도와 마모의 관계를 **그림 12, 13**에, 내크레이터성과의 관계를 그림 14에, 내결손성과의 관계를 조사한 것을 **그림 15, 16**에 각각 나타낸다.

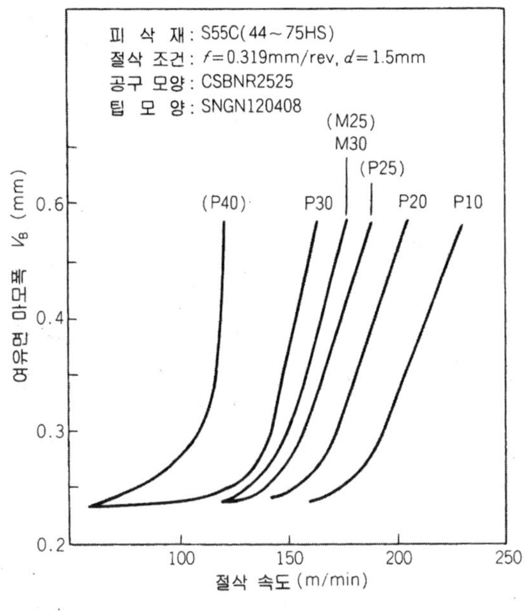

그림 12 P, M용도 재종의 내마모성

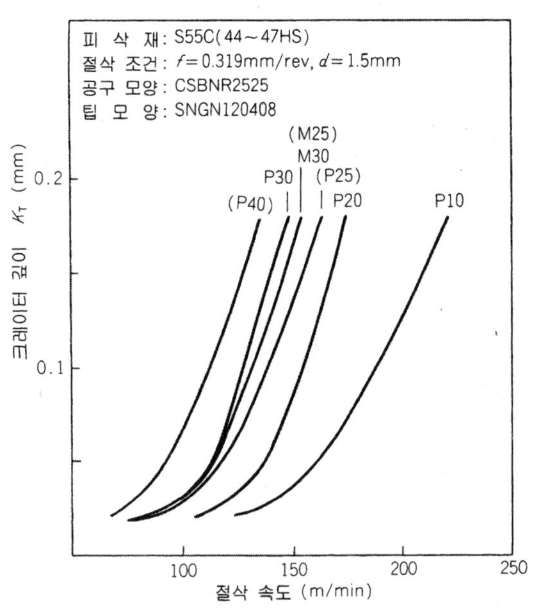

그림 14 P, M용도 재종의 내크레이터성

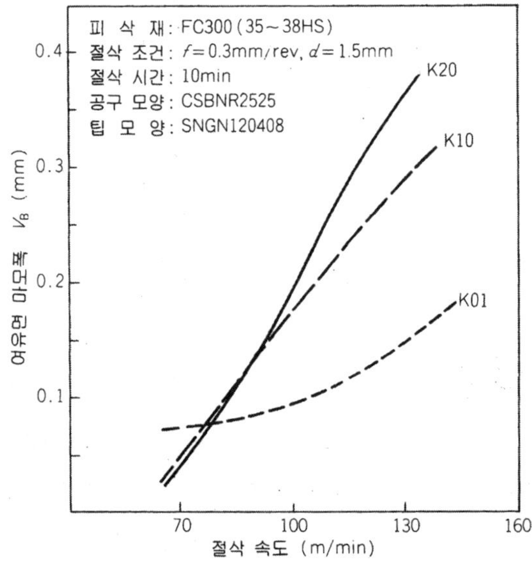

그림 13 K용도 재종의 내마모성

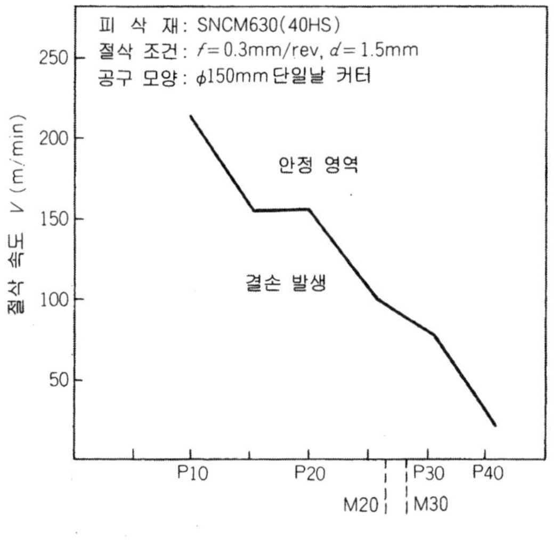

그림 15 P, M용도 재종의 내결손성

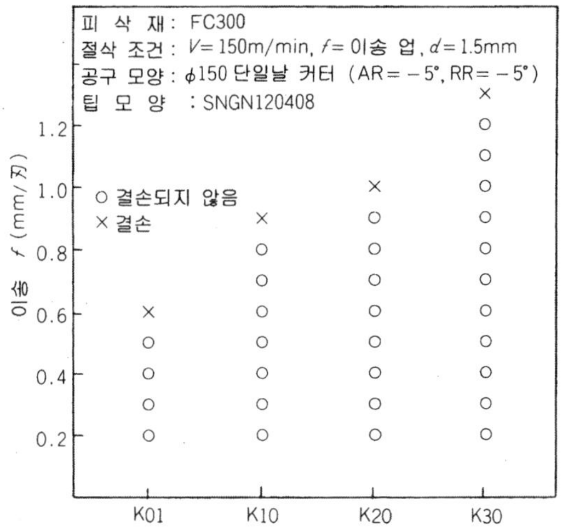

그림 16 K용도 재종의 내결손성

또 이들 특성에서 각각의 피삭재에 대해 권장할 수 있는 절삭 조건을 **표 4, 5**에 나타낸다. 이들 표는 그 적응 공구 재종이 가장 안정된 상태, 즉 전술한 날끝 마모의 안정 구역에 해당하는 절삭 조건을 나타내고 있다.

물론 이 조건은 기계 강성, 피삭재의 상태나 형상, 가공 양식, 절삭 공구의 형상이나 상태, 강성 등에 따라 바꿀 필요는 있지만 그 경우 어떠한 날끝 손상 상태인가를 판단할 필요가 있다. 날끝 손상과 그 대책에 관해서는 뒤에 설명하겠지만 본 절에서는 사용 조건의 기준으로서 나타냈다.

● 날끝 마모량을 표현하는 V_B, K_T

날끝의 손상 형태는 다양하지만 그 대표적인 것으로 여유면 마모(플랭크 마모)가 있다.

여유면 마모는 일반적으로 V_B라 한다. 이것은 독일어의 Verschlei Bmarkbreite(마모 흔적의 폭)에서 유래되었다.

V_B는 여유면 마모의 평균값을 나타낸 것으로, 선단 부분은 V_B'로, 또 절삭 경계 부분은 V_B''로 표현하는 것이 일반적이다.

경사면 마모(크레이터 마모)는 일반적으로 K_T로 표현하고 있다. 이것도 역시 독일어의 Kolktiefe에서 딴 것으로 크레이터(오목)의 깊이를 나타낸다.

달 표면의 요철면을 크레이터라 하는데 크레이터 마모는 이른바 바이트에 만들어진 요철을 말하는 것이다.

크레이터 마모는 크레이터의 중심 위치 K_M, 크레이터의 폭 K_B도 관찰하지만 공구 수명에 가장 관계가 깊은 것이 K_T이다.

크레이터가 깊어지면 크레이터의 홈이 절삭날에 근접하여 결국에는 절삭날의 결락으로 이어진다.

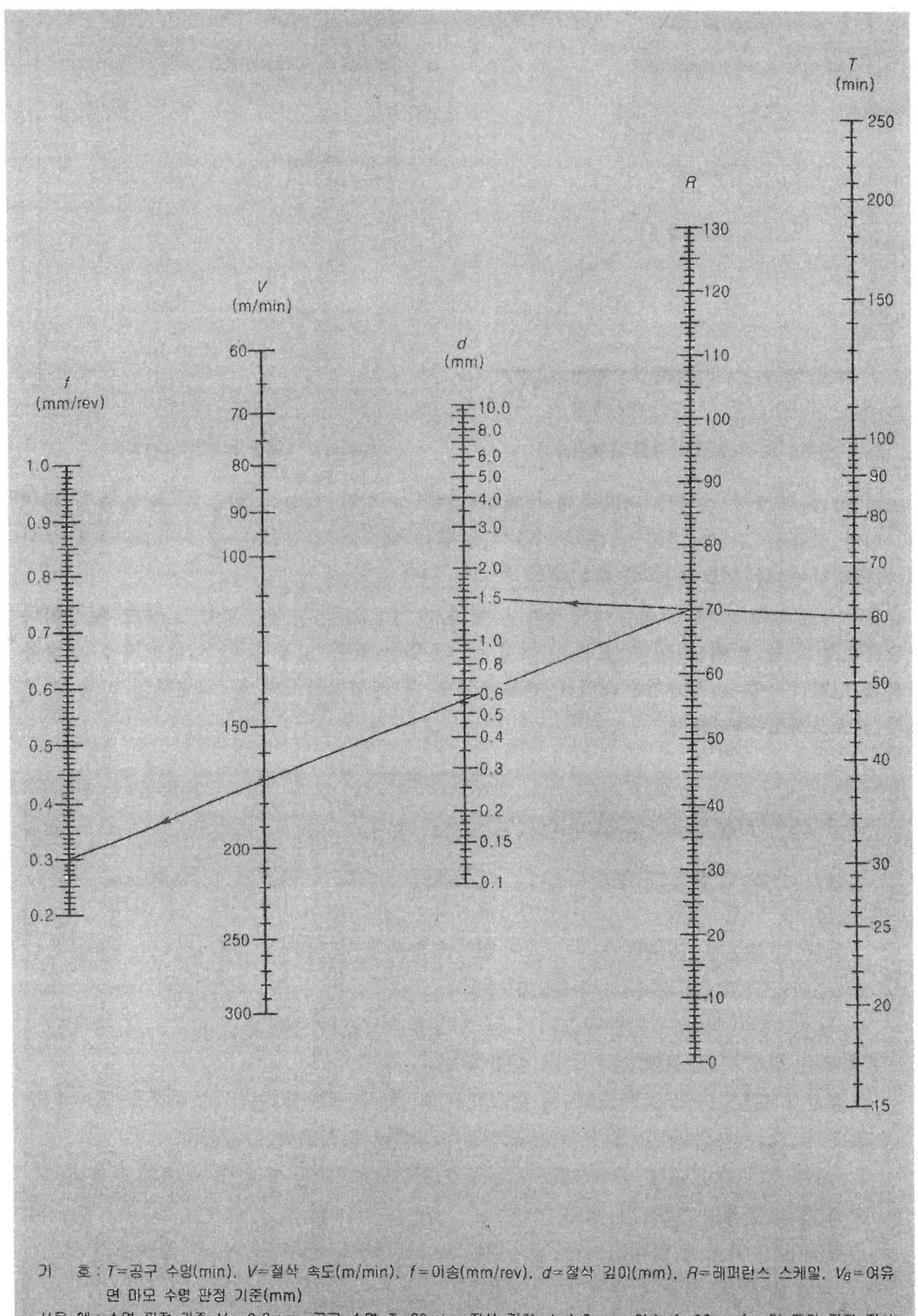

기 호 : T=공구 수명(min), V=절삭 속도(m/min), f=이송(mm/rev), d=절삭 깊이(mm), R=레퍼런스 스케일, V_B=여유
면 마모 수명 판정 기준(mm)

사용 예 : 수명 판정 기준 V_B=0.3mm, 공구 수명 T=60min, 절삭 깊이 d=1.5mm, 이송 f=30mm/rev일 때의 적정 절삭
속도를 구할 것. T=60 → d=1.5 → R=70(참고값) → f=0.30 → V≒170m/min.

그림 17 날끝의 여유면 마모(V_B≒0.3mm)를 기준으로 한 공구 수명 곡선 (기계기술 연구소)

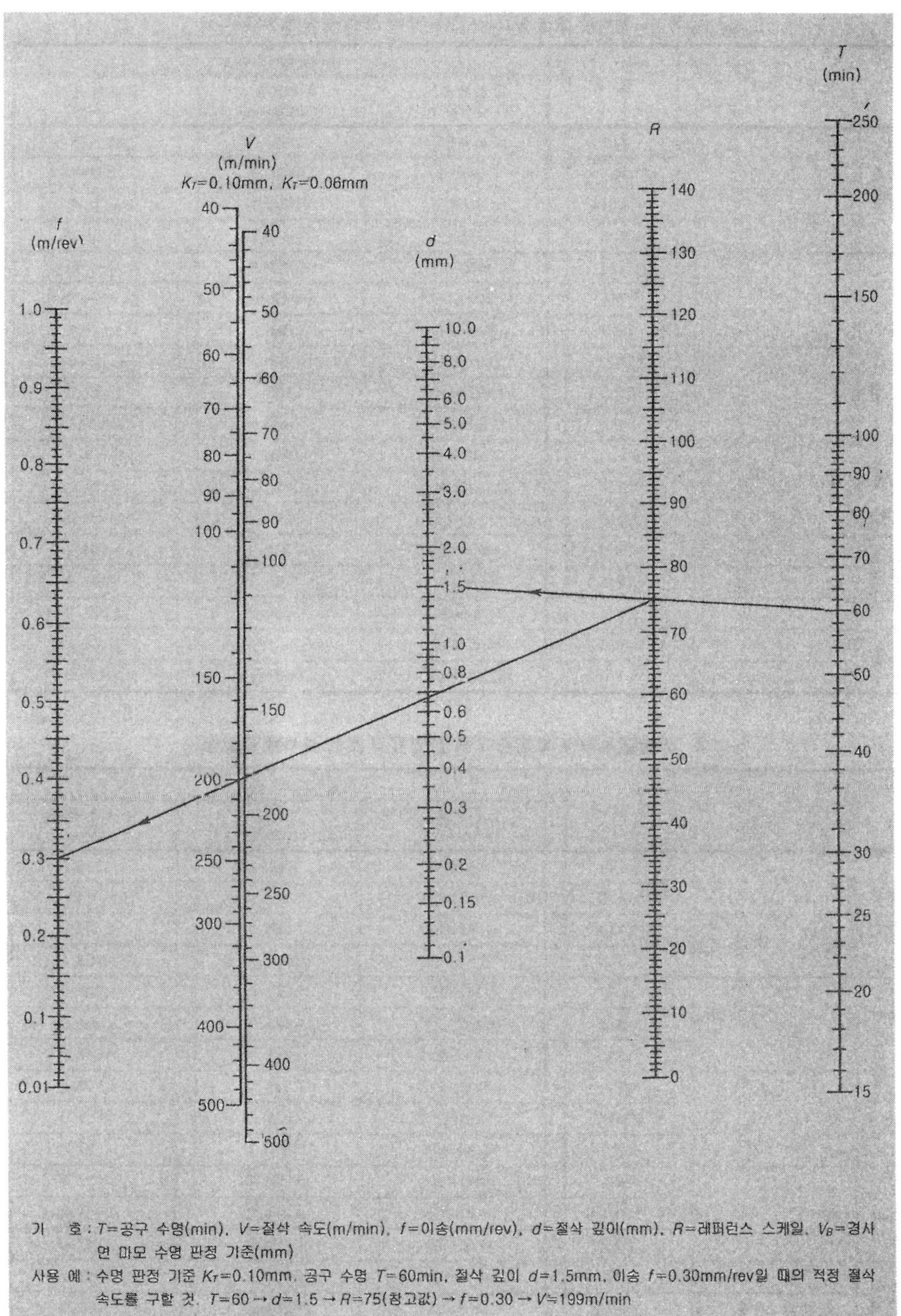

가 호 : T=공구 수명(min), V=절삭 속도(m/min), f=이송(mm/rev), d=절삭 깊이(mm), R=래퍼런스 스케일, V_B=경사
면 마모 수명 판정 기준(mm)

사용 예 : 수명 판정 기준 K_T=0.10mm, 공구 수명 T=60min, 절삭 깊이 d=1.5mm, 이송 f=0.30mm/rev일 때의 적정 절삭
속도를 구할 것. T=60 → d=1.5 → R=75(참고값) → f=0.30 → V≒199m/min

그림 18 날끝의 경사면 오목(凹)형 마모(크레이터 마모 K_T≒0.1mm 또는 0.06mm)를 기준으로 한 공구 수명
곡선 (기계기술 연구소)

표 4 선삭용 초경 합금의 권장 절삭 조건 (도시바 텅걸로이)

피삭재		재종	절삭 조건		
			절삭 속도 (m/min)	이 송 (mm/rev)	절삭 깊이 (mm)
주철	보 통 주 철	K01	80~200	≦0.2	0.1~3.0
		K10	60~180	≦0.4	0.5~15.0
	합 금 주 철	K01	60~150	≦0.2	0.1~3.0
		K10	40~120	≦0.3	0.5~15.0
강	연 강	P10	150~300	≦0.3	0.1~5.0
		P20	120~250	≦0.5	0.1~10.0
		P30	100~200	≦0.8	0.1~15.0
	중 강	P10	120~250	≦0.3	≦3.0
		P20	100~220	≦0.4	≦5.0
		P30	80~200	≦0.5	≦8.0
	경 강	P10	40~150	≦0.3	≦1.0
		P20	30~120	≦0.4	≦1.0
		P30	30~100	≦0.6	≦1.0
비철금속	알 루 미 늄	K10	800~1000	≦0.3	≦5.0
	내 열 합 금	K10	5~20	≦0.2	≦1.0
	동	K10	80~150	≦0.4	≦5.0
비금속	고 무	K01	80~150	≦0.5	≦2.0
	합 성 수 지	K01	80~150	≦0.5	≦2.0

표 5 밀링 절삭용 초경 합금의 권장 절삭 조건 (도시바 텅걸로이)

피삭재		재종	절삭 조건		
			절삭 속도 (m/min)	이 송 (mm/rev)	절삭 깊이 (mm)
주철	회 색 주 철	K01	100~250	≦0.2	≦2.0
		K10	80~220	≦0.3	≦10.0
	합 금 주 철	K01	80~200	≦0.2	≦1.0
		K10	60~150	≦0.3	≦5.0
강	연 강	M20	150~250	≦0.4	≦5.0
		M30	120~220	≦0.3	≦6.0
		P30	100~200	≦0.3	≦8.0
	중 강	P20	120~220	≦0.3	≦5.0
		M30	100~200	≦0.3	≦8.0
		P30	80~180	≦0.3	≦8.0
	경 강	P20	40~80	≦0.2	≦2.0
		M30	30~80	≦0.2	≦2.0
		P30	20~70	≦0.2	≦2.0
비철금속	알 루 미 늄	K10	1000~1200	≦0.3	≦5.0
	내 열 합 금	M30	5~15	≦0.2	≦1.0
	동	K10	100~180	≦0.2	≦3.0
비금속	고 무	K10	100~180	≦0.3	≦2.0
	합 성 수 지	K10	100~180	≦0.3	≦1.0

(2) 수명 시간의 설정

그러면 이 경우 수명시간은 어떠한가라는 의문이 있을 것이다.

예를 들면 날끝 여유면 마모 폭을 0.3 mm로 하면 중(中)다듬질의 절삭 조건에서 생각했을 경우, **그림** 17에서 공구 수명은 약 60분이라고 할 수 있기 때문에 수명 시간은 60분으로 된다.

이 조건에서 가공을 하면 물론 날끝에는 여유면 마모만이 아니라 크레이터 마모도 발생할 가능성이 있다. 여기서 가령 깊이를 0.1 mm로 하면 그림 18에서 공구 수명은 약 60분, 따라서 수명 시간도 60분이 된다.

이와 같이 그 마모 평가 기준을 어떻게 하느냐에 따라 수명시간 설정 상황이 달라진다. 또한 마모와 공구 손상의 상태 및 다듬질면에 대한 영향은 어떠한가 등을 사전에 확인한 다음에 설정해야 한다.

그림 19는 날끝 여유면 마모와 다듬질면 거칠기의 관계를 나타낸 것이다. 일반적으로 말하면 마모 폭이 커지면 다듬질면 거칠기는 나쁘게 된다. 그러나 그림에서 알 수 있듯이 마모가 진행되면 일시적으로 다듬질면 거칠기가 좋아지는 영역이 있다. 이 경우에도 가공을 계속하게 되면 다시 다듬질면이 열화된다.

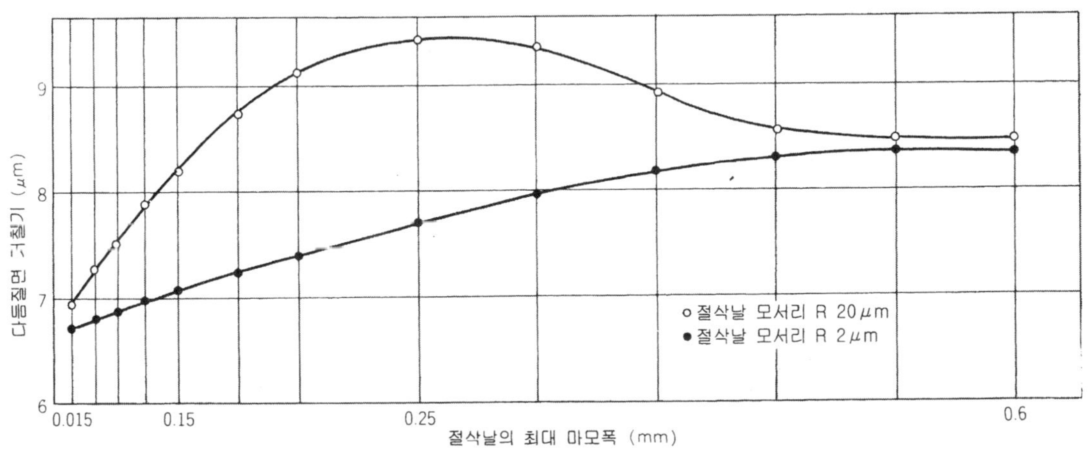

그림 19 날끝 여유면 마모와 다듬질면 거칠기의 관계

그러나 일단 기준으로 이들을 이용하면 현장에서의 판단에 도움이 될 것으로 생각된다. 그리고 또한 날끝의 크레이터 마모가 심한 경우에는 절삭 조건, 특히 절삭 속도를 낮게 하든가 또는 사용하고 있는 공구 재종보다 1랭크 위의 재종을 선정함으로써 대응할 수 있을 것으로 생각된다.

(3) 초미립자 초경 합금의 사용 조건

전술한 바와 같이 인성을 향상시키려면 WC 입자를 정확하게 유지하는 결합제의 역할을 하는 Co의 양을 증가시켜야 한다. 그러나 반대로 Co가 너무 많아도 소성 변형이 일어나기 쉽기 때문에 자연히 그 한계가 있다.

그러면 생각을 좀 바꾸어서 인성을 향상시키는 데에 단순히 Co의 양을 증가시킬 것이

아니라 WC 입자의 전 체적에 대해 Co가 덮는 면적을 증가시킴으로써 인성을 높이는 방법도 생각할 수 있다.

즉 WC 입자를 보다 미립자화함으로써 WC 입자의 체적은 같을지라도 전체의 표면적을 증가시킬 수 있다. 이렇게 함으로써 그 경도를 손상시키지 않고 인성을 더욱 향상시킬 수 있다.

예를 들면 WC입자나 Co가 커다란 덩어리가 되어 초경 합금 조직 속에 존재하면 그 곳이 기점이 되어 초경 합금은 절삭중 압력으로 파손돼 버린다. 그러나 초미립자 초경 합금은 WC 입자나 Co도 모두 매우 미세하므로 보다 강도를 증가시킬 수 있는 것이다.

이와 같이 상온에서는 우수한 특성을 가지는 초미립자 초경 합금이지만 고온하에서는 크레이터 마모가 크게 발생하는 동시에 소성 변형이 용이해진다. 그래서 이 합금은 저절삭 속도영역에서 내마모성이나 인성이 요구되는 용도, 예를 들면 소지름 솔리드 엔드 밀이나 솔리드 드릴 등의 재종으로서 사용되어 그 효과를 올리고 있다.

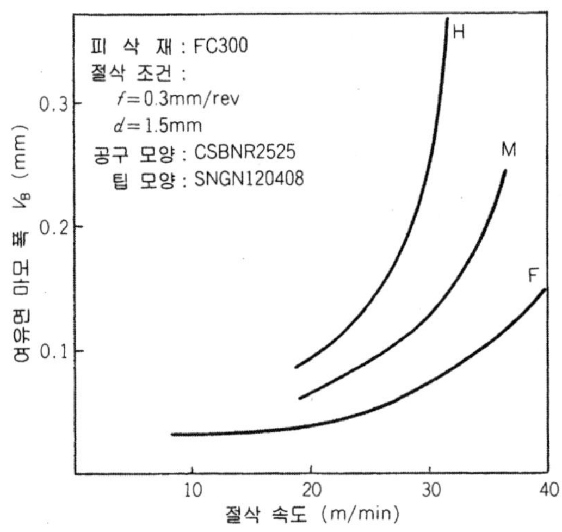

그림 20 초미립자 초경 합금의 절삭 속도와 마모의 관계

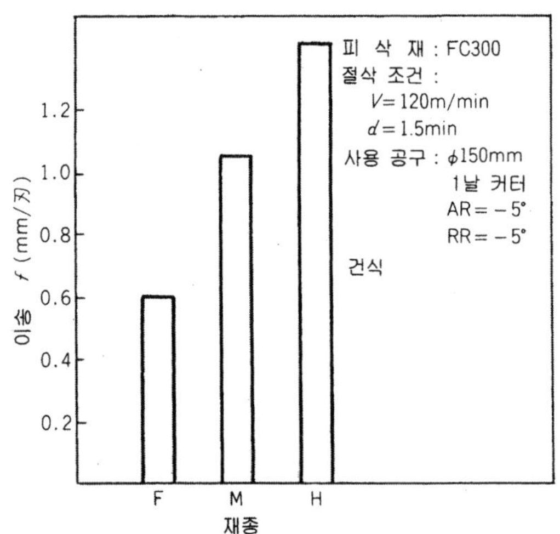

그림 21 초미립자 초경 합금의 내결손성

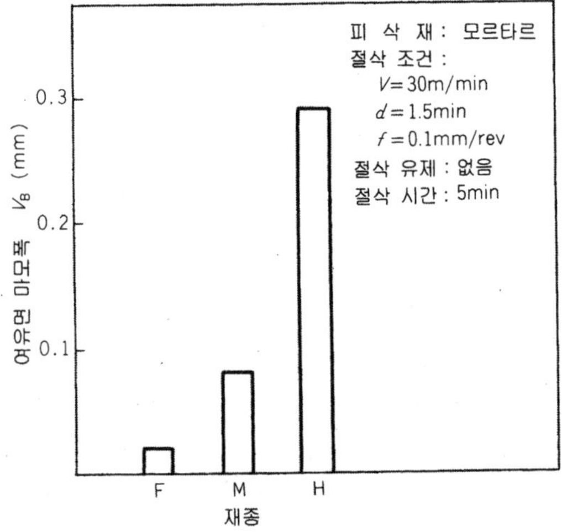

그림 22 초미립자 초경 합금의 단순 마모 비교

표 6 초미립자 초경 합금의 권장 절삭 조건 (도시바 텅걸로이)

피삭재	메이커 재종 기호	선 삭			엔드 밀 가공		
		절삭 속도 (m/min)	이 송 (mm/rev.)	절삭 깊이 (mm)	절삭 속도 (m/min)	이 송 (mm/rev.)	절삭 깊이 (mm)
강	F	≦50	≦0.1	≦1.0	—	—	—
	M·EM·EM10	≦40	≦0.2	≦5.0	≦50	≦0.1	≦2.0
	H	≦30	≦0.3	≦10.0	≦40	≦0.2	≦5.0
주 철	F	≦50	≦0.2	≦1.0	—	—	—
	M·EM·EM10	≦40	≦0.3	≦5.0	≦40	≦0.2	≦2.0
	H	≦30	≦0.4	≦10.0	≦30	≦0.3	≦5.0

JIS B 4053(KS B 3248)에서 사용 분류 기호 Z로서 새롭게 추가 규정된 것이 이 초미립자 초경 합금 재종이다.

이 재종의 절삭 속도와 마모의 관계 그리고 내결손성과의 관계를 **그림 20, 21**에 나타낸다. 또한 내마모성만을 비교한 것이 **그림 22**이다(여기에서는 메이커 재종 기호로 나타냈다. 그 특성은 **표 3**을 참조하기 바란다).

이들 절삭에 대한 모든 특성에서 안정하게 사용할 수 있는 사용 조건은 선삭 가공에서 50 m/min 이하, 엔드 밀 등의 밀링에서 40~50 m/min 이하가 된다(**표 6**).

선삭의 초경 재종 사용 조건

(1) 절삭 속도

초경 바이트의 절삭날 수명에는 절삭 속도가 크게 영향을 준다. 절삭 속도가 빨라지면 공구의 수명은 극단적으로 짧아지게 된다.

즉 똑같이 20~30% 빨라질지라도 절삭 속도 100 m/min 이상인 경우와 60~70 m/min 이상인 경우의 날끝 손상은 크게 다르다.

그림 1은 절삭 속도와 날끝 손상의 관계를 표현한 것이다.

고속에서의 능률을 향상시키려면 이송량이나 절삭량을 크게 하도록 한다.

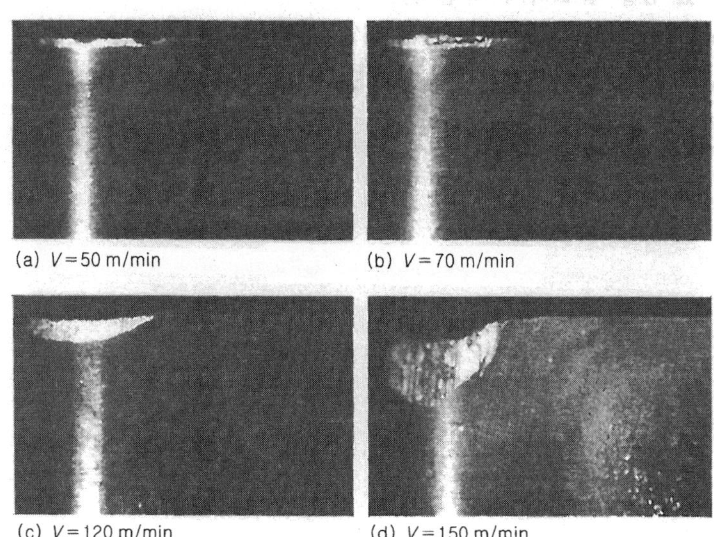

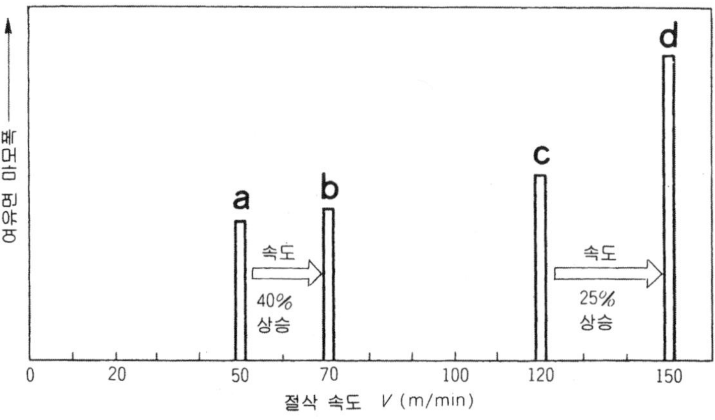

그림 1 절삭 속도와 날끝의 손상

(2) 이송, 절삭 깊이

① **이송**…이송은 다듬질면 거칠기와 밀접한 관계가 있어, 필요한 면 거칠기에 따라 결정되는 경우가 대부분이다.

이송을 크게 하면 공구 마모가 빨리 일어나 공구의 수명이 짧아지게 된다. 그러나 너무 작게 하면 절삭날로 깎는 것이 아니라 문지르는 것이 되어 오히려 수명을 짧게 할 수가 있다(**그림 2**).

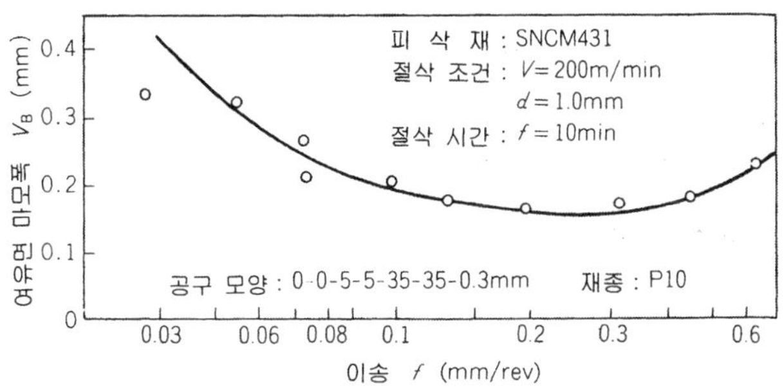

그림 2 이송량의 변화와 여유면 마모의 관계

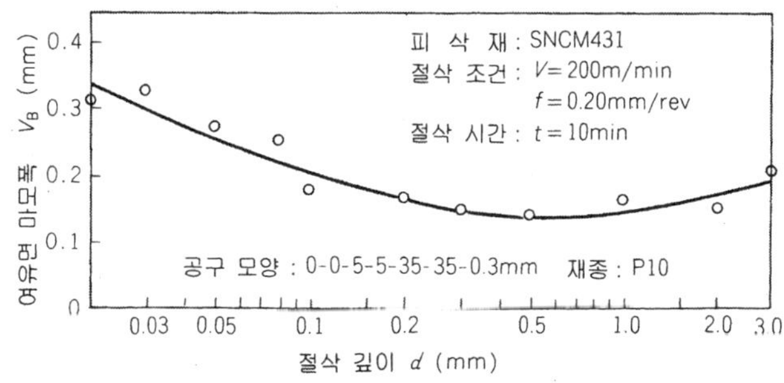

그림 3 절삭량의 변화와 여유면 마모의 관계

② **절삭 깊이**…절삭 깊이는 가공물의 절삭 여유나 형상, 공작 기계의 파워, 강성 등에 의해 결정된다. 절삭 깊이를 바꿀지라도 공구 수명에는 그다지 차이는 없지만 절삭 깊이를 너무 작게 하면 마모가 증대하여 수명을 짧게 한다(**그림 3**).

또 절삭 깊이가 작으면 재료 표면의 흑피나 주물 표면 부분, 가공 경화층 등 단단하고 불순물을 포함한 층을 절삭하게 되어 날끝에 치핑이나 이상 마모가 일어나는 경우가 있다. 따라서 피삭재나 기계의 강성이 높은 경우에는 절삭 깊이를 가급적 크게 잡는 편이 좋다.

(3) 다듬질면 거칠기

다듬질면을 향상시키는 데에는 일반적으로 체터링을 발생시키지 않는 범위에서 절삭날 코너 R을 크게 하는 방법이 취해지고 있는데(30페이지), 다듬질면 거칠기에 영향을 주는 요소로서는 다음과 같은 것이 있다.

① **절삭 조건**…절삭 속도가 낮으면 절삭날에 칩이 부착, 구성 날끝이 발생하여 다듬질면을 나쁘게 한다. 절삭 속도를 높게 하는 편이 다듬질면을 양호하게 한다.

이송은 작은 편이 피삭재 표면의 요철이 작아져 다듬질면을 양호하게 한다. 절삭 깊이도 작은 편이 다듬질면을 향상시킨다.

단, 이송, 절삭 깊이 모두를 너무 작게 하면 칩 처리가 제대로 되지 않아 구성 날끝이 발생하거나 절삭날의 이상 마모 또는 치핑을 일으켜 오히려 다듬질면의 악화로 연결된다.

이송은 0.05 mm/rev 이상, 절삭 깊이는 0.2 mm 이상이 표준이다.

② **절삭날 형상**…경사각은 마이너스 각도(네거티브 팁)일 경우, 가공물 표면이 뜯기거나 하여 다듬질면은 악화된다. 앞 절삭날각은 절삭날에 마찰되어 마모가 발생하지 않는 한 작은 편이 다듬질면을 양호하게 한다.

절삭날 코너 R은 클수록 가공물 표면의 요철이 작아져 다듬질면은 양호해진다. 단, 너무 크면 채터링이 발생하여 반대로 나쁘게 된다.

③ **가공물, 공구, 기계의 강성**…가공물의 모양이나 설치 강성에 의해서도 다듬질면은 바뀐다. 가공물의 설치는 견고하게 해야 한다.

한편 공구는 충분한 크기의 생크를 사용하고 특히 스로어웨이 공구인 경우에는 팁이 헐겁지 않도록 견고하게 클램프한다.

또 특정한 조건에서 절삭하면 기계가 크게 진동하는 경우가 있다. 이것은 절삭 조건이 그 기계의 고유 진동수와 공진하기 때문이다. 따라서 기계의 고유 진동에도 충분히 주의를 해야 한다

④ **칩 처리와 절삭유제**…깨끗하게 다듬질한 가공면에 칩이 감기거나 긁히게 되면 다듬질면이 나빠진다. 절삭 조건에 알맞는 칩 브레이커를 선정하여 칩 처리성을 높인다.

또 알루미늄 등 용착되기 쉬운 피삭재인 경우는 절삭유제를 사용하지 않으면 다듬질면이 나빠진다.

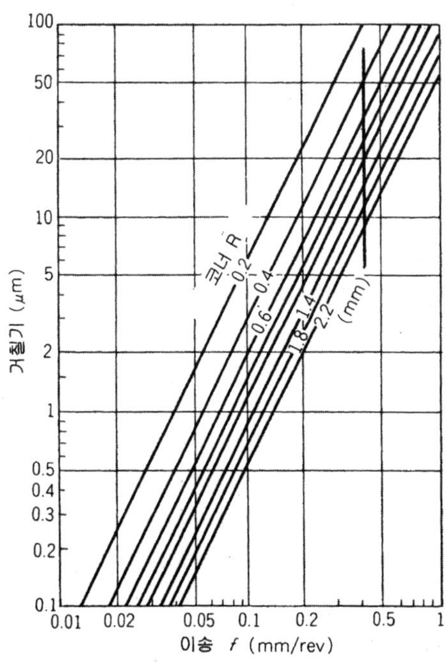

그림 4 코너 R과 다듬질면 거칠기의 관계

그림 4는 코너 R과 이송량에서 산출한 다듬질면 거칠기의 이론값이다. 실제로는 기계의 덜컹거림이나 구성 날끝 등 때문에 이 이론값보다도 나빠지는 경우가 보통이다.

(4) 호 닝

흔히 「강 절삭에는 호닝을」하고 말하는데 호닝은 미소한 치핑을 방지하고 단속적인 절삭날에의 충격에 대해서도 절삭날의 보호에 효과적이다.

일반적으로 호닝 폭은 이송량의 50~80%라 한다. 알루미늄과 같이 부드러워 용착되기 쉬운 피삭재일 때는 오히려 호닝을 하지 않는 편이 좋다.

호닝량을 크게 하면 절삭날의 결손률이 감소되어 공구 수명이 향상된다. 그러나 너무 크게 하면 여유면 마모가 일어나기 쉬워 수명은 저하된다. 단, 경사면 마모는 호닝량에는 영향을 받지 않는다.

또 호닝량을 크게 하면 이송 분력이나 배분력이 증가하여 채터링 진동이 일어나기 쉬워진다. 호닝량은 크게 하는 것은 다음과 같은 경우이다.

- 피삭재가 단단할 때
- 흑피, 단속 절삭과 같이 날끝 강도가 필요할 때
- 기계의 강성이 높을 때

호닝량을 적게 하는 것은 다음과 같은 경우이다.

- 절삭날의 결손이 일어날 염려가 없고 양호한 절삭성이 요구되는 다듬질 절삭 등 미소 (微小) 절삭 깊이, 미소 이송을 할 때
- 피삭재가 부드럽고 칩이 용착되기 쉬울 때
- 피삭재나 기계의 강성이 그다지 높지 않을 때

일반적으로 시판되고 있는 스로이웨이 팁의 대부분은 둥근 호닝이 실시되고 있다(사진 1).

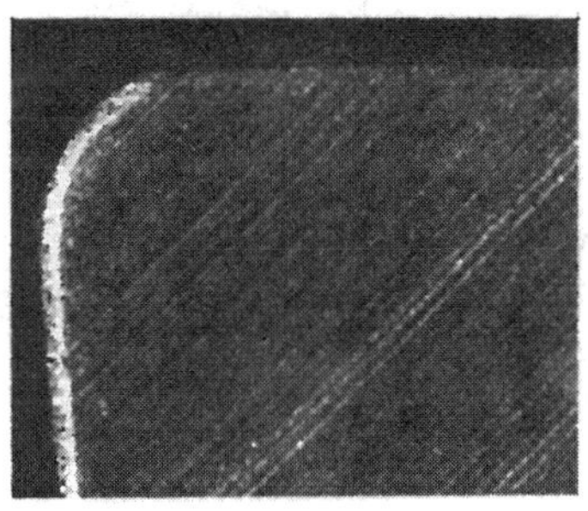

사진 1 절삭날이 둥근 호닝

밀링의 초경 재종 사용 조건

(1) 절삭 속도

일반적으로 절삭 속도가 높아지면 정상 마모가 크게 발달하여 공구 수명은 짧아진다. 그러나 스테인리스강 등의 정면 밀링에서는 절삭 속도가 중·저속이면 날끝의 용착 현상에 의해서 치핑을 일으켜 오히려 공구 수명을 단축시켜 버리는 경우도 있다.

(2) 이 송

그림 1은 절삭 속도 116 m/min, 158 m/min인 경우의 이송과 공구 수명의 관계를 나타낸 것이다.

절삭 속도가 낮을 때는 이송이 변동될지라도 공구 수명은 크게 변하지 않지만 고속으로 되어 이송을 크게 하면 공구 수명은 현저히 짧아지게 된다.

정면 밀링 커터의 이송 실용 영역을 **그림** 2에 정리했다.

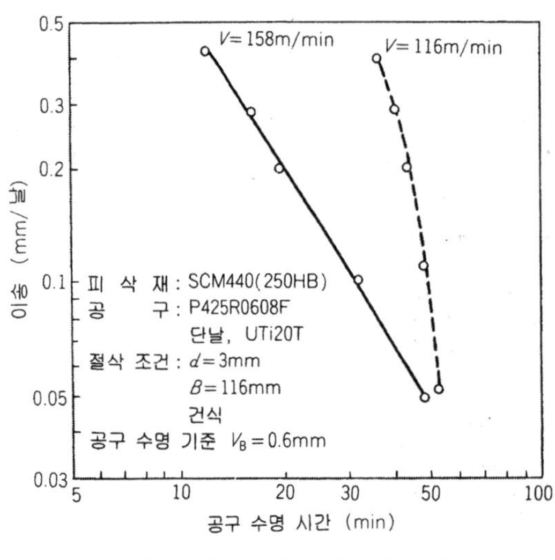

그림 1 이송과 공구 수명의 관계

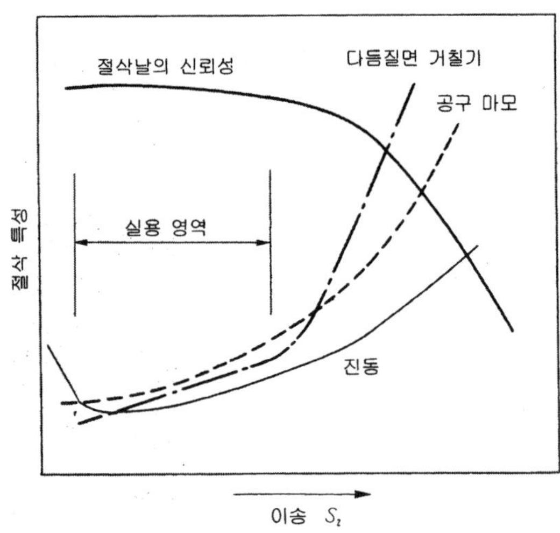

그림 2 이송과 정면 밀링 커터 이송의 실용 영역

(3) 절삭 깊이

정면 밀링에서 절삭 깊이 조건을 결정하는 경우에 유의해야 할 점은 다음의 3가지이다.

① 절삭 깊이를 크게 할수록 절삭날 마모부에 발생하는 열균열의 수와 깊이가 증가하는 데에 주의한다

② 절삭날에 치핑이나 결손이 발생하기 쉬운 단단한 흑피재를 시크니스 디비에이션 (thickness diviation) 절삭할 때에는 절삭 깊이를 크게 설정하여 부절삭날부가 흑피

부분을 마찰하지 않도록 한다.

③ 다듬질 가공의 경우, 절삭 깊이를 너무 작게 하지 않는다. 절삭 깊이가 너무 작으면 채터링이 발생하거나 다듬질면 거칠기가 나빠진다.

최근에는 **그림** 3과 같이 절삭날간의 피치를 부등분할로 설계하여 방진 효과를 도모한 것도 있다.

정면 밀링 커터는 다인(多刃) 공구이므로 약간의 세트 진동은 피할 수 없지만 절삭 깊이가 너무 작으면 세트 진동의 영향이 커지게 되어 방진 효과가 없어져 버리기 때문에 주의를 해야 한다.

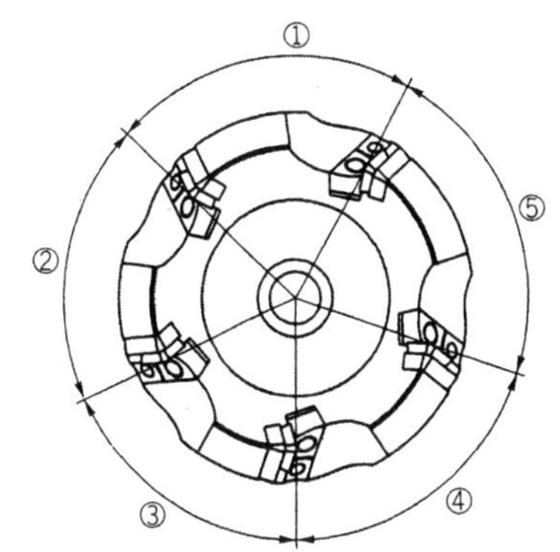

그림 3 **부등 분할 정면 밀링 커터**
(①~⑤의 각도가 다르다)

(4) 다듬질면 거칠기

절삭 온도가 그다지 높지 않은 절삭 영역에서는 구성 날끝이 발생하여 다듬질면 거칠기가 나빠진다.

절삭 온도를 올리려면 먼저 절삭 속도를 크게 해야 한다. 또 절삭 깊이를 크게 해도 절삭 온도는 높아진다. 이송을 크게 하면 절삭 온도는 올라가지만 피삭재에 새겨지는 절삭날의 이송 마크가 거칠어져 다듬질면은 나빠진다.

정면 밀링 커터의 절삭날에는 「부절삭날」이라 불리는 평탄한 정면날이 있는데 이에 의해 좋은 다듬질면을 얻을 수 있다. 즉 밀링 커터 절삭날 가운데 가장 길게 돌출된 절삭날이 다듬질면에 크게 영향을 준다.

그래서 **그림** 4와 같은 부절삭날이 매우 긴 와이퍼 팁을 보통의 날 대신에 1매만 세트하고 그것을 가장 길게 돌출시켜 고이송을 함으로써 다듬질면 거칠기가 양호해지도록 할 수 있다.

그림 5는 와이퍼 팁이 없는 경우와 있는 경우의 다듬질면 거칠기의 차이이다.

강 절삭에서는 서멧을 사용하는 것도 효과적이다. 서멧은 용착이 적고 초경 합금을 사용하는 경우보다도 광택이 있는 양호한 다듬질면이 얻어진다.

(5) 경사각과 절삭 성능

정면 밀링 커터에서 「큰 경사각」이란 참의 경사각이 크다는 것과 절삭날 기울기 각이 크다는 것 2가지를 의미한다(41페이지 **그림** 1).

참의 경사각이 크면 절삭 저항이 낮아지게 되어 절삭성은 양호해진다. 또 절삭날 기울기 각이 크면 칩의 배출성이 좋아진다.

고속, 고이송 절삭이 되면 크레이터 마모가 발생하기 쉬워진다. 크레이터 마모가 일어나면 절삭날은 예리한 에지로 변하고 그 결과, 절삭 충격으로 절삭날이 치핑을 일으키거나 결손될 확률이 높아진다.

크레이터 마모가 발생한 이송 조건보다도 높은 이송을 설정하면 그 마모부에 칩이 막혀 절삭날이 결손되기 쉬워진다.

경사각이 크면 칩의 흐름은 양호해지고 절삭 저항은 작아진다. 또 경사면과 칩의 접촉 길이가 짧아져 절삭열이 잘 전달되지 않아 크레이터 마모는 잘 일어나지 않게 된다.

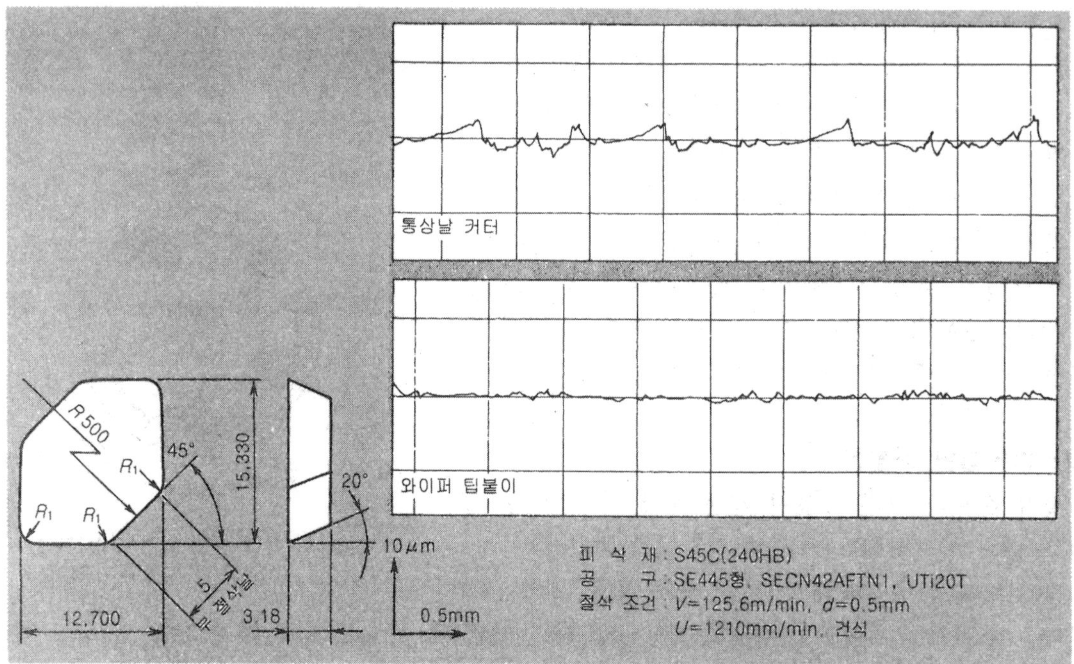

그림 4 와이퍼 팁의 일례   그림 5 와이퍼 팁의 유무와 다듬질면 거칠기

또한 경사각이 크면 절삭 저항이나 절삭 동력, 진동이 작아져 강성이 낮은 기계에서도 사용할 수 있다. 또 피삭재의 온도 상승도 낮아 변형도 적어진다.

이러한 점에서 최근의 범용 정면 밀링 커터는 20° 전후의 여유각이 큰 팁을 사용하고 있다. 절삭날이 예리하면 결손되기 쉬워지지만 바이트의 경우와 마찬가지로 호닝하여 절삭날 강도를 유지한다. 강 절삭에서는 챔퍼·호닝이 일반적이다.

고경도재의 절삭에서는 치핑이 발생하기 쉽기 때문에 여유각 11° 전후의 절삭날 강도가 높은 것이 주류를 이루고 있고 주물과 같이 모래가 붙어 있는 피삭재에 대해서는 네거티브가 많이 사용되고 있다.

(6) 코너각과 절삭 성능

코너각이 바뀌면 절삭 저항의 3분력도 변화한다. 특히 배분력(Z 방향력)은 코너각이 커지면 커지게 된다.

배분력의 작용에 의해서 피삭재가 휘거나 끌어 올려지는 강성이 낮은 재료를 가공할 때에는 코너각 15°가 적합하다.

또 여유면 마모는 코너각이 작은 날형 쪽이 작아지고, 크레이터 마모는 코너각이 큰 날형 쪽이 작아진다.

절삭날이 치핑이나 결손을 일으키기 쉬운 흑피재, 고경도재나 스테인리스강, 내열 합금 등의 난삭재를 절삭하는 경우에는 코너각이 큰 날형이 적합하다.

코팅 초경의 선택 기준과 사용 조건의 선정

● 코팅 초경의 특성

처음에 WC-Co계로서 탄생한 초경 합금은 절삭 과정에서 열이나 압력, 화학 반응으로 발생하는 경사면 마모나 여유면 마모를 적게 하기 위해 TiC 분말을 혼합하게 됐다는 것은 이미 앞에서 언급한 바 있다.

이 대책을 공구 표면에 실시하여 보다 마모에 강하게 하려는 것이 「코팅 초경 합금」이다. 흔히 코팅·팁이라 한다.

코팅 초경 합금은 초경 합금의 표면에 TiC나 TiN, TiCN, Al_2O_3 등의 경질 물질(탄화물, 질화물, 산화물)을 화학적 또는 물리적인 증착 방법에 의해 수 μm의 두께로 견고하게 부착시켜 코팅한 것이다.

절삭 공구에 요구되는 성능은 질기고 마모에 강하며 또 열이나 화학적인 변화에도 강한 성질이다. 그러나 **그림 1**에 나타난 바와 같이 점성과 내구성, 내마모성은 반드시 양립하는 것은 아니며 오히려 상반되는 성질이라 할 수 있다.

(1) 코팅 초경의 내력

1965년경에 독일의 루페르트는 초경 합금의 표면에 TiC 이외의 화학적 표면 처리를 하는 방법을 제창했다. 그 후 이러한 방법의 개발이 급속하게 진행되어 오늘날과 같은 코팅 공구가 탄생한 것이다.

이 공구 재종은 알맹이가 질기고 표면은 단단하여 열적, 화학적 마모에 강하다는 이상적인 절삭 공구의 특성을 지니고 있다.

코팅·팁은 19페이지의 사진에 나타낸 것과 같은 구조로 되어 있다.

예를 들면 기계 부품은 일반적으로 다양한 기계적 가공을 하여 각종 부품의 모양으로 마무리한 다음 담금질이나 뜨임 등으로 재료를 강화시킨다.

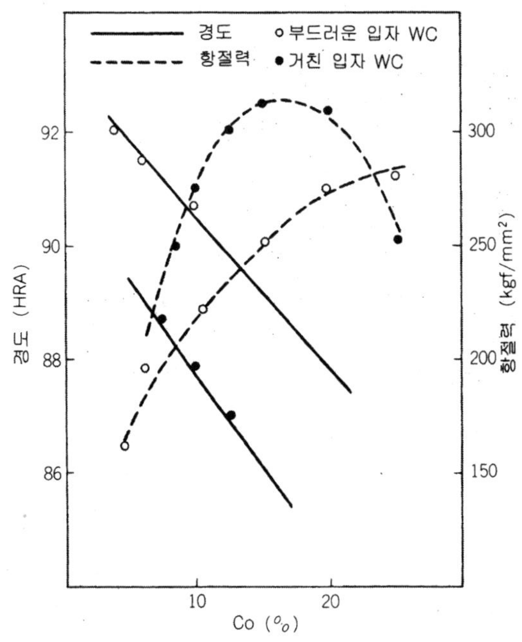

그림 1 초경 합금의 경도와 항절력의 관계

또한 표면 정밀도나 치수 정밀도를 올리기 위해서는 연삭 가공 등을 실시하여 제품으로 만든다.

코팅 초경 합금은 이른바 완성품의 기계 부품에 다시 추가 처리를 하여 보다 높은 내구성의 향상을 도모하는 것이다.

(2) 코팅의 방법

현재 이 코팅·팁은 그 코팅 방법에 따라 CVD(화학적 증착)에 의한 것, PVD(물리적 증착)에 의한 것이 있어 각각 그 목적에 따라 사용되고 있다.

① **CVD법**…성형한 초경 합금을 고온에서 수소 환원 또는 열 분해 등 화학적 반응으로 재료 표면에 원소나 화합물을 생성하여 석출(코팅)시키는 것이다.

이 방법은 TiC, TiN, Al_2O_3 등을 $2 \sim 15\,\mu m$ 정도로 코팅함으로써 순도가 높은 고품질 피막이 얻어져 내마모성이나 내열성, 내산화성이 우수하며 화학적인 변화에도 강한 절삭 공구를 만들 수 있다. 강이나 주물의 고속 절삭이나 중단속 절삭 등의 상당히 가혹한 절삭 조건에 이용되고 있다.

코팅층이 너무 두꺼우면 박리되기 쉽기 때문에 특히 밀링 커터용은 박막으로 하고 있는 듯하다.

최근에는 TiC만이 아니라 Al_2O_3를 코팅층에 첨가하거나 다시 TiN을 코팅시키는 복합층(콤퍼지트·코팅)으로 하여 크랙이나 박리, 마모와 같은 각 층의 결점을 개선시키고 있는 것이 증가하고 있다.

CVD법에 의한 코팅 초경 합금은 현재 Al_2O_3계, TiN계, TiCN계의 3종류가 일반적이다.

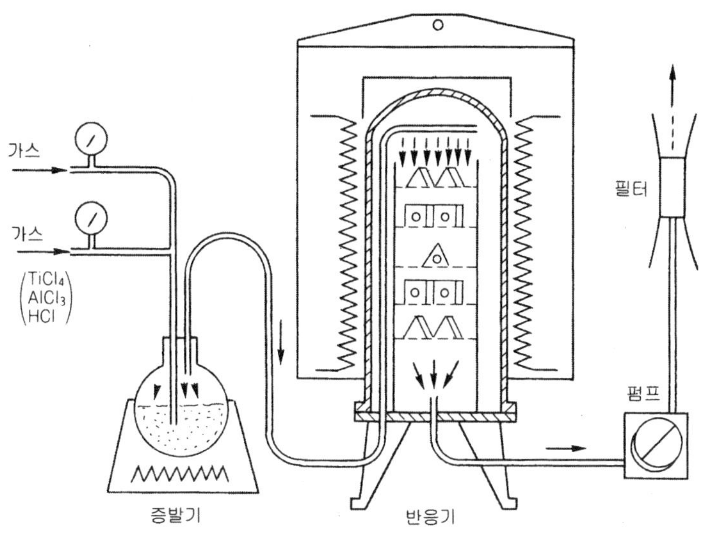

그림 2 CVD 장치의 구조 예

다층으로 하는 이유는 Al_2O_3의 결손을 방지하려는 것보다도 부착성을 높이거나 마모를 적게 하기 위한 것으로, Al_2O_3계는 다층 코팅이 주류를 이루고 있으며 고속 선삭 가공 등에 널리 사용되고 있다.

TiC계는 그 특징인 화학적 변화에 대한 안정성을 활용하는 동시에 모재의 점성과 강도를 바탕으로 고속 절삭 영역에서의 밀링, 선삭에서의 나사 절삭에 사용되고 있다.

TiCN계는 TiC와 TiN의 두꺼운 코팅층을 목적에 따라 그 혼합을 변화시켜 복합층으로써 고속 영역의 중중(中重) 절삭이나 상당히 심한 충격을 받는 밀링에 사용되고 있다.

그림 2는 CVD 장치의 개략적인 모양을 나타낸 것이다. 노(爐)내에 $TiCl_4$, $AlCl_3$, HCl 등의 가스를 보내 1,000℃ 정도로 가열하고 그 속에서 초경 팁을 코팅한다.

② PVD법…도금과 같은 전기적 방법으로 재료 표면에 이온을 발생시켜 화합물을 코팅하는 방법이다.

CVD와 같이 반응 온도를 높게 하는 등 제법상의 제약이 적다는 점에서 강이나 고속도강 등 고온에 의한 날끝의 연화, 강도 저하가 문제가 되는 공구 재료에 적용되어 선삭용 팁을 비롯하여 기어 절삭 공구나 드릴, 탭 등에 응용되고 있다.

TiN 등을 $1\sim5\,\mu m$ 정도로 코팅하여 열 처리 온도에 의한 모재 정밀도 변화나 취약화 등이 허용되지 않는 절삭날이 필요한 초경 합금 공구에도 이용되고 있다. 이 종류의 공구는 초내열강이나 Ti, Ni기 합금강 등 가공변질되기 쉬운 재료의 가공에 유망시되고 있다.

PVD법은 일반적으로 500℃ 이하의 저온에서 코팅되기 때문에 처리 온도의 영향을 받기 쉬운 강이나 고속도강 등에 사용되는 경우가 많으므로 일종의 특수 도금이라 생각하면 될 것이다.

고속도강 공구에 코팅하는 경우에는 PVD가 특히 효과적이다. 고속 절삭시에 날끝이 고온으로 되어 강 자체가 부드러워지면서 강도가 떨어지는 것을 방지하는 동시에 강을 절삭했을 때의 절삭 공구 표면과 칩과의 마찰 계수를 적게 하는 데에도 도움이 된다.

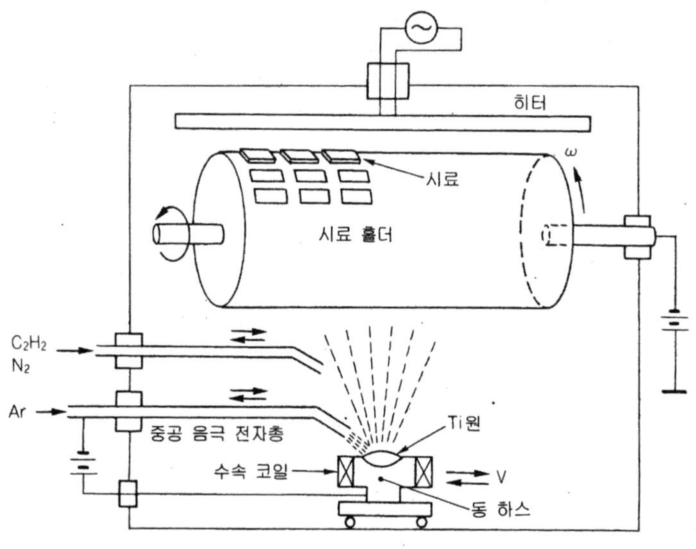

그림 3 PVD 장치의 구조 예

그 결과 마찰열의 발생을 억제하여 날끝 온도의 상승을 방지하는 효과도 있다. 코팅을 하지 않은 것에 비하면 내마모성이 3배 이상이라는 예도 있다.

한편 초경 합금의 경우, 내마모성 향상은 물론 모재가 지니고 있는 높은 인성을 손상시키지 않고 고온시의 내소성 변형성, 내열성을 향상시킬 수 있어 엔드 밀이나 드릴 등의 건식, 습식 가공 공구의 코팅 방법으로서 이용되고 있다.

PVD법에는 통상의 증착법 이외에 「스패터링법」(진공 속에서 불꽃을 내어 재료 표면에 요망되는 물질을 코팅함) 「이온·플레이팅법」(진공 노내의 물질을 플라즈마 속에서 이온화시켜 코팅함)이 있다.

그림 3은 이온·플레이팅에 의한 코팅 초경 PVD 장치이다.

전극으로부터 Ti 등의 금속에 에너지 빔을 조사해 증발시키는 동시에 증발 물질에도 조사(照射)하여 이온화시켜 코팅시키는 것으로, 공업화 코팅법의 한 예이다.

또한 최근에는 코팅 재료에 다이아몬드, 모재에 초경 합금이나 세라믹스를 이용한 다이아몬드·코팅 공구가 각광을 받고 있는데 이에 관해서는 별항(135페이지)에서 해설한다.

(3) JIS 재료 기호와의 관계

JIS에서 규정된 코팅 초경 합금(피복 초경 합금)의 재료 기호는 초경 합금의 사용 분류 기호와 같은 것으로 P종(P01~P40), M종(M10~M40), K종(K01~K30)의 13분류가 적용된다. (JIS 사용 분류별 재종 기호에 관해서는 부록편의 데이터 시트를 참조).

단, 특성값 쪽은 **표 1**과 같이 코팅면의 위에서 측정한 복합 재료로서의 경도 뿐으로, 분류도 10재종이 결정되어 있을 뿐이다. 때문에 메이커는 자사의 재종 기호와 JIS 분류 기호를 대조하고 있지 않다. 즉 JIS 분류는 개략적인 것으로 하나의 재종을 특정하기 어렵고 각 메이커 모두가 코팅에 의해서 적용 범위를 확대하고 있기 때문이다.

그림 4는 카탈로그에 제시된 JIS 분류 기호와 메이커 재종 기호의 관계도인데 코팅 초경은 넓은 영역을 커버하고 있다는 것을 알 수 있다.

표 1 피복 초경 합금의 경도(JIS B 4053)

사용 분류 기호		경 도 HRA (피복면상에서의 측정)
P 종	P 01	90 이상
	P 10	89 이상
	P 20	88 이상
	P 30	87 이상
M 종	M 10	89 이상
	M 20	87 이상
	M 30	87 이상
K 종	K 01	90 이상
	K 10	89 이상
	K 20	87 이상

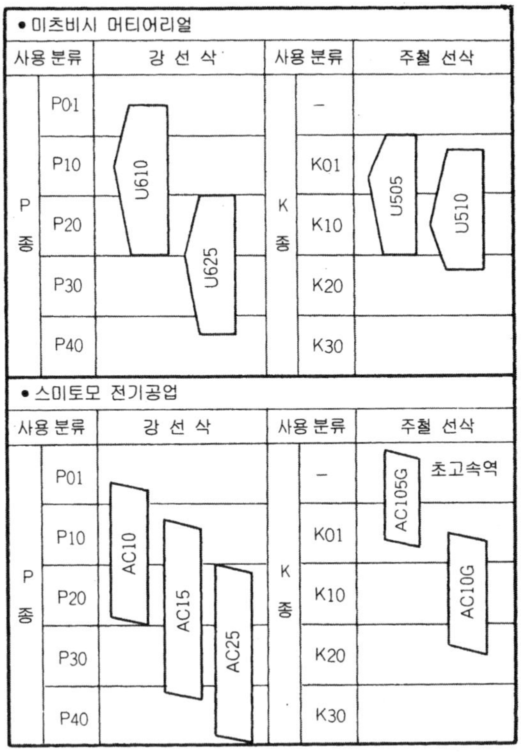

그림 4의 내용:

• 미츠비시 머티어리얼

사용 분류	강 선 삭	사용 분류	주철 선삭
P 종: P01, P10, P20, P30, P40	U610, U625	K 종: −, K01, K10, K20, K30	U505, U510

• 스미토모 전기공업

사용 분류	강 선 삭	사용 분류	주철 선삭
P 종: P01, P10, P20, P30, P40	AC10, AC15, AC25	K 종: −, K01, K10, K20, K30	AC105G (초고속역), AC10G

그림 4 JIS 사용 분류와 메이커 재종의 관계

또 **표 2, 3**은 코팅 초경 합금 재종의 특징과 용도에 대해 메이커의 카탈로그를 정리한 것이다.

● 사용 조건의 설정

최근에는 코팅층도 TiC의 단층만이 아니라 이들 경질 물질을 2층, 3층으로 한 이른바 다층 구조로 되어 있다.

다층 구조로 하면 가장 바깥층에 해당하는 합금, 예를 들면 Al_2O_3 등은 화학적으로 안정되어, 고열에 노출됨으로써 발생하는 경사면의 마모에 유효하다.

또 그 아래층, 예를 들면 TiC는 단단하기 때문에 피삭재와의 마찰로 발생하는 마모에 유효하다. 또한 그 아래층의 Ti 화합물은 모재의 초경 합금과 견고하게 부착시키는 역할을 한다.

이와 같이 다층 구조는 각 목적에 맞는 구성으로 코팅되어 이른바 「컴포지트 · 코팅」이라 불리고 있다.

초경 합금 모재에 관해서도 코팅 방법에 맞는 전용 모재가 개발되어 있다. 예를 들면 전체적으로는 내소성 변형성이 우수하지만 코팅층 바로 아래의 모재 표면 부분에는 부드럽고 인성이 풍부한 층을 형성시켜 코팅층에서 전달되는 크랙의 방지 작용을 하는 초경 합금 등이 그것이다. 이러한 코팅 초경 합금은 사용 조건을 상당히 폭 넓게 설정할 수 있다는 것이 특징이다.

표 2 코팅 초경 합금 재종의 특징과 용도 (도시바 텅걸로이)

	코 팅 층	재 종	특　　　징	용　　　도
C V D 법	Al₂O₃+TiC	T841	미세 입자의 TiC층과 치밀하고 인성이 높은 Al₂O₃층으로 이루어진 다층 코트 재종. 덕타일 주철의 절삭시에 필요한 내기계적 마모성, 내크레이터 마모성, 내응착성이 우수하다.	덕타일 주철의 중(中)~고속 절삭, 다듬질~경 절삭용
		T842		덕타일 주철의 중(中)~중(重) 절삭용. 단속 절삭에도 사용 가능
	Al(ON)ₓ⁻ +Ti 화합물	T821	다층으로 두꺼운 Al(ON)ₓ층을 가지면서 외층은 미세 입자. 특수 세라믹층을 중간층으로 하여 내외층의 접착 강도가 높다. 내층과 모재의 접착부는 모재를 확산시켜 계면에서의 접착성이 강력	주철의 고속 절삭, 절삭 깊이, 이송이 그다지 크지 않은 작업
		T822		철계 재료의 중(中)~고속 절삭, 절삭 깊이, 이송이 커도 가능, 습식 절삭 가능
		T823		강의 중~고속 절삭, 비교적 큰 충격에 견디어 중(重) 절삭, 습식 절삭이 가능
	Al(ON)ₓ+TiC	T801	세라믹 코팅 재종으로, 모재에는 내소성 변형성, 내치핑성을 배려한 전용 모재를 사용. 코팅은 TiC를 주성분으로 하는 층 위에 특수 세라믹스를 코팅	주철의 일반 절삭, 절삭 깊이, 이송이 그다지 크지 않은 작업
		T802		철계 재료의 중속 정도 영역에서의 경~중(中) 절삭
		T803		철계 재료의 중속역에서 어느 정도의 충격이 가해질 경우
	Al(ON)ₓ+Ti 화합물	T813	충격에 강한 고인성 모재. 내열, 내마모성이 우수한 코팅층	철계 재료의 거친 절삭에 적합하다. 중(重), 단속 절삭에 유효
	Al(ON)ₓ+TiC 화합물	T313V	고인성, 고내소성 변형성 전용 모재. 코팅층의 종류·두께를 컨트롤	철계 재료의 나사 절삭 가공
	TiC	T370	고인성, 고내열 균열성 모재. 내결손성이 높다.	철계 재료의 100~150m/min 영역에서의 밀링 절삭
		T553	TiC를 주성분으로 하는 복합층, 조직은 치밀	강의 중~중(重) 절삭. 어느 정도의 단속 절삭도 가능
	TiCN	T530	TiC와 TiN으로 컴포지트(복합) 코팅층	주철의 중~중(重) 절삭, 강의 경 절삭 80~150m/min의 넓은 영역에서 사용 가능
		T530G	T530과 같이 컴포지트 코팅층. 모재의 인성이 매우 높다.	강의 밀링 절삭. 상당히 격심한 충격에도 가능
P V D 법	TiN	T221	K용 상당의 전용 모재를 이용한 내마모성을 중시	철계 재료 뿐만 아니라 비철계, 비금속계 재료 등 광범위한 선삭 작업
		T260	내소성 변형성이 우수한 모재와 내열성이 우수한 코팅층	철계 재료 뿐만 아니라 비철계, 비금속계 재료 등을 주로 하여 밀링 절삭
		PK56	P용 상당의 전용 모재를 이용하여 높은 비틀림 강성을 가진다.	주로 솔리드 드릴용, 각종 피삭재에 널리 대응
		PEM	미립자 초경 모재를 사용하여 소성과 내마모성을 동시에 구비한다.	주로 솔리드 엔드 밀용, 날이 잘 서 각종 피삭 재료에 예리하게 대응

표 3 코팅 초경 합금 재종의 특징과 용도 (미츠비시 머티어리얼)

	코 팅 층	재 종	절삭 방식	특 징 과 용 도
C V D 법	Al₂O₃+TiC+Ti 화합물	U505	선 삭	주철의 고속 절삭에 최적 내경계 마모성이 우수하여 양호한 다듬질면이 얻어진다.
		U510		주철의 거친 절삭이나 일반 절삭에 적합하며 덕타일 주철의 가공도 가능
		U610		강의 일반 절삭이나 고속 절삭에 최적 내마모성과 인성의 이상적인 밸런스에 의해 넓은 절삭 영역에서 안정된 장수명을 발휘한다.
	TiN+Al₂O₃+TiC+Ti 화합물	U625		강의 거친 절삭이나 일반 절삭에 적합하다. 인성이 우수하여 고속 단속 절삭이나 중(重) 절삭에 최적
	Al₂O₃+TiC	F515	밀 링	보통 주철의 밀링에 최적 내마모성이 우수하여 고속 절삭에서 장수명을 나타낸다.
	다층 Ti 화합물	F620		강의 밀링에 최적 내열 충격성이 우수하여 고속 절삭이 가능
P V D 법	TiN	UP20M	선삭, 밀링, 나사 절삭	초경 M20과 동일한 조건으로 사용하면 수명은 1.5~3배로 향상된다. 내용착성이 우수하다
		UP10H	선삭, 밀링	초경 K10과 동일한 조건에서 사용하면 수명은 1.5~3배로 향상된다. 예리한 날끝을 필요로 하는 가공에 적합하다.

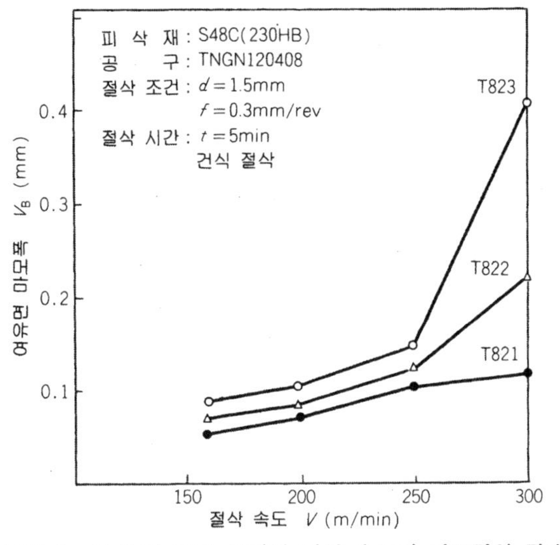

그림 5 Al₂O₃계 코팅 초경의 절삭 속도와 마모량의 관계

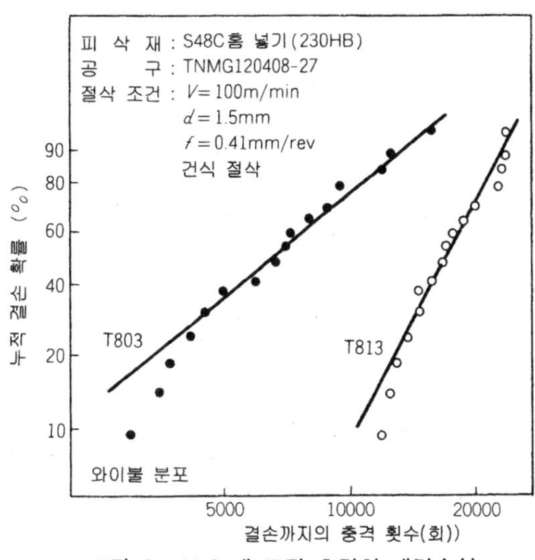

그림 8 Al₂O₃계 코팅 초경의 내결손성

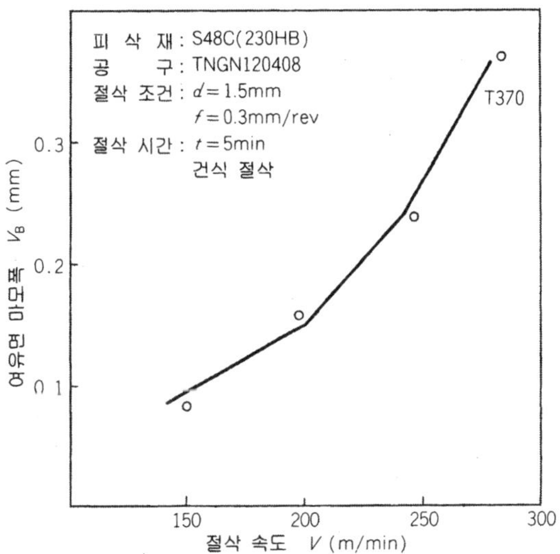

그림 6 TiC계 코팅 초경의 절삭 속도와 마모량의 관계

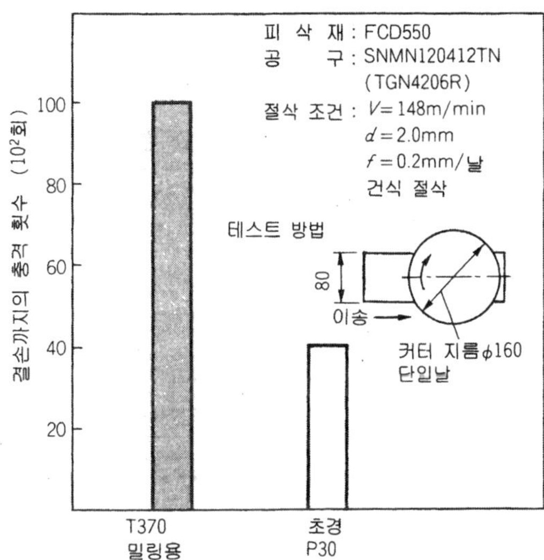

그림 9 TiC계 코팅 초경의 내결손성

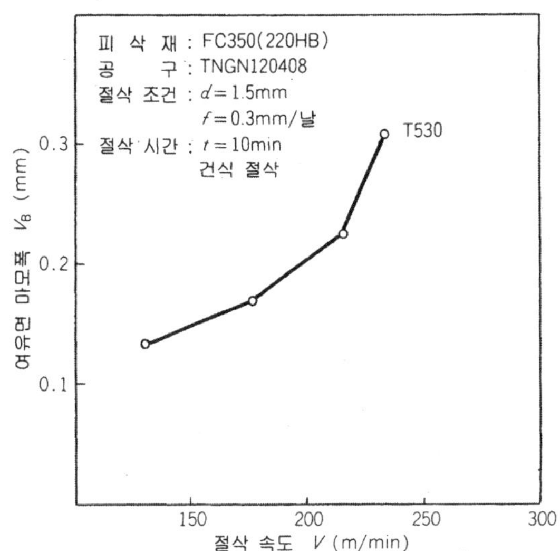

그림 7 TiCN계 코팅 초경의 절삭 속도와 마모량의 관계

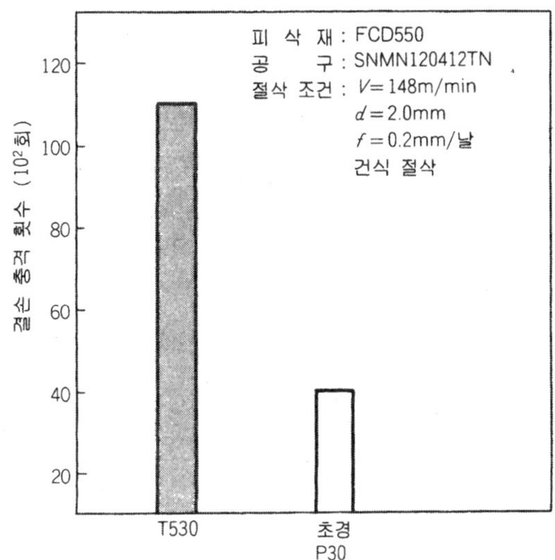

그림 10 TiCN계 코팅 초경의 내결손성

표 4 코팅 초경 합금의 권장 절삭 조건(도시바 텅걸로이)

절삭 방법	메이커 재종 기호	피 삭 재 별 절 삭 조 건							
		보통 주철		덕타일 주철		탄 소 강		합 금 강	
		절삭 속도 (m/min)	이 송 (mm/rev)	절삭 속도 (m/min)	이 송 (mm/rev)	절삭 속도 (m/min)	이 송 (mm/rev)	절삭 속도 (m/min)	이 송 (mm/rev)
선 삭	T821	80~250	0.1~0.5	—	—	—	—	—	—
	T822	80~250	0.1~0.5	60~150	0.1~0.3	80~250	0.1~0.5	60~250	0.1~0.3
	T823	80~250	0.1~0.5	60~150	0.1~0.3	80~250	0.1~0.5	60~250	0.1~0.3
	T801	50~250	0.1~0.5	—	—	—	—	—	—
	T802	80~250	0.1~0.5	60~150	0.1~0.3	80~250	0.1~0.5	60~250	0.1~0.3
	T803	80~250	0.1~0.5	60~150	0.1~0.3	80~250	0.1~0.5	60~250	0.1~0.3
	T813	80~250	0.1~0.5	60~150	0.1~0.3	80~250	0.1~0.5	60~250	0.1~0.3
	T313V	80~250	0.1~0.5	60~150	0.1~0.3	80~250	0.1~0.5	60~250	0.1~0.3
	T553	—	—	—	—	80~250	0.1~0.5	60~250	0.1~0.3
	T530	80~250	0.1~0.5	60~150	0.1~0.3	—	—	—	—
밀링 커터 절삭	T370	100~300	≦0.2	80~200	≦0.2	100~300	≦0.2	80~250	≦0.2
	T530G	100~300	≦0.2	80~200	≦0.2	100~300	≦0.2	80~250	≦0.2

표 5 코팅 초경 합금의 권장 절삭 조건(미츠비시 머티어리얼)

피 삭 재	선 삭			밀링 커터 절삭		
	메이커 재종 기호	절 삭 조 건		메이커 재종 기호	절 삭 조 건	
		절삭 속도 (m/min)	이 송 (mm/rev)		절삭 속도 (m/min)	1날당 이송 (mm/날)
주 철	U505	150~300	0.1~0.5	F515	100~250	0.1~0.4
	U510	100~220	0.1~0.6			
강	U610	120~280	0.1~0.5	F620	100~250	0.1~0.3
	U625	80~200	0.15~0.6			

그림 5~7에는 각각 Al_2O_3계, TiC계, TiCN계 코팅 초경 합금의 내마모성을 표현하는 절삭 성능을 나타냈다. 또 **그림** 8~10은 각각의 내결손성을 나타내는 특성 선도이다.

또한 **표 4**, 5에는 이들 특성에서 권장되는 절삭 조건을 종합했다. 이 표에서 코팅 초경 합금은 고속에서 저속까지 폭 넓은 절삭 속도에 대응하고 있다는 것을 알 수 있다.

한편 코팅 초경 합금의 특징 중 하나로 모재와 코팅층의 부착 강도 문제, 바꿔 말하면 박리 결손 문제가 있을 수 있다는 것도 부정할 수 없다. 따라서 조건 설정과 절삭날 손상과의 관계에 따라 이송 속도를 조정해야 할 것이다.

서멧의 선택 기준과 사용 조건의 선정

● 서멧의 특성

WC-Co계의 합금을 일반적으로 초경 합금이라 하는데 주성분인 WC를 TiC로, Co를 Ni로 치환한 TiC-Ni계 합금을 「TiC기 합금」 이른바 「서멧」이라 한다. 이 명칭은 일본에서 부르기 시작했지만 최근에는 이 호칭명이 세계적으로 통용되고 있다.

(1) 서멧의 개발

TiC는 WC에 비해 경도와 녹는 점이 높고(**표 1**) 내산화성이나 내용착성이 우수하기 때문에 옛부터 연구되어 오고 있다. W는 전략 물자의 하나이기도 하고 자원적으로도 한계가 있지만 Ti는 풍부하기 때문에 1960년대 후반부터 적극적으로 개발이 진행되고 있다.

WC-Co계 초경 합금을 대신하는 재료의 연구는 제2차 대전이 일어나기 전, 미국에서 「라멧」이라는 상품명으로 TaC-Ni계 합금이 탄생한 데서 시작되어 오스트리아에서는 「티타닛」이라는 상품명으로 Mo_2C-TiC-Ni-Cr계 합금이 개발되고 있다.

한편 제2차 대전 말기인 1945년을 전후하여 독일에서는 W 자원 대책으로서 TiC-VC-Fe(Ni, Co)계 합금이 만들어졌다. 그러나 어느 것 하나 널리 보급되지 못한 것은 WC-Co계 합금이나 이들 합금이 TiC나 TaC를 첨가한 개량형 초경 합금의 절삭 성능에 비해 특히 인성면에서 문제가 있었기 때문이다

그 후 제트 엔진의 실용화에 따라 내열 구조 재료의 하나로서 각종 탄화물, 질화물, 붕화물, 규화물 등의 내화물=도자기(세라믹스 : ceramics)를 금속(metal)으로 결합한 복합 재료가 연구되었다. 즉 서멧(cer-met)은 이 두 가지 용어를 합성한 것이다.

단, 이 재료는 인성이 낮다는 점에서 내열 구조 재료로서의 성능은 부족했다.

그러나 절삭 공구 재료로서는 유망하다는 점에서 인성을 높이는 개량이 진행되었고 그 후 포드사가 Ni, Mo를 첨가한 서멧 등을 개발했다. 일본에서도 1965년 경에 N을 첨가한 서멧이 시판되었다.

표 1　각종 탄화물의 여러 성질 (TiC와 WC의 녹는 점 비교)

항 목	화 학 식								
	IV 족			V 족			VI 족		
	TiC	ZrC	HfC	VC	NbC	TaC_1	Cr_3C_2	Mo_2C	WC
융 점 (℃)	3250	3530	3887	3830	3500	3880	1890	2692	2867
구 조 형	NaCl	NaCl	NaCl	NaCl	NaCl	NaCl	사 방	육 방	육 방
격자 상수 (Å)	4.32	4.685	4.64	4.16	4.46	4.455	a=2.82 b=5.53 c=11.47	a=3.00 c=4.72	a=2.90 c=2.83
비 중	4.9	6.4	12.7	5.8	7.86	14.5	6.7	9.2	15.8
경 도	3200	2600	—	2800	2400	1800	1300	1800	2400
전기 저항 ($\mu\Omega\cdot$cm)	68	63	109	150	74	30	—	97	53
열 전도율 (cal/cm·s·℃)	0.041	0.049	—	—	0.034	0.053	—	—	—

표 2　개발 당시 각종 서멧의 조성과 기계적 특성

종 류	조 성 (중량 %)						비 중	경 도	항 절 력 (kgf/mm²)	파괴 강도 (kgf/mm³) (180 ℃ × 100h)
	TiC	Cr_3C_2	Ni	Co	Cr	Mo				
W212a	75	—	15	5	5	—	6.0	1070 (HV)	120～130	11
W212b	60	—	24	8	8	—	6.25	960 〃	135～150	10
W212c	50	—	30	10	10	—	6.55	820 〃	160～180	9.5
W212d	35	—	39	13	13	—	6.95	660 〃	175～190	8
FC12	33.6	—	39	13	13	1.4	6.95	79 (HRA)	154	6.51
FC26	54.3	5.7	40	—	—	—	6.24	85 〃	116	8.2
FC27	42.9	7.1	50	—	—	—	6.57	81 〃	127	6.58
FC65	50.3	—	35	—	10	4.7	—	—	—	—
FC77	65.3	—	23	—	7	4.7	5.92	88.5〃	112	12.95
K163B	60TiC + (Ti, Ta, Nb) C + 40 (Ni-Mo)						6.25	—	—	8.4
K164B	50 〃 +50 (Ni-Mo)						6.61	—	—	7.0
K173B	60 〃 +40 (Ni-Mo-Al)						6.09	—	—	12.3
K174B	50 〃 +50 (Ni-Mo-Al)						6.38	—	—	10.8
K175B	40 〃 +60 (Ni-Mo-Al)						6.66	—	—	11.6

표 3　서멧의 개발 과정

스 텝	연 대	재 료	개 요	용 도
1	1960	TiC계 서멧	TiC−Ni계에 Mo(Mo_2C)를 첨가한 실용 공구로서의 서멧 공구가 등장했다.	다듬질 절삭 (한정 용도)
2	1968	TiC계 고인성 서멧	탄화물에 TaC.WC를 첨가하여 결합한 금속을 Ni-Co-Mo로 개량함으로써 서멧의 고인성화에 성공	대량 생산 가공 분야에 진출 초경 합금 공구 P10의 치환
3	1975	TiN계 서멧	제2 스텝의 서멧에 TiN을 가함으로써 보다 진보한 고인성화에 성공	광범위한 분야로 용도가 확대 초경 합금 공구 P10~P20, M10, K10의 치환

표 2는 개발 당시 각종 서멧의 조성과 기계적 특성을 나타낸 것이다.

개량된 일본의 서멧은 인성이 높고 내마모성이 우수하며 또한 다듬질면이 깨끗하다는 점에서 일본 각 사에서 많은 서멧을 생산하여 현재는 세계를 리드할 정도까지 신장했다.

(2) TiC계와 TiN계 서멧

오늘날 시판되고 있는 서멧에는 TiC를 주성분으로 한 것과 TiN을 주성분으로 한 것이 있다(표 3).

① TiC계…TiC계는 TiC−TaC(또는 WC)계 서멧으로 Ni, Mo, Co를 첨가, 메짐을 개선하여 내마모성을 높이고 있다. 강의 다듬질 가공에 사용되는 탄화물계 서멧이다.

② TiN계…TiN계는 TiC−TiN(또는 TaN)계 서멧으로, Ni, Mo, Co를 첨가한 미세한 조직의 질화물계이다.

「초미립자 서멧」이라 불리며 제조 기술의 진보에 따라 1μm 이하의 미립자를 만들 수 있게 되었고 이에 따라 서멧의 항절력을 종래보다 $30\,kgf/mm^2$ 이상 올릴 수 있게 되었다.

TiN계는 인성, 내열성을 개량시킴으로써 강의 절삭 전반에 사용될 뿐만 아니라 혹한 밀링에도 사용되고 있다.

(3) 조성 · 조직과 특성의 관계

서멧의 다양한 성질을 이해하기 위해서는 그 조성과 조직에 관한 특징을 살필 필요가 있다. 탄화물계 서멧은 결합 금속으로서 일반적으로는 Ni를 이용하지만 합금으로서의 소결성을 향상시켜 탄화물의 입자 성장을 억제하기 위해 Mo를 첨가한다. Mo를 첨가함으로써 기계적 강도 즉 내결손성을 높이는 효과가 있다.

그림 1은 Ni의 함유량과 경도, 항절력 그리고 절삭중의 절삭날 여유면 마모량과의 관계를 나타내고 있다. 경도는 Ni의 함유량에 반비례하여 저하되지만 항절력은 비례하여 상승한다. 여유면 마모량도 항절력과 같은 경향을 보인다.

한편 합금 탄소량의 적절한 관리는 이 특성을 개선시키는 데 중요한 사항이지만 소결 분위기나 소결 온도 등 소결 조건의 설정을 고려하여 결정해야 하기 때문에 각 메이커 나름대로 최적 조건을 선택하고 있다.

사진 1은 TiC−Ni−Co계 합금 조직을 살펴 본 것이다. 탄화물이 짙고 검은 부분(중심부)과 짙은 회색 부분(주변부)의 유심(有心) 구조로 되어 있다는 것을 알 수 있다. 이 중심부는 순 TiC이고 주변 조직은 (Ti · Mo)C의 탄화물이다. 서멧 결합상(相)의 양은 많아도 30체적% 정도 이하로서, 태반을 탄화물 조직이 점유하고 있다.

다음으로 N을 첨가한 질화물계 서멧의 조성과 조직에 관하여 살펴보기로 한다.

그림 2는 TiN의 함유량에 따른 경도, 항절력, 절삭중인 절삭날 여유면 마모량과의 관계이다. TiN의 첨가량이 증가함에 따라 경도는 상승한다. 그러나 15~20%를 경계로, 반대로 경도는 저하된다. 항절력도 마찬가지이다. 또 여유면 마모량 V_B도 함유량 10~15%에서 가장 적고 그보다 증가하면 반대로 마모량이 많아진다는 것을 알 수 있다.

N 첨가 서멧의 조직은 **사진** 2와 같다.

N을 증가시킴으로써 탄질화물이 미립자화하여 주변 조직의 두께도 증가하고 있다. 때문에 경도나 항절력은 향상되지만 N이 너무 많으면 소결시에 탈질소가 발생하기 쉽고 기공이 발생하여 항절력이 저하된다.

이 기공은 소결체 속에 질소 가스가 밀폐됨으로써 생기는 것으로, 고N 합금에서는 이

탈질소가 심하게 일어나며 기공도 생기기 쉬워지는 것으로 생각된다.

　이 합금을 고압하에서 재차 가압(HIP : 열간 정수압 프레스법), 재소결함으로써 결합상이 그 내부에 침출하여 항절력 향상에 크게 도움이 된다.

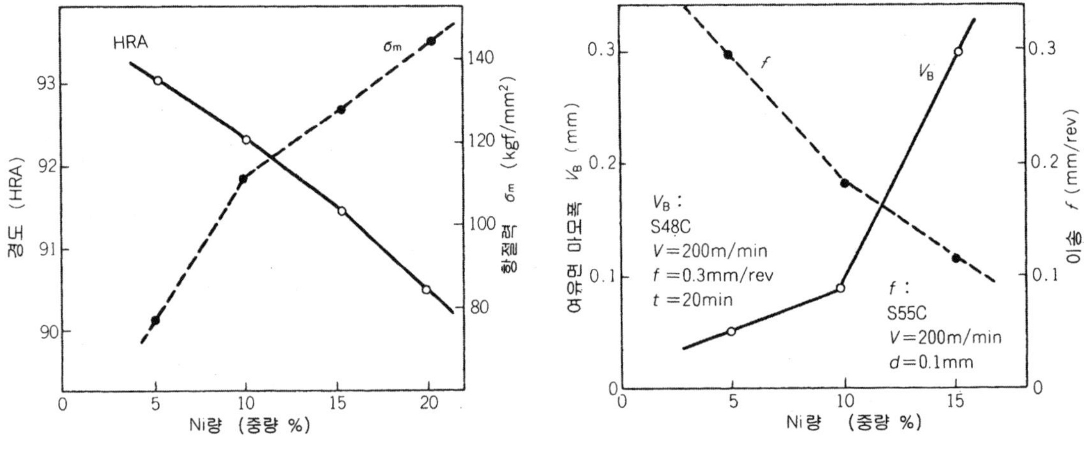

그림 1 결합상량과 합금 특성의 관계

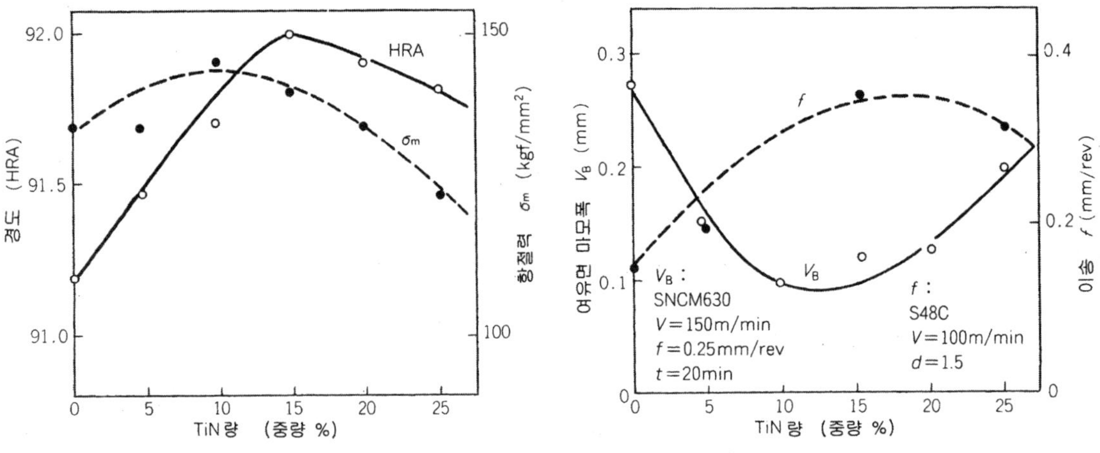

그림 2 TiN 함유량과 합금 특성의 관계

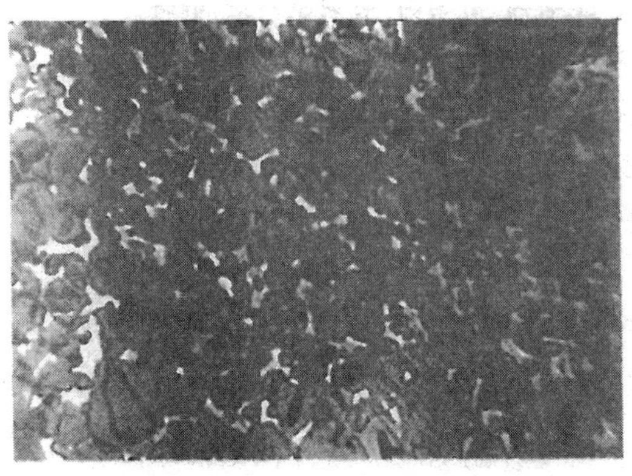

사진 1 대표적인 서멧의 조직 사진

사진 2 N 첨가에 따른 서멧의 미립 조직

표 4 서멧의 합금 특성값 (JIS B 4053)

사용 분류 기 호	경 도 HRA	항 절 력 N/mm² (kgf/mm²)	금속 성분 Ni, Co를 주체로 한 성분	경질상 성분 Ti, Ta, Nb를 주성분으로 한 Mo, W 등을 포함하는 탄화물, 탄질화물, 질화물 또는 이들의 복합체
P 01	91.5 이상	686 이상 (70 이상)	3~15 (중량 %)	85~97 (중량 %)
P 10	91 이상	883 이상 (90 이상)	8~20	80~92
P 20	90 이상	1079 이상 (110 이상)	9~25	75~91
P 30	89 이상	1177 이상 (120 이상)	10~25	75~90

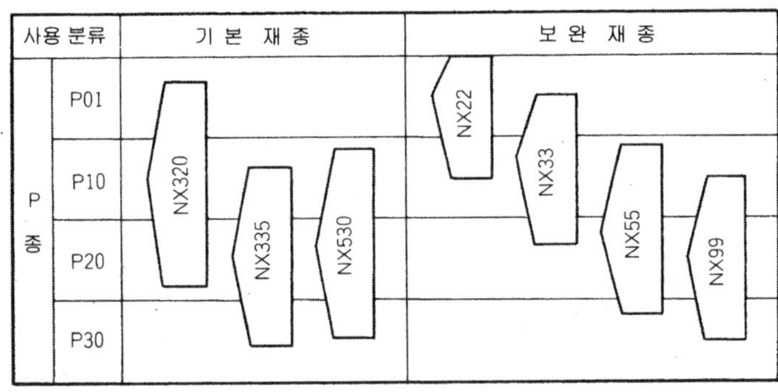

그림 3 JIS 사용 분류와 메이커 재종의 관계 (미츠비시 머티어리얼)

표 5 서멧의 특징과 용도 (도시바 텅걸로이)

메이커 재종 기호		경 도 (HRA)	항절력 (kgf/mm²)	비 중	특 징	용 도
TiC−TiN TaC−WC 계	N302	93.5	140	6.4	가장 단단하고 내마모성이 우수한 고속 다듬질 절삭용	당금질강 등 경질재의 가공이나 강의 다듬질 선삭, 다듬질 밀링도 가능
	N308	92.0	170	7.0	내마모성, 인성을 겸비하여 범용성이 높다	강계 재료를 광범위한 절삭 조건에서 선삭, 밀링할 수 있다
	N350	92.0	180	7.0	내치핑성이 우수하여 습식 절삭도 가능. 고인성	강계 재료의 밀링에도 치핑이 잘 되지 않는다
	NS540	91.6	200	7.0	내열 균열성이 특히 우수하며 고인성에 내마모성도 겸비	밀링 등 강한 충격을 받는 강 절삭에 양호
TiC−TaC 계	X407	91.5	160	6.5	내마모성이 우수하다. 범용	강의 다듬질 선삭, 밀링에 양호

표 6 서멧의 합금 특성과 용도 (미츠비시 머티어리얼)

메이커 재종 기호		밀 도 (g/cm²)	경 도 (HRA)	항절력 (kgf/mm²)	열 전도율 (Cal/cm-s-℃)	열팽창 계수 (×10⁻⁶/℃)	열 충격값	용 도
기 본 재 종	NX320	6.7	92.5	180	0.08	7.7	43	내마모성이 높은 서멧으로, 강과 주철의 고속 일반 절삭에 적합하다. 습식 절삭도 가능
	NX335	6.9	91.7	190	0.08	7.8	44	가장 강인한 재종으로 강의 건식 및 습식 절삭에 우수한 내결손성을 나타낸다
	NX530	7.3	91.0	200	0.08	7.7	47	내열 균열성 및 내결손성이 우수하여 강의 밀링에 있어 광범위한 조건에 적용된다
보 완 재 종	NX22	6.3	93.0	130	0.06	7.5	23	고속 절삭용 재종
	NX33	6.9	92.5	160	0.06	7.7	28	강이나 주철의 다듬질~중(中) 다듬질 절삭용 재종
	NX55	7.0	91.7	180	0.06	7.8	31	강의 일반 선삭, 홈 넣기 가공 및 일반 밀링용 재종
	NX99	6.9	91.2	190	0.08	7.8	44	정밀도 및 (M)급 팁 전용의 강인 재종

(4) JIS 시방 분류 기호와의 관계

1989년 JIS 규격의 개정으로 서멧도 코팅 초경 합금과 함께 종래의 초경 합금의 사용 분류 및 기호를 적용할 수 있게 되었다. 재종의 성격상 P종이 해당된다. **표 4**에 경도, 항절력 및 주요 성분을 나타낸다. JIS 사용 분류별 재종 기호는 부록편의 데이터 시트를 참조하기 바란다.

한편 JIS B 4053(KS B 3248)은 서멧, 코팅 초경 합금, 초미립자 초경 합금 등이 추가됨으로써 규격의 명칭이 「절삭용 초경 합금의 사용 선택 기준」에서 「초경질 공구 재료 및 그 사용 분류」로 개정되었다.

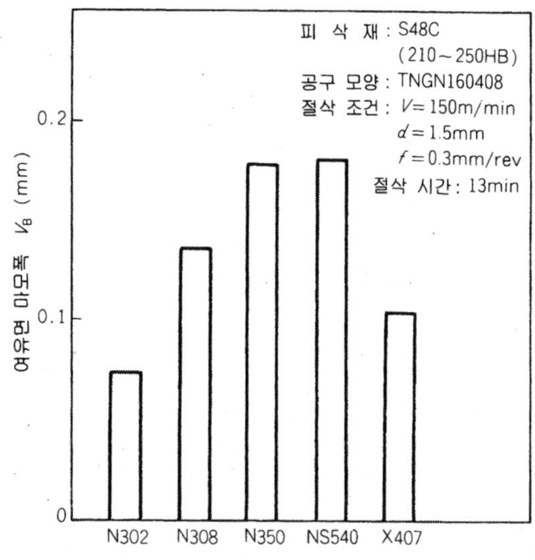

그림 4 서멧의 내마모성 (도시바 텅걸로이)

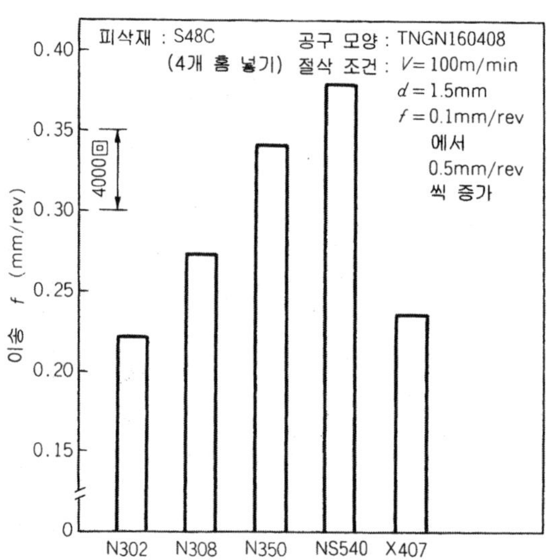

그림 5 서멧의 내결손성 (도시바 텅걸로이)

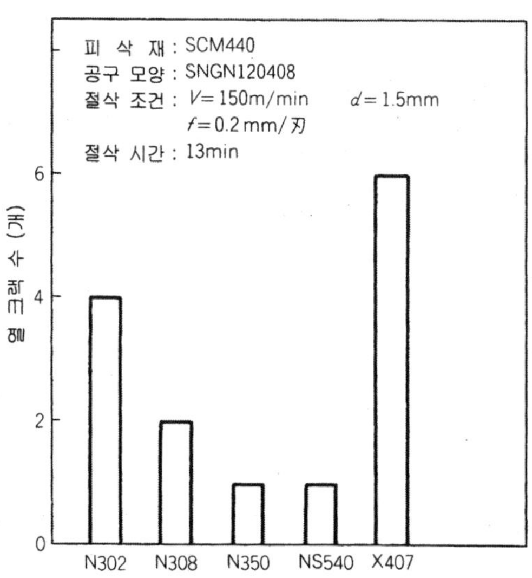

그림 6 서멧의 내열충격성 (도시바 텅걸로이)

JIS의 사용 분류 및 기호는 초경 합금을 대상으로 1961년에 제정되어 그 오랜 역사 속에서 메이커도 JIS 분류 기호에 대응한 다양한 재종을 만들어 왔다. 그렇지만 서멧에 관해서는 종류가 적은 반면 적용 영역은 넓기 때문에 JIS만으로는 설명하기 어려우므로 본서에서는 메이커 기호로 해설하고자 한다.

그림 3은 JIS 사용 분류 기호와 메이커 재종 기호의 관계 예이다. 또 **표 5, 6**에 메이커 재종의 합금 특성, 특징과 용도를 나타낸다.

● 사용 조건의 설정

표 7 서멧 재종 선택의 기준 (도시바 텅걸로이)

피삭재	작업 내용	공구 재종	선 삭				밀링 커터 절삭				
			N302	N308	N350	X407	N302	N308	N350	NS540	X407
강	다 듬 질 절 삭		◎	○	△	◎	○	◎	○	◎	○
	보 통 절 삭		△	◎	○	△	△	◎	○	◎	△
	거 친 절 삭		×	○	◎	×	×	○	○	◎	×
주철	다 듬 질 절 삭		○	△	△	×	◎	○	×	△	×
	보 통 절 삭		△	△	○	×	△	△	○	○	×
	거 친 절 삭		×	×	△	×	×	×	×	△	×

주) ◎ : 최적 ○ : 적합 △ : 약간 적합 × : 부적합

표 8 서멧의 권장 절삭 조건 (도시바 텅걸로이)

피 삭 재		절삭 속도 (m/min)	이 송 (mm/rev)	절삭 깊이 (기준) (mm)
연 강 (150HB 이하)	S10C, SS4, SCM415, SCr420, SPHC, SPCC	~300 ~250	~0.4	~4
중 강 (150~300HB)	S45C SCM440	~250	~0.4	~4
경 강 (300~450HB)	SNCM439	~250	~0.4	~4
스테인리스강	SUS304 SUS403	~250	~0.4	~4
다이스강 (20~30HRC)	SKD	~120	~0.1	~2

표 9 서멧의 권장 절삭 조건 (미츠비시 머티어리얼)

메이커 재종 기호		선 삭				밀링 커터 절삭	
		강		주 철		강	
		절삭 속도 (m/min)	이 송 f (mm/rev)	절삭 속도 (m/min)	이 송 f (mm/rev)	절삭 속도 (m/min)	이 송 S_z (mm/날)
기본 재종	NX320	100~250	0.05~0.3	100~200	0.05~0.3	−	−
	NX335	50~180	0.05~0.3	−	−	−	−
	NX530	−	−	−	−	70~250	0.1~0.3
보완 재종	NX22	100~300	0.05~0.2	50~250	0.05~0.2	−	−
	NX33	100~250	0.05~0.25	100~200	0.05~0.25	−	−
	NX55	50~180	0.05~0.3	−	−	100~250	0.1~0.3
	NX99	50~180	0.05~0.3	−	−	−	−

서멧은 예를 들면 초경 합금의 조성에서 경질층은 TiC, TiN으로 하고 결합층을 Ni나 Mo로 치환한 재종이라고 할 수 있다.

경질층으로서의 탄화물(TiC)이나 질화물(TiN)은 초경 합금의 WC와 비교하면 고온 강도나 내산화성에 우수할 뿐만 아니라 피삭재와 반응이 잘 되지 않기 때문에 내크레이터성이 높고 저속에서 고속까지 폭 넓게 사용된다. 또 가공물의 표면 거칠기를 향상시키는 데에도 유효하다.

그림 4~6에 각각 서멧의 내마모성, 내결손성, 내열 충격성을 나타냈다. 또 **표** 7은 선삭 가공, 밀링에 대한 서멧의 적응성을 나타내고 있다. **표** 8, 9는 각각 권장하는 사용 조건이다.

한편 인성이 높은 서멧재에 TiC를 코팅하여 내마모성, 인성을 높여 절삭 성능을 향상시킨 것도 있다.

세라믹스의 선택 기준과 사용 조건의 선정

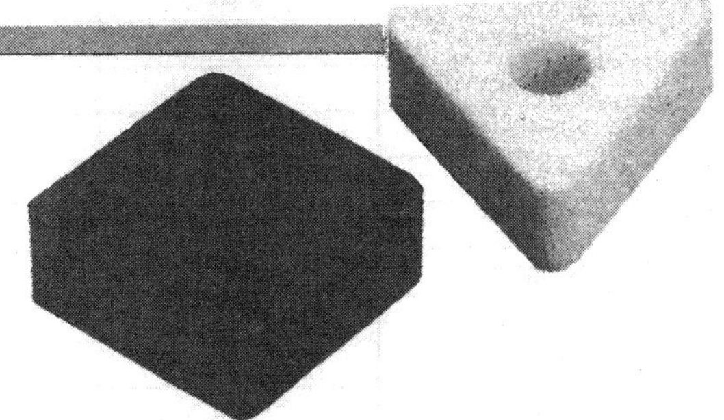

● 세라믹스의 특성

초경 합금이 WC를 주성분으로 하는 데 대해 세라믹스는 Al_2O_3(산화 알루미늄=알루미나)를 주성분으로 한 소결체이다. 원래 세라믹스는 도자기 등으로써 친숙한 물건이지만 절삭 공구용으로서는 특정한 직장을 제외하고는 직접 볼 수 있는 기회가 없을 지도 모른다.

현재 일반적으로 이용되고 있는 세라믹스는 특히 파인 세라믹스라 불리는 순도가 높은 원료로 만드는 소결 재료를 가리키고 있다.

이들에는 구조 재료로서 자동차 등의 엔진 부품, 선박의 메커니컬 씰 부품 등과 같이 기계적인 특성이나 화학적, 열적 특성을 이용하는 세라믹스 제품이 있지만 이들 외에 전신주의 애자나 클린 룸용 펌프 부품 등 전기적 특성, 자기적, 광학적 특성을 이용하는 기능 재료로서 이용되는 세라믹스가 있다.

이들 가운데 절삭 공구용으로서 이용되는 세라믹스는 주로 구조 재료로서 개발된 높은 마모 특성에 주목하여 금속 재료에 비해 열악한 강도나 인성을 극복하는 데 주력하고 있었다.

최초의 실용적인 세라믹스 공구는 1950년경에 연방 해체 전의 구 소련에서 발표된 「미크로라이트」로서, Al_2O_3의 순도가 99.0~99.2%, 경도 92~93 HRC, 인장 강도 46 kgf/mm^{2}로 오늘날의 상압 소결 세라믹스에 필적하는 것이었다.

그 후 세계 각국에서 활발하게 연구가 진행되어 재질도 Al_2O_3계에서 Al_2O_3-TiC계 나아가 Si(규소)나 Zr(지르코늄)으로, 또한 소결 방법도 가압하면서 소결하는 핫 프레스법이나 고온 고압하에서 그것도 어느 방향으로나 균등하게 가압하는 열간 정수압 프레스법(HIP) 등으로 발달, 더욱 더 밀도 높고 결함이 없으며 미세 조직화한 공구 재종이 개발되고 있다.

현재 시판되고 있는 대표적인 세라믹스 공구로서는 Al_2O_3계와 Si_3N_4(질화규소)계가 있다.

표 1 세라믹스 공구 재종의 제법과 성질

재 질	소결법	경 도 (HRA)	항절력 (MPa)	열팽창 계수 (10^{-6}/K)	열 전도율 (W/mK)
Al_2O_3계	상압 소결	94.0	400~500	7.8	17
Al_2O_3계	HIP	94.5	600~700	7.9	17
Al_2O_3-TiC계	핫 프레스	94.5	700~800	7.9	21

표 2 세라믹스 공구 재종의 특성값 (도시바 텅걸로이)

항 목		메이커 재종 기호			
		LXA	LX10	LX21	FX920
성 분 계		Al_2O_3	Al_2O_3+탄화물	Al_2O_3+탄화물	Si_3N_4
밀 도(g/cm^3)		3.98	4.30	4.24	3.27
경 도	HRA(25℃)	93.9	94.0	94.3	92.6
	HV(1000℃)	710	670	770	1170
항 절 력(kgf/mm^2)		50	90	80	100
파괴 인성(MNm$^{3/2}$)		3.3	5.7	4.3	9.4
항 압 력(kgf/mm^2)		250	390	320	470
영 계 수(10^4kgf/mm^2)		3.9	4.1	3.8	2.9
포아송비		0.19	0.22	0.22	0.23
열팽창 계수(10^{-6}/℃)		7.9	7.4	7.6	3.6
열 전도율(Kcal/m·h·℃)		14.4	21.9	19.0	47.2
열충격 파라미터(R)		5.1	14.1	11.5	91.5
색 조		백	흑	흑	흑
특 징		순알루미나계. 내마모성은 높지만 인성이 낮다.	결정 입자를 미세화하여 고인성화. 내열, 내마모성이 우수하다.	알루미나에 탄화 티탄을 첨가, 마모성을 저하시키지 않고 인성을 개선	질화 규소계. 알루미나계에 비해 인성이 높고 열적 특성이 양호
용 도		주철의 충격을 받지 않는 저이송 연속 선삭에 적합하다.	철강계 고경도재의 연속 선삭에 최적	주철의 연속 선삭 및 경도의 충격을 수반하는 파인 밀링에 적합하다.	주철 두께가 얇은 재종이나 흑피재의 밀링, 습식 절삭 등에 적합하다.

표 3 세라믹스 공구 재종의 특성값 (스미토모 전기공업)

항 목	메이커 재종 기호			
	NB90S	NB90M	NS130	WX120
성 분 계	Al_2O_3+탄화물	Al_2O_3+탄화물	Si_3N_4	Al_2O_3+SiC 위스커
비 중	4.3	4.4	3.3	3.8
경 도 HV(kgf/mm^2)	2000	1900	1650	2100
항 절 력(kgf/mm^2)	90	95	130	120
파괴 인성(MN/m$^{3/2}$)	4.5	5.0	8.0	7.5
색 조	흑	흑	회백	회녹
특 징	강, 주철, 난삭재의 선삭용	주철, 난삭재의 밀링용	조직의 미세 주상(柱狀) 결정화와 불순물 배제로 고강도화	알루미나를 SiC 위스커로 강화

 Al_2O_3계는 백색의 순알루미나계 세라믹스, 흔히 「백세라팁」이라 불리는 것과 Al_2O_3에 탄화물을 가한 「흑세라팁(흑세라)」으로 통칭되는 흑색계의 Al_2O_3-TiC계가 있다.

 또한 Al_2O_3에 약 30%의 SiC(탄화규소) 위스커(지름 0.5~0.6 μm, 길이 약 10 μm의 섬유)를 첨가한 섬유 강화형 세라믹스가 개발되어 있다.

 Si_3N_4계 세라믹스는 Al_2O_3계에 비해 인성이 우수하고 항절력도 높다.

 표 1은 현재 가공 현장에서 흔히 볼 수 있는 Al_2O_3계 세라믹스 공구의 제법과 그 성질

을 나타낸 것이다. 또 **표 2, 3**은 메이커의 세라믹스 재종 특성값을 카탈로그에서 정리한
것이다.

Al$_2$O$_3$계 세라믹스 공구는 주철 부품의 절삭이 가장 많고 브레이크 드럼 등의 고속 담금
질 가공에 자주 사용되며 그 절삭 속도는 1,000 m/min이나 된다.

일반적으로 Al$_2$O$_3$−TiC계에서는 주철의 거친 가공이나 밀링 다듬질 절삭용으로서 이용
되고 있다. 그러나 수용성 절삭 유제를 사용하면 열균열이 발생할 수가 있다.

한편 Si$_3$N$_4$나 SiC계는 변형에 대한 저항성이나 내식성이 우수하면서 고온에서의 강도에
도 우수하다. 그러나 그 반면에 소결이 잘 안되는 재료여서 치밀한 소결체로 만들기 위해
서는 소결 조제(MgO=산화 마그네슘, Y$_2$O$_3$=산화 이트륨 등)를 사용할 필요가 있다.

인코넬 등 내열 합금의 절삭에서는 경계 마모가 적기 때문에 50~60 m/min 정도의 절
삭 영역에서는 수명이 길지만 강 절삭에서는 여유면 마모나 크레이터 마모 등이 많아 적
합하지 않다. 이와 같이 세라믹스 공구는 고속 절삭 대응 재종으로 다듬질면 거칠기를 향
상시키거나 가공 시간을 단축하는데 효과적이며 다른 재종에 비해 고온 경도의 저하나 절
삭열에 의한 열 마모가 적다는 것이 특징이다.

한편 인성은 다른 재종보다 낮아 단속 절삭이나 흑피 절삭에서는 공구 형상을 고려해야
한다. 예를 들면 프리호닝을 적절히 선정하면 안정된 공구 수명을 얻을 수 있다.

그림 1은 세라믹스 공구의 호닝과 수명의 관계를 나타낸 것이다. 이 경우에도 물론 강
성이 높은 기계를 사용하는 것이 중요하다.

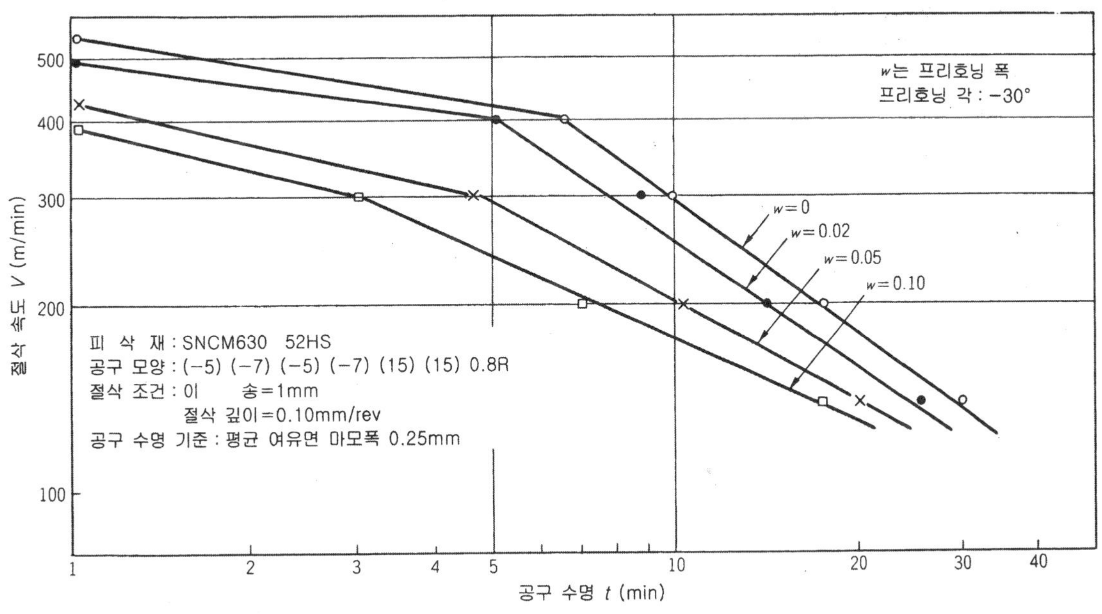

그림 1 세라믹스 공구의 호닝량과 공사 수명의 관계

● 사용 조건의 설정

절삭 공구용 세라믹스재는 산화물(Al$_2$O$_3$나 MgO 등)이나 질화물(TiN, Si$_3$N$_4$ 등)을 가
압해 소결시킨 것으로, 치밀하고 미세한 조직의 소결체이다. 내마모성은 물론 내용착성,

내산화성, 내열성도 우수하여 고정밀도의 양호한 다듬질면을 얻을 수 있다.

Al_2O_3계 세라믹스의 대부분은 초고속 절삭이나 고속에서의 내결손성이 높다는 점이 특징이지만 Si_3N_4계 세라믹스는 습식 절삭 등에 이용할 수 있다.

예를 들면 **그림 2**는 고경도강의 선삭, **그림 3~5**는 주철의 선삭, 그리고 **그림 6**은 위스커 강화 세라믹스를 이용한 내열 합금 선삭인 경우의 절삭 연도(速度)와 수명의 관계 및 절삭 시간과 수명에 관한 것을 나타내고 있다.

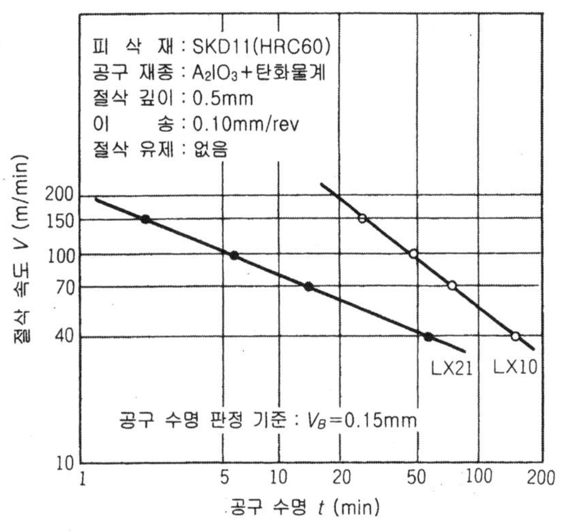

그림 2 고경도강 선삭에 따른 수명 곡선
(도시바 텅걸로이)

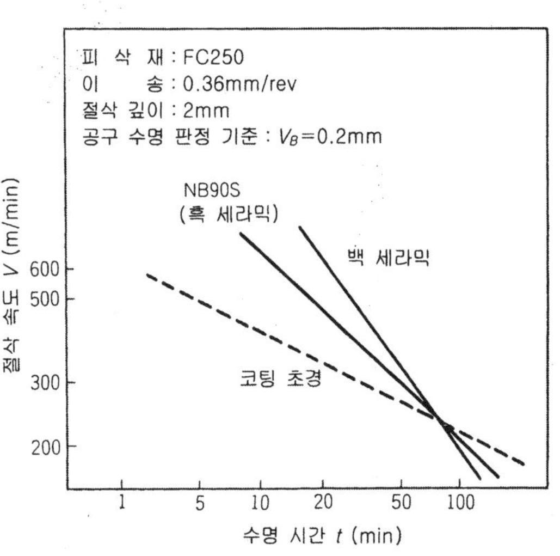

그림 4 주철의 선삭 결과(스미토모 전기공업)

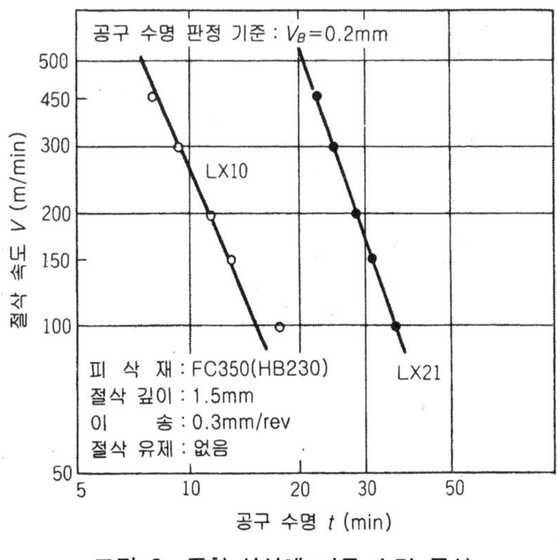

그림 3 주철 선삭에 따른 수명 곡선
(도시바 텅걸로이)

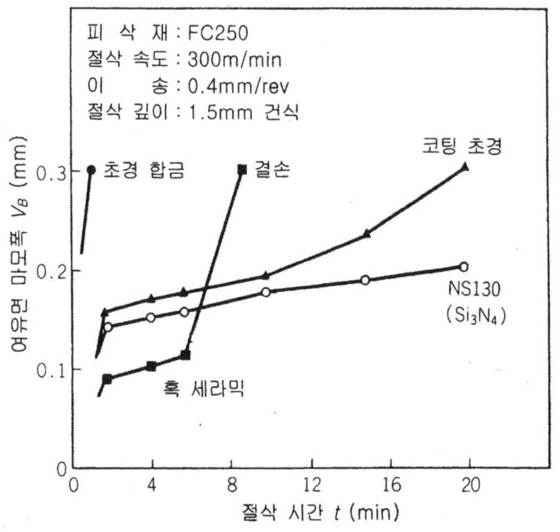

그림 5 주철의 선삭 결과(스미토모 전기공업)

그림 7에 내결손성 시험으로서 한계 이송 성능에 대해 나타냈다.

표 4는 세라믹스의 권장 절삭 조건이다.

고경도재의 절삭에서는 절삭 속도 150~200 m/min 이하, 이송도 0.1 mm/rev 이하로 되어 있는데 세라믹스의 인성을 커버한다는 의미에서도 지켜야 할 조건의 하나이다.

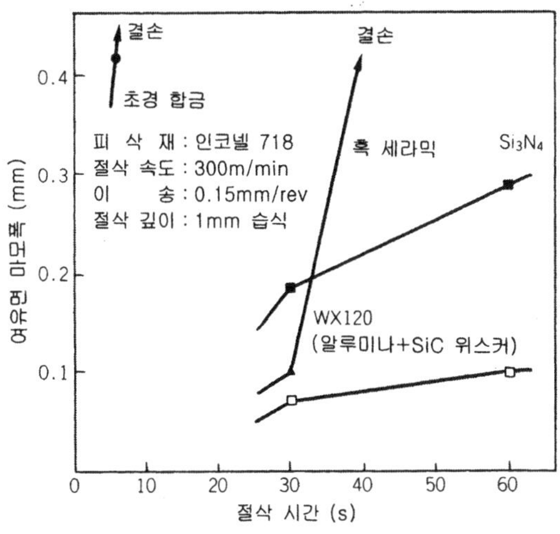

그림 6 내열 합금 선삭 결과(스미토모 전기공업)

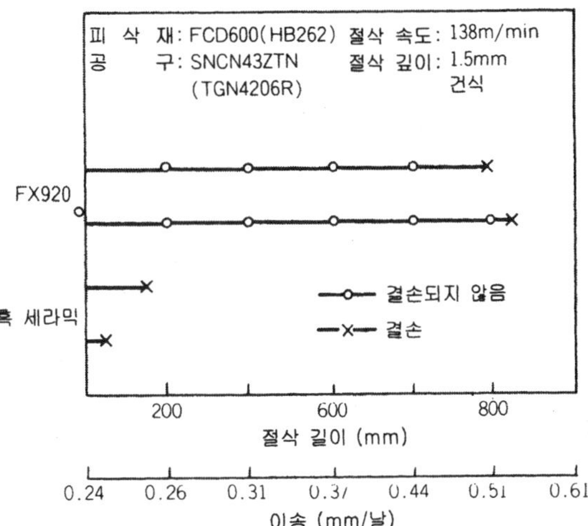

그림 7 주철 밀링의 내결손성 (도시바 텅걸로이)

표 4 세라믹스 권장 절삭 조건 (도시바 텅걸로이)

피 삭 재	재 종	절삭 조건							
		선 삭				정 면 밀 링			
		절삭 속도 (m/min)	이 송 (mm/rev)	절삭 깊이 (mm)	절삭 유제	절삭 속도 (m/min)	이 송 (mm/rev)	절삭 깊이 (mm)	절삭 유제
주 철	LXA	200~400	≦0.05	≦2.0	없음	−	−	−	−
	LX21	200~400	≦0.3	≦5.0	없음	200~500	≦0.1	≦2.0	없음
	FX920	200~400	≦0.5	≦8.0	없거나 있음	200~500	≦0.3	≦5.0	없거나 있음
강	LX21	150~300	≦0.2	≦3.0	없음	−	−	−	−
고경도 주철	LX10	≦200	≦0.1	≦1.0	없음	−	−	−	−
고 경 노 강		≦150	≦0.1	≦1.0	없음	−	−	−	−

CBN의 선택 기준과 사용 조건의 선정

절삭 공구 재종의 역사는 가공법이나 가공 능률의 역사이기도 하다. 18세기말에 개발된 고속도강은 절삭 속도가 수십 미터이며 더욱이 벨트걸이 선반으로 대표되듯이 저속, 저강성의 기계가 대상이며 가공 능률도 기능공이 작업하는 것과 같은 정도였다.

그러나 19세기에 들면서 초경 합금이 탄생하여 공작 기계도 벨트걸이에서 직결 선반으로 바뀌고 기계 능력이 가공 능률을 대변하는 수준까지 이르게 되었다.

그 후 서멧이나 세라믹스가 개발되어 고속 가공, 고능률 작업을 가능케 하는 한편 코팅 기술의 도입에 따라 절삭 공구의 고능률, 고신뢰성이 확립되었다.

현재는 NC(수치 제어) 공작 기계의 시대이다. 컴퓨터에 의한 시스템 가공이 일반화되어 가공 현장도 시스템 가공 등의 가공 관리 시대로 진입했다고 할 수 있다.

본 절에서 소개하는 CBN 소결체는 후술할 다이아몬드 소결체와 함께 이러한 시대적 흐름 속에서 새롭게 탄생한 공구 재종이다. 즉 그 특성이나 조성을 시스템 관리하는 기술을 확립함으로써 조성된 공구 재종이라 말할 수 있다.

● CBN의 특성

(1) CBN이란?

CBN(Cubic Boron Nitride=입방정 질화붕소)은 천연적으로는 존재하지 않는 물질로서 인공 다이아몬드와 같이 초고압, 고온하에서 만들어진다. 결정 구조도 다이아몬드와 거의 같지만 다이아몬드가 탄소 원자로 구성된 데 반해서 CBN은 붕소(B)와 질소(N) 원자로 이루어진 결정 구조를 하고 있다.

CBN은 초고압, 고온하에서 촉매 금속의 용융액 속에 존재하는 탄소 원자를 입방정 질화붕소로서 석출시킨 것이다. 촉매 금속으로서 Fe, Co, Ni 등을 사용한다. 경도는 다이아몬드의 1/2 정도이지만 SiC(탄화규소)나 Al_2O_3(알루미나)에 비하면 거의 2배의 경도를 갖는 다이아몬드 다음으로 단단한 물질이다.

또한 C가 탄소와 혼동되기 쉽다는 점과 원소 기호인 BN과 성격이 다르다는 점에서 소문자인 c를 붙여 cBN이라 하는 경우도 있다.

CBN 결정 입자 그 자체가 개발된 것은 비교적 오래전으로, 세계 최초로 합성에 성공한 것은 미국의 제너럴·일렉트릭(GE)사이다. 상품명은 보라존이었고 다이아몬드의 합성법이 확립된 2년 후인 1957년의 일이다. 그 후 영국의 디·비어스라든가 일본의 昭和電工 등이 생산을 시작했다. 촉매의 차이에 따라 메이커마다 입자의 결정 구조가 다소 다르다고는 하지만 기본적으로는 같다고 할 수 있다.

(2) CBN 소결체

이 CBN의 미립자를 Co나 Ni 등의 금속 결합재나 탄화물, 질화물의 세라믹스 결합재와 함께 고온, 고압하에서 구어 굳힌 것이 CBN 소결체(소결 CBN)이다. GE사에서 CBN 소결체 공구로서 시장에 내 놓은 것은 1972년이다.

표 1에 소결 CBN의 대표적인 기계적, 물리적 특성에 관하여 나타냈다. 경도는 종래의 공구보다 훨씬 높은 레벨이라는 것을 알 수 있다. 그러나 강도, 인성을 나타내는 항절력, 파괴 인성은 어느 지표에서나 세라믹스보다 높지만 초경 합금보다는 낮은 레벨이라는 것을 알아 둘 필요가 있다.

표 1 CBN 공구재의 기계적·물리적 성질

특 성	CBN 소결체	알루미나계 세라믹스	초경 합금 K10
경 도 HV (kgf/mm²)	3000~4000	1800~2000	~1800
항 절 력 (kgf/mm²)	100~140	70~90	180~200
파괴 인성 (MN/m³/₂)	5~9	3~5	10~13

소결 CBN은 공기중 약 1,300℃까지는 내산화성이 높기 때문에 철과의 반응이 일어나지 않는다는 이점이 있어 초합금(Superalloy), 주물, 소결 금속의 기계 부품 가공 등 폭넓은 용도를 지니고 있다.

천연 다이아몬드로 철계 재료를 절삭하면 화학적으로 반응하여 흑연화돼 버리지만, CBN은 철과 잘 반응하지 않기 때문에, 종래에는 연삭 가공만 가능했던 다듬질강도 절삭할 수 있다는 큰 특징이 있다.

(3) 소결 CBN의 특성

소결 CBN 공구도 경질층의 입도나 입도 분포, 소결 조제(助劑)의 종류와 양 등의 조정에 따라 몇 가지 종류로 분류된다.

현재, 절삭 공구용으로서 이용되고 있는 소결 CBN에는 **표 2**와 같은 것이 있다. CBN의 체적률이 40~60% 정도인 것과 80% 이상인 것 2가지 계열로 대별되며, 전자는 세라믹스계, 후자는 Co계인 것이 일반적이다.

> ● **칩과 팁**
>
> JIS에서는 납땜 또는 클램프하여 사용하는 공구 날끝을 「보디 또는 생크에 설치하여 사용하는 절삭 공구 재료의 작은 조각」이라 정의하여 「팁(tip)」이라 부르고 있다. 공업 용어로는 절삭밥을 「칩」이라 하여 공구 날끝의 절삭밥을 절단하기 위한 구조물을 「칩 브레이커」라 부른다.
>
> 절삭밥은 「칩(chip)」을 말하며 칩 절단 기구는 Chip Breaker이다. Chip의 의미는 「목편」이라든가 「부서진 조각」 등이다. 「포테이토 칩」도 Chip이다. 한편 날끝은 「팁」이라 하며 그 어원을 거슬러 올라가면 「선단」 또는 「정표」라는 뜻이 있다.

표 2 시판되고 있는 각 사의 소결 CBN 공구

제조 회사	상 품 명	재종 기호	소결 조제·결합재의 성분
디·비어스	암보라이트		AlN, AlB$_2$ 등
다이제트 공업		JBN10 JBN20	–
쿄세라		KBN30S KBN10B KBN30B	–
GE	보라존 콤팩트	BZN	Co, Ni, Al 등
미츠비시 머티어리얼	MBC	MB710 MB730 MB820 MB825 MB940	TiC, Al$_2$O$_3$, Co
일본 유지–히타치 툴	우루딘	WBN T4 WBN T5 WBM T8	TiN, TiC, TaC, Al 등
스미토모 전기공업	스미보론	BN100 BN200 BN250 BN300 BN550 BNX3 BNX4 BNX20	TiN, WC, Al 등
도시바 텅걸로이	큐보나이트 (QBN)	BM270 BX290	TiN, WC, Al, TiC 등

CBN의 함유량이 80~90%로 많고 CBN끼리 결합되어 있는 소결체일수록 단단하다.

한편 CBN은 60% 정도라도 세라믹스에 의해 견고하게 결합된 소결체는 경도는 떨어지지만 인성이 뛰어나다. CBN량이 적어지면 세라믹스 결합재의 특성이 나타나게 된다.

한편 표 속의 히타치 툴은 CBN이 아니라 WBN(W는 Wultzite=섬유아연석, 섬유아연석형(6방정)의 의미)을 사용하고 있다. 폭발의 충격 압력으로 만들기 때문에 입자가 미세한 것이 특징이다.

● 사용 조건의 설정

CBN의 대부분은 숫돌 등에 사용되고 있었지만 절삭 공구로서의 사용도 도모되고 있다. 다이아몬드 소결체와 마찬가지로 초고압, 고온하에서 초경 합금 모재상에 소결되어 모재째 필요한 크기로 잘라 사용한다(23페이지 구조도 참조).

소결 CBN은 전술한 바와 같이 다이아몬드 다음의 경도와 열 전도율을 가지며 철과 잘 반응하지 않고 구성 날끝이 잘 서지 않으며 또한, 화학적으로 안정되어 잘 산화되지 않고 열 변형이 적어 내열 충격성이 높다는 등의 많은 특징이 있어서 주철의 고속 절삭, 고경도재의 다듬질 절삭, 철계 소결 합금의 절삭 등에 적합하다.

그림 1~3에 CBN 공구의 내마모성, 내결손성을 나타냈다. 이 그림 가운데의 CBN①
~CBN③은 다음과 같은 특성을 지니고 있다.

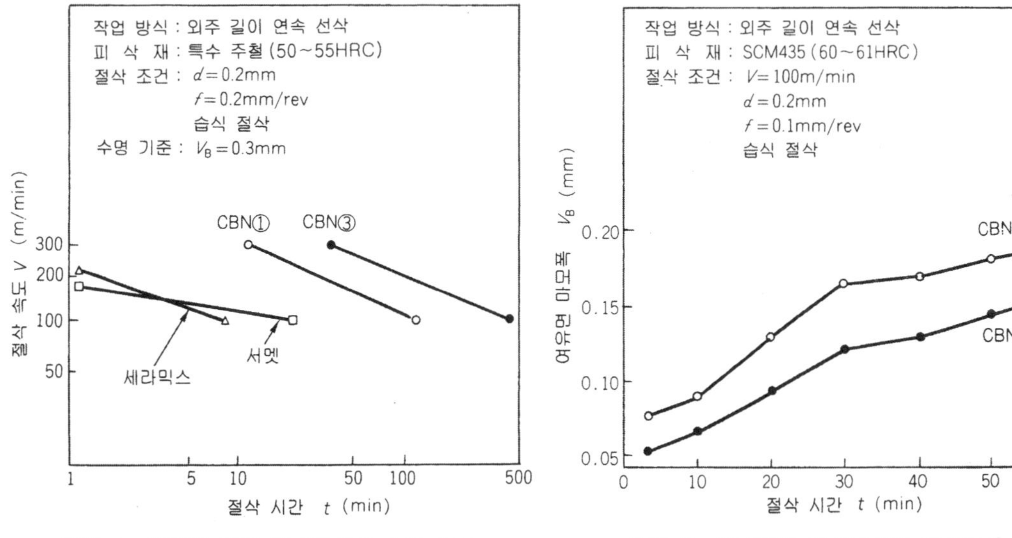

그림 1 고경도 주철 절삭에서의 수명 곡선   그림 2 담금질강 절삭에서의 내마모성

그림 3 소결 CBN의 내결손성

- CBN① : CBN의 함유량이 가장 많고 경도가 가장 높다
- CBN② : 적정의 CBN을 세라믹스 결합재로 견고하게 결합하여 내충격성이 우수하다
- CBN③ : CBN량이 가장 적어 결합재인 세라믹스 특성을 가진다

그림 1은 특수 고경도 주철(50~55 HRC)을 절삭했을 때의 절삭 속도와 수명의 관계를
나타낸 것이다. 고속 절삭역에서의 특징을 잘 알 수 있을 것이다.

또 **그림 2**는 담금질 후 합금강을 절삭했을 때의 가공 시간과 마모의 관계, **그림 3**은
각종 CBN 공구의 내결손성을 나타낸 것이다.

이들 특징을 기초로 하여 피삭재별로 적용 재종을 정리한 것이 **표 3**이다.

표 3 각종 피삭재와 적용 소결 CBN 공구

피 삭 재		적 용 재 종		
		CBN ③	CBN ②	CBN ①
담금질강	탄소강 · 합금강	◎	○	─
	탄 소 공 구 강	◎	○	─
	합 금 공 구 강	○	◎	─
보 통 주 철		○	◎	─
칠 드 주 철 · 특 수 주 철		─	○	◎
철 계 소 결 금 속		─	○	◎
내 열 합 금		─	○	◎
공구 특성	CBN 량	적 다	중 간	많 다
	결 합 재	세라믹스	세라믹스	Co
	경 도	낮다 ←──────────────────→ 높다		

주) ◎ : 최적 ○ : 적합

소결 CBN은 초경 합금을 일반 합금을 가공할 때의 절삭 속도로 담금질재(材)를 가공할 수 있다. 그러나 **표 1**에서 보는 바와 같이 초경 합금에 비해 항절력, 파괴 인성이 낮다는 점이 하나의 결점으로, 사용시에 비교적 결손되기 쉬워 사용법에 대한 나름대로의 연구를 필요로 한다.

소결 CBN은 일반적으로 네거티브 랜드 등의 날끝 처리를 하여, 가급적 날끝 강도가 높은 상태에서 사용하도록 한다.

표 4 소결 CBN의 표준 절삭 조건 (GE사)

재 료	절삭 속도(m/min)	이 송(mm/rev)	절삭 깊이(mm)	어프로치각
인코넬 600	183	0.152	3.175	15°
인코넬 718	183	0.152	3.175	45°
르네 41	183	0.152	3.175	45°
르네 77	152	0.152	0.381	71°
르네 95 (단조)	137	0.127	3.175	45°
인콜로이 901	244	0.152	3.175	45°
K-모넬	183	0.152	3.175	15°
스텔라이트	183	0.152	3.175	15°
콜모노이	183	0.076	3.175	15°
와스팔로이	183	0.076	1.524	45°
르네 95 (열간 평형 프레스)	274	0.152	3.175	45°
칠 주철 (60HRC)	122	0.203	5.080	45°
미하나이트 주철 (56HRC)	183	0.203	6.35	45°
모리클롬 강 롤 (68HRC)	91	0.203	3.175	45°
M-2 (62HRC)=SKH9	76	0.127	1.524	45°
D-2 (58HRC)=SKD11	76	0.127	1.524	45°
A-2, A-6 (58HRC)=SKD12	76	0.127	1.524	45°
8620(63HRC)=SNCM220	76	0.127	1.524	45°
D6AC(54HRC)=SKD2	122	0.152	0.524	45°
52100(60~62HRC)=SUJ	76	0.381	1.270	둥근형

또한 GE사의 자료에 의하면 경사각을 음(負)의 방향으로 5° 정도 잡고 앞의 여유각은 5~9°로 잡는 것이 일반적이다. 또한 가급적이면 45°의 어프로치각을 잡도록 권장하고 있다. **표 4**는 GE사의 보라존 콤팩트의 표준 절삭 조건이다.

● CBN 공구의 재연삭

소결 CBN 팁은 고가이기 때문에 1회용이 아닌, 재연삭을 하여 사용하는 것이 보통이다. **표 5**에 CBN의 표준적인 재연삭 조건을 나타낸다.

표 5 CBN 공구의 표준 재연삭 조건

항 목		내 용
숫 돌	숫 돌 입 자	다이아몬드
	입 도	#400　(거친 연삭) #600 이상 (다듬질 연삭)
	본 드	레지노이드 비트리파이드
	집 중 도	100
연삭 조건	숫 돌 주 속	900m/min　(거친 연삭) ~1,200m/min (다듬질 연삭)
	테 이 블 요 동	30~60회/min
	절 삭 깊 이	0.01　(거친 연삭) 0.005 이하 (다듬질 연삭)
	연 삭 액	설루션 타입
주 의 사 항		● 고강성 연삭기 사용 ● 상시 드레싱이 필요 ● 다듬질 후에 날 빠짐의 유무를 확인

다이아몬드의 선택 기준과 사용 조건의 선정

1 소결 다이아몬드

● 소결 다이아몬드의 특성

다이아몬드는 크누프 경도(kgf/mm^2) 9,000 이상으로 각종의 경질 재료, 예를 들면 담금질강, 초경 합금, 세라믹스 등의 절삭, 연삭용으로 이용되고 있다. 그러나 다이아몬드는 결정 방위에 따라 벽개성(劈開性 : 어떤 방향에 규칙적으로 균열되기 쉬운 성질)이 전혀 다르고 경도(내마모성)도 바뀌는 이방성(異方性)을 지니고 있기 때문에 절삭 공구로서 사용하기 어려운 점도 있다.

그래서 이 다이아몬드의 결점을 보완, 보다 많은 특성을 이끌어내어 활용하기 위해 개발된 것이 다이아몬드 소결체(소결 다이아몬드)이다.

미국의 GE사는 1954년 말(일반적으로 1955년)에 인공적으로 다이아몬드를 합성하는 기술을 개발했다.

이것은 고온, 고압하에서 Ni, Fe 등의 촉매 금속중의 탄소 원자를 다이아몬드로서 석출, 합성시키는 방법이다. 합성에 필요한 최저 압력 온도는 촉매의 종류에 따라서도 당연히 바뀌지만 Ni를 이용한 것에서는 압력은 약 55,000기압, 온도는 약 1,400~1,460℃로 대단히 높아 고압, 고온 영역에서 만들어진다.

이 합성 다이아몬드는 분말이라 해도 좋을 정도의 미립자였기 때문에 다이아몬드 숫돌의 숫돌 입자로서 공급돼 왔다. 그러나 1973년, GE사는 다이아몬드 콤팩스라는 명칭으로 다이아몬드 소결체를 발표하여 절삭 공구의 길을 열어 놓았다.

소결 다이아몬드의 구조는 다이아몬드의 미세한 분말을 초경 합금 위에 구워서 굳힌 형태를 취하고 있다. 초경 합금은 소결시에 성분중의 Co가 촉매로서 작용할 뿐만 아니라 항절력의 보강, 생크 납땜시의 중개 역할도 해내고 있다.

소결 다이아몬드는 매우 고경도일 뿐만 아니라 단결정 다이아몬드(대부분은 천연 다이아몬드)와 같이 결정의 벽개에 의한 날끝 치핑의 우려없이 조직이 균일하고 높은 내마모성, 내결손성을 지니고 있다.

또한 경질 재료인 초경 합금의 절삭도 가능하여 그때까지는 연삭에만 의존하고 있었던 것을 절삭 가공할 수 있게 되어 대폭적인 능률 향상을 기할 수 있게 되었다.

표 1에 소결 다이아몬드와 다른 재종과의 기계적, 물리적 성질을 비교하여 나타냈다.

표 1 소결 다이아몬드와 다른 공구 재종의 기계적·물리적 성질 비교

공구 재료	밀 도 (g/cm³)	크누프 경도 (kgf/mm²)	항 절 력 (kgf/mm²)	영 계 수 (×10³ kgf/mm²)	열 전도율 (cal/cm·s·℃)
초경 합금 K종 (Co 10%)	14.8	1800	200	63	0.3
알 루 미 나 (Al₂O₃)	3.98	2100	70	42	0.1
소 결 C B N	–	3700	60	–	0.5
C B N	3.48	4700	–	71	3
소 결 다 이 아 몬 드	–	7000	110	–	–
다 이 아 몬 드	3.52	10000	–	70~110	5

현재 소결 다이아몬드는 GE사를 비롯하여 메거·다이아몬드사, 디·비어스사, 스미토모(住友) 전기공업, 미츠비시 머티어리얼, 도시바 텅걸로이 등 전세계 10개사 정도가 생산 판매하고 있다(**표** 2).

소결 다이아몬드 공구는 Al 및 Al 합금의 절삭에 가장 많이 이용된다. 이것은 소결 다이아몬드 공구의 절삭날이 예리하여 Al에 대한 내용착성이 우수하기 때문으로, 자동차 부품이나 가전 제품 등의 Al 부품 가공에 적용되고 있다.

특히 최근에는 15% 이상의 Si 함유량을 지닌 고Si−Al 재료의 가공이 증가하여 이 가공에서 초경 합금 공구의 수명을 연장시키는 대책으로 소결 다이아몬드가 많이 사용되고 있다. 또 Al에 고급 주철을 조합한 복합 재료의 가공에도 이용되어 그 중요성이 증가하고 있다.

소결 다이아몬드는 그 순도나 입도, 입자 지름, 미립의 혼합 상태 등에 따라 여러 종류로 구분, 용도 분류되고 있다(**표** 3).

순도가 높고 거친 입자(50μm)의 소결 다이아몬드 공구는 내마모성이 높다는 점에서 세라믹스나 초경 합금 등의 절삭에 사용된다.

한편 중립(中粒)과 미립(1~2μm)이 뒤섞여진 소결 다이아몬드 공구는 적당한 내마모성과 피연삭성을 가져 비금속 재료의 가공에 사용되고 있다.

표 2 각 사의 소결 다이아몬드 공구

제조 회사	상품명	재종 기호	소결 조제의 성분
디·비어스	신다이트	002 010 025	Co 등
다이제트 공업	JDA	JDA10	Co 등
GE	다이아몬드 콤팩스	DC130 DC1500 DC1600	Co 등
쿄세라	KPD	KPD025 KPD010 KPD002	Co 등
미츠비시 머티어리얼	MDC	MD205 MD220 MD230	Co 등
스미토모 전기공업	스미 다이아	DA90 DA150 DA200	Co, WC 등
토메이 다이아몬드	TDC	TDC TDC-S	Co 등
도시바 텅걸로이	T-다이아	DX180 DX160 DX140 DX120	Co 등

표 3 소결 다이아몬드의 용도 구분

용 도	피 삭 재		대 상
절삭 공구 (주로 바 이트용)	비철금속	알 루 미 늄 알 루 미 늄 합 금 알루미늄 합금 주물	·자동차·2륜차 부품(엔진, 각종 케이스, 베어링, 주행부의 부품, 기타) ·항공기·전기 부품(각종 케이스, 하우징, 각종 컴프레서 부품, 기타) ·정밀기기 부품(카메라, VTR 및 비디오 카메라, 계기, 재봉틀 부품, 기타) ·일반 기계 부품(유압 기기, 기계 부품, 기타)
		동 동 합 금 동 합 금 주 물	·자동차·각종 차량·선박 부품(각종 샤프트, 펌프, 기어, 베어링 부품 등) ·전기 기기 부품(모터, 커뮤테이터, 기타) ·일반 기계·정밀기기 부품(각종 베어링, 부시, 볼트, 기타)
		초 경 합 금	·초경 반소결품 및 소결품의 절삭(금형, 기타)
	비 금 속		·각종 플라스틱(유리 섬유 또는 흑연 첨가를 포함) ·카본, 흑연, 석묵, 페라이트, 브레이크 슈 ·도자기, 고무(연질 및 경질), 기타
드 레 서	·경도 L 이하, 입도 #80보다 작은 알루미나 숫돌의 드레싱		
다 이 스	비철금속		·알루미늄 및 각종 알루미늄 합금 선재 ·강 및 각종 동합금 선재(Cu-Ni계, Cu-Mn계, Cu-Zn계, Cu-Be계, Cu-P계, 기타) ·니켈 및 각종 니켈 합금 선재 (Ni-Cr계, Ni-Cr-Fe계, 기타) ·텅스텐 선재, 몰리브덴 선재 등
	철 강		·스틸 코드(자동차 타이어용), 연·경강선, 피아노선 ·스테인리스선, 강선(Fe-Cr계, Fe-Cr-Al계, Fe-Cr-Ni계, Fe-Ni계, Fe-Ni-Co계) ·아크 용접봉 등
기 타	·내마모 공구, 절삭·연삭의 방진, 레스트 등		

미립 재종의 소결체는 피연삭성, 날 섬이 양호하여 양질의 다듬질면을 필요로 하는 비철금속, 비금속의 정밀 절삭에 적용하고 있다.

그림 1에 소결 다이아몬드 공구의 다이아몬드 입도와 그 특성을 나타낸다.

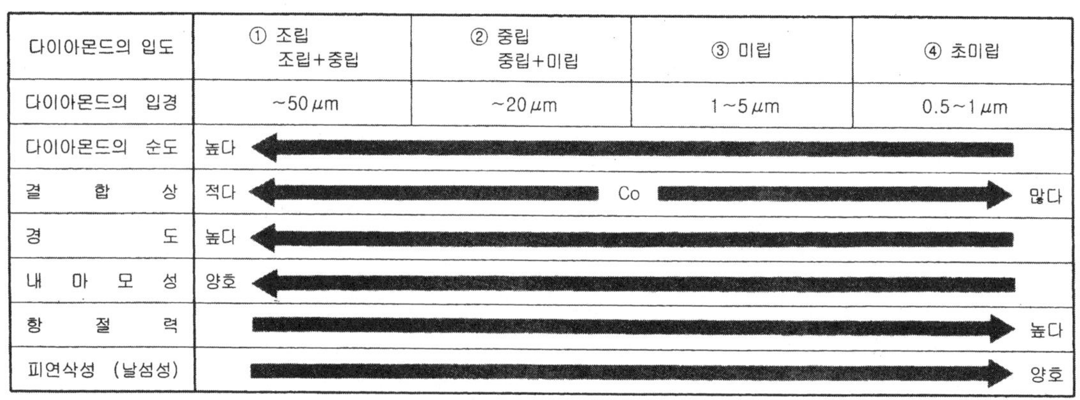

다이아몬드의 입도	① 조립 조립+중립	② 중립 중립+미립	③ 미립	④ 초미립
다이아몬드의 입경	~50 μm	~20 μm	1~5 μm	0.5~1 μm
다이아몬드의 순도	높다 ←			
결 합 상	적다 ←	Co	→	많다
경 도	높다 ←			
내 마 모 성	양호 ←			
항 절 력	→			높다
피연삭성 (날섬성)	→			양호

그림 1 소결 다이아몬드의 다이아몬드 입도와 특성의 관계

● 사용 조건의 설정

다이아몬드는 모든 물질 중에서 가장 단단하고 영 계수가 높으면서 열 전도율도 큰 재료이다. 한편 소결 다이아몬드는 50,000기압, 1,400℃라는 초고압, 고온하에서 합성시킨 인공 다이아몬드 미립자를 초경 모재상에 소결시킨 것으로, 이것을 필요한 크기로 절단하여 팁의 한 끝에 납땜을 한다. 구조는 CBN 소결체 공구와 같다.

천연 다이아몬드나 소결 다이아몬드도 고온 강도가 높고 고속 절삭이 가능하여 양호한 다듬질면이 얻어지는 동시에 구성 날끝도 잘 생기지 않는 특징을 지니고 있다.

그러나 보통의 절삭 온도에서는 Fe나 Ni, Co를 포함하는 금속과 화학 반응을 일으키기 쉬워 일반적으로 이들 성분을 포함하는 철계 금속, Ni기, Co기 등의 내열 합금 가공에는 적합하지 않다. 단, 약간의 절삭 깊이로 주물 등을 습식 절삭하는 경우에는 사용이 가능하다. 그래서 알루미늄이나 동 등의 비철금속, 플라스틱, 고무 등의 비금속 재료의 절삭에 이용되고 있다.

그림 2, 3은 각각 알루미늄 합금 절삭의 절삭 속도와 수명의 관계, 다듬질면 거칠기와 속도의 관계를 나타낸 것이다.

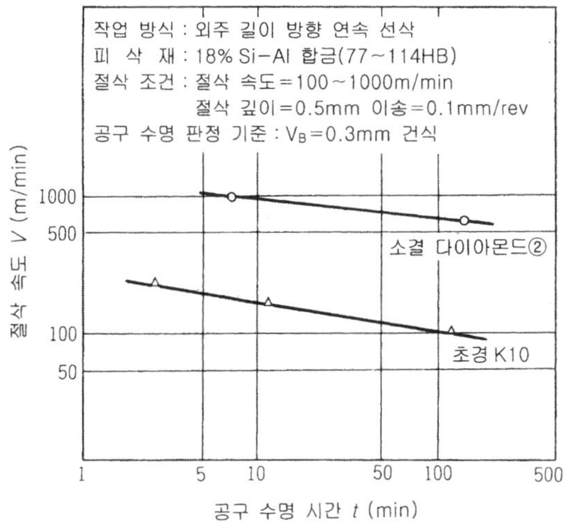

그림 2 소결 다이아몬드의 고Si 알루미늄 합금 절삭 수명 곡선

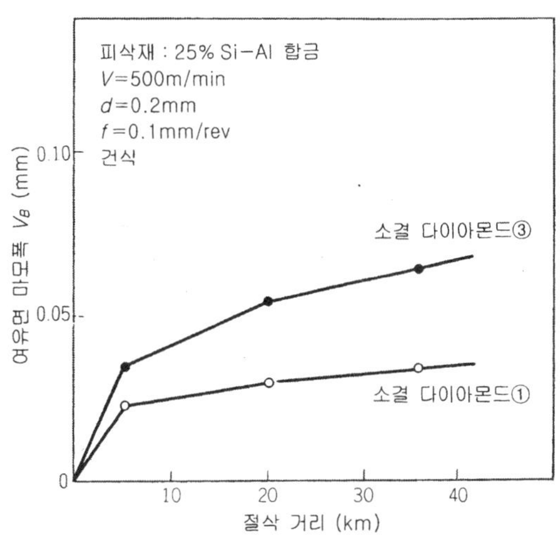

그림 4 소결 다이아몬드의 고Si 알루미늄 합금 연속 절삭 결과

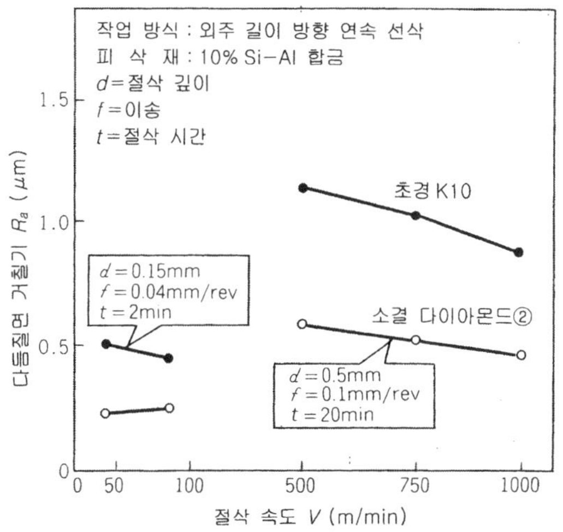

그림 3 소결 다이아몬드의 알루미늄 합금 절삭의 다듬질면 거칠기

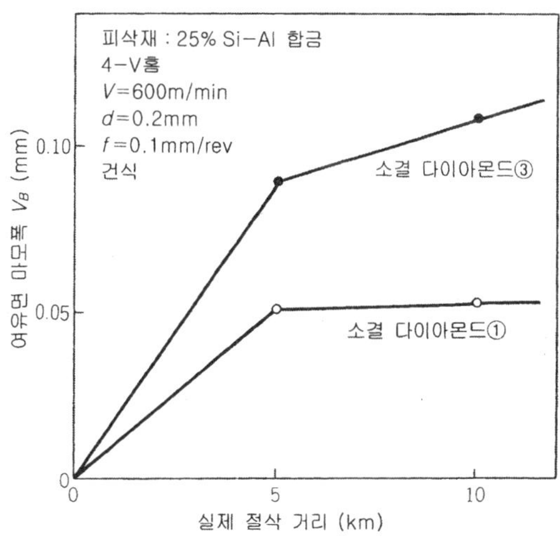

그림 5 소결 다이아몬드의 고Si 알루미늄 합금 단속 절삭 결과

$5\,\mu$m 이하의 다듬질면 거칠기를 보증한다는 점에서 생각하면, 여유면 마모를 $V_B = 0.3$ mm로 하는 것은 약간 과대하지만 이 예에서는 60분 수명에 $800\,\text{m/min}$ 정도의 절삭 속도가 이용되고 있다.

또한 **그림** 4, 5는 고Si 알루미늄 합금의 연속 절삭과 단속 절삭을 각각 조립(粗粒) 소결체와 미립 소결체 공구로 실행하는 경우의 비교이다.

어느 것이나 조립 쪽이 내마모성이 높다는 것을 알 수 있다.

그림 2~5 가운데 ①~③ 소결체의 상태는 **그림** 1의 ①~③에 대응한다.

한편 절삭날의 다듬질 정도를 향상시킴으로써 같은 조건에서도 공구 수명을 30분 정도 더 연장시킬 수 있다.

표 4는 소결 다이아몬드 공구의 대표적인 절삭 조건이다. 표의 ①~③은 **그림** 1의 ① ~③ 특성에 대응한다.

표 4 소결 다이아몬드 공구의 권장 절삭 조건

피 삭 재	선정 기준 ◎ : 최적 ○ : 적합			절삭 속도 (m/min)	이 송 (mm/rev)	절삭 깊이 (mm)
	타 입 ①	타 입 ②	타 입 ③			
알 루 미 늄		◎	○	~1500	~0.20	~3.0
Al 합금 (Si 함유 16% 이하)		◎	○	~1300	~0.20	~3.0
Al 합금 (Si 함유 16% 이상)	◎	○		~600	~0.20	~3.0
동 합 금		◎		~1200	~0.20	~3.0
강 화 플 라 스 틱		○	◎	~1000	~0.40	~2.0
섬 유 유 리 합 성 재		◎	○	~800	~0.25	~2.0
카 본	○	◎		~600	~0.30	~2.0
세 라 믹 스	◎	○		~80	~0.10	~2.0
경 질 고 무		◎	○	~800	~0.15	~1.0
목 질 · 무 기 질 보 드		○	◎	~4000	~0.40	—
초 경 합 금	◎	○		~20	~0.20	~0.5

표 5 소결 다이아몬드의 재연삭 조건

사 용 숫 돌	다이아몬드 숫돌
결 합 재	비트리 파이드 본드
입 도	(황 삭) #400~600 (다듬질) # 1,000 이상
집 중 도	100~125
연 삭 속 도	900~1,200m/min

● 재연삭

소결 다이아몬드는 고가이므로 1회용으로 하지 않고 재연삭하여 사용하고 있다. **표** 5에 그 표준적인 재연삭 조건을 나타낸다.

2 다이아몬드 코팅

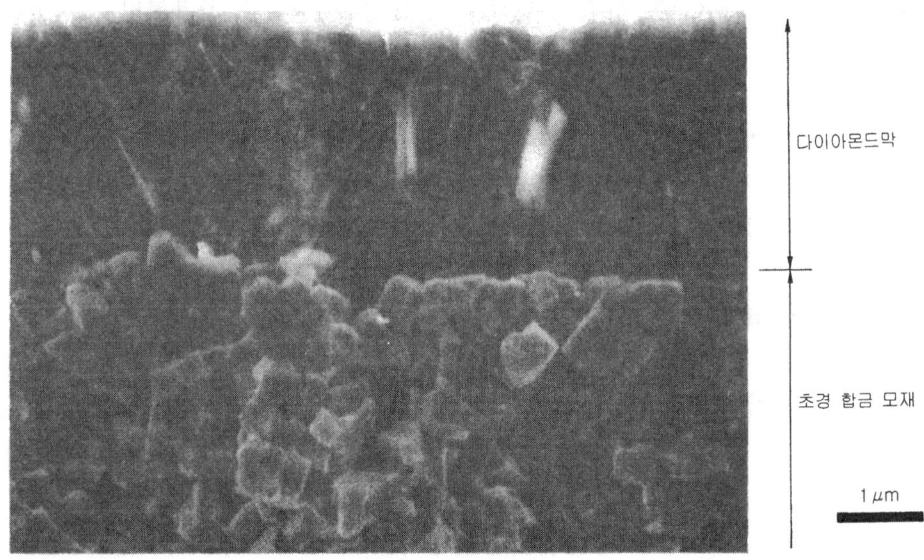

사진 1 다이아몬드 코팅 공구의 파단면

● 다이아몬드 코팅의 특성

1980년대 초에 CVD(화학적 증착)법에 의한 다이아몬드 합성법이 개발된 이래, 이 방면에서도 다양한 연구가 진행되어 최근에는 초경이나 세라믹스의 모재에 다이아몬드를 코팅한 공구가 시장에 등장하게 되었다.

다이아몬드 코팅 공구는 단결정 다이아몬드 공구나 소결 다이아몬드 공구에 비해 공구의 형상을 자유롭게 소결할 수 있어 다양한 절삭날 형상, 칩 브레이커를 선정할 수 있기 때문에 가공 형태에 맞는 최적의 공구 모양을 이용할 수 있다.

(1) 다이아몬드

다이아몬드는 각종 재료 중에서 가장 단단하고 영 계수나 열 전도율도 매우 높다는 점이 특징이다.

그러나 그 성분의 대부분이 C(탄소)라는 점에서 내산화성이 낮고 공기 속에서는 600℃에서 산화하기 때문에 고온의 절삭이나 반응하기 쉬운 C를 포함하는 철계 재료의 절삭에는 적합하지 않다.

다이아몬드 코팅 공구는 진공 분위기의 챔버(Chamber)내에 모재가 되는 초경 기판 등을 놓고 탄화수소계의 가스와 수소를 이용한 기상(氣相) 합성법, 이른바 CVD법으로 기판 표면에 다이아몬드막을 합성하는 저압 합성법으로 만들어진다.

(2) 모 재

다이아몬드가 생성되기 쉬운 모재로서는 W(텅스텐), Mo(몰리브덴), Ta(탄탈) 등의 탄화물 형성 물질로 C를 고용(固溶)하는 금속의 Co(코발트)나 철에는 부착되기 어려운 성질이 있다. 따라서 WC—Co계 초경 합금에서 부착 강도가 양호한 다이아몬드막을 얻으려면 코팅하기 전에 Co를 제거하거나 Co를 거의 포함하지 않는 초경 합금을 사용하면 효과적이다. 재종으로서는 K01~K10이 사용된다. 초경 외의 모재로서 열팽창 계수가 낮은 Si_3N_4(질화규소)계 세라믹스가 사용되고 있다.

사진 1은 초경 합금 모재에 다이아몬드 코팅한 공구의 단면도이다. 초경상에 다이아몬드가 견고하게 부착되어 있다는 것을 알 수 있다. 그러나 다이아몬드 코팅은 코팅 초경에 비해 모재에의 부착 강도가 약하여 거친 가공에는 적합하지 않다.

(3) 다이아몬드막의 제법(製法)

① **열 필라멘트법**…CVD법 가운데 가장 기본적인 방법으로, 챔버내의 압력 5~30 Torr에서 W(텅스텐)이나 Ta(탄탈) 등의 필라멘트를 가열하고 모재 온도를 800~1,000℃로 한 상태에서 메탄 등 탄화수소계 가스와 수소의 혼합 가스를 주입해 모재에 다이아몬드를 코팅하는 방법이다(**그림 1**).

이 방법은 장치의 대형화에 적합(다이아몬드 석출 면적 ϕ 400 mm 정도)하지만 막 형성 속도가 0.3~1.0 μm/h로 늦다는 점이 문제점이다. 막 형성의 재현성, 안정성은 가장 좋다.

② **플라스마법**…탄화수소나 수소의 가스를 여기시키는 데 마이크로파나 고주파 플라스마를 이용하는 방법이다. 열 필라멘트법과 거의 같은 압력, 온도에서 모재에 다이아몬드를 코팅하는 것이다(**그림 2**).

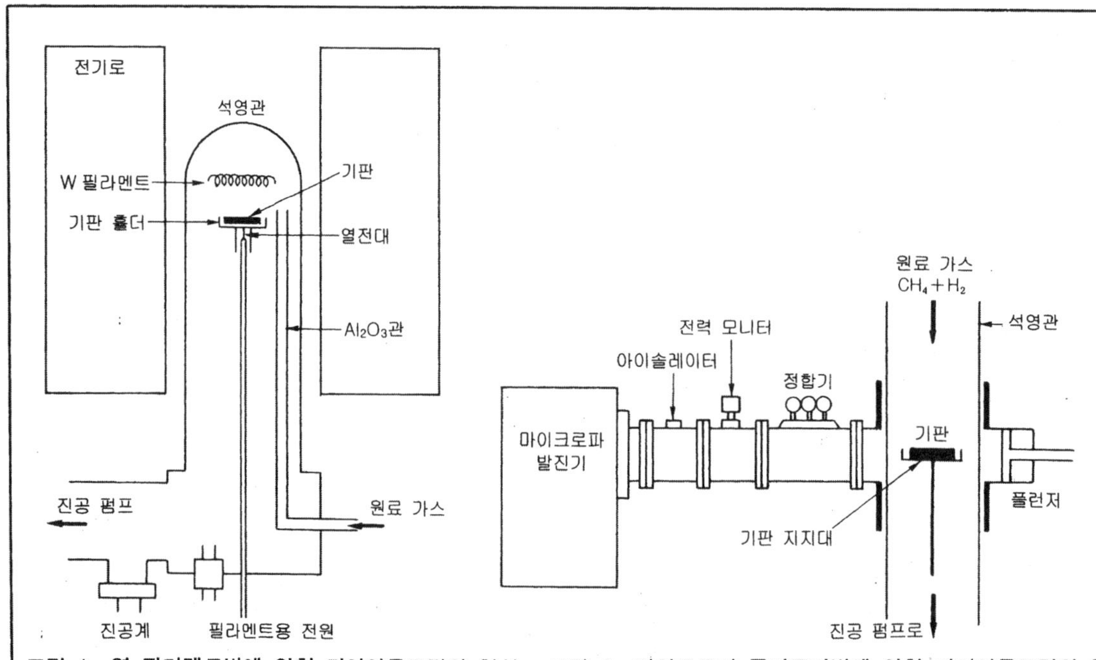

그림 1 열 필라멘트법에 의한 다이아몬드막의 합성   그림 2 마이크로파 플라즈마법에 의한 다이아몬드막의 합성

플라스마법은 코팅 속도가 $5\sim15\,\mu\mathrm{m/h}$로 빠르지만 다이아몬드의 석출 면적을 크게 잡을 수 없다는 점(최대 $\phi\,100\,\mathrm{mm}$ 정도)이 난점이다. 막 형성의 조건이 안정되어 자동화하기에는 용이하다.

③ **열 플라스마법**…1기압 정도의 압력하에서 직류 아크 방전, 고주파 아크 방전에 의해 플라스마를 형성하여 다이아몬드를 고속으로 코팅하는 방법이다(**그림 3**).

이 방법은 막 형성 속도가 $60\sim90\,\mu\mathrm{m/h}$로, 가장 빠르게 두꺼운 막을 만들 수 있다는 것이 특징이지만 형성된 다이아몬드막 표면의 요철이 심하다는 것이 결점이다. 그래서 이 방법으로 형성된 막을 한 번 모재에서 떼어내고 그것을 뒤집어서 다른 모재에 납땜을 한 후, 연마하여 절삭날로 만드는 방법을 취하고 있다.

따라서 제조 비용이 비싸다.

④ **연소염법**…탄화수소와 수소의 혼합 가스를 대기 중에서 버너로 연소시켜 화염 속에 냉각시킨 모재를 놓고 다이아몬드를 생성하는 방법으로, 투명한 다이아몬드막을 합성할 수 있다(**그림 4**).

연소염법은 설비 비용은 싸지만 양산성이 좋지 않고 또 막 형성 조건을 제어하기 어렵다는 것이 문제점이다.

● 사용 조건의 설정

다이아몬드 코팅 공구는 그 특성상 알루미늄 합금, 동합금 등의 선삭, 밀링에 적합하다.

또한 FRP 등의 복합재나 흑연 등 비금속 재료의 가공에도 높은 내마모성이 있어 초경 합금 공구에 비해 10배 정도의 긴 수명을 갖는다.

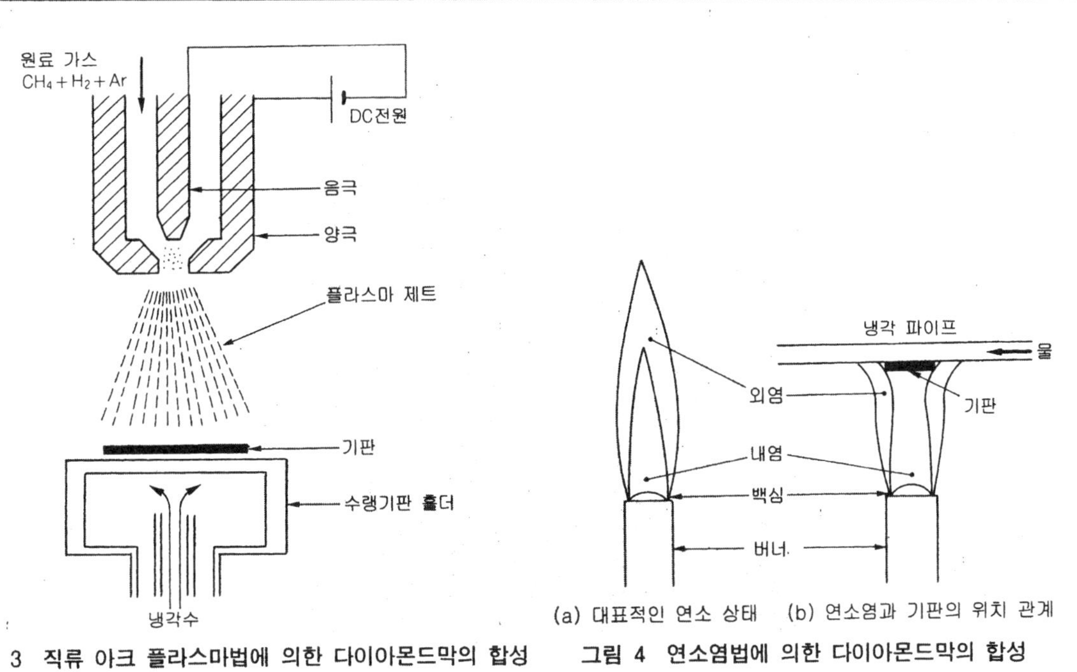

그림 3 직류 아크 플라스마법에 의한 다이아몬드막의 합성   그림 4 연소염법에 의한 다이아몬드막의 합성

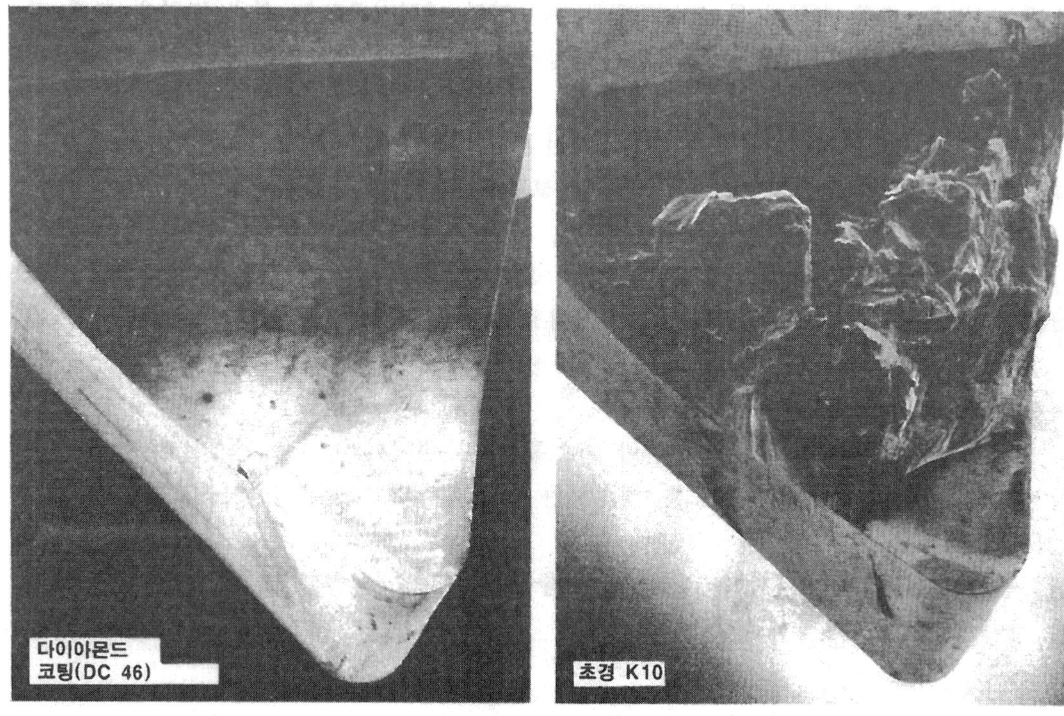

사진 2 알루미늄 합금 선삭 후 절삭날의 상태

사진 2는 12% Si−Al 합금을 절삭 속도 570 m/min, 이송 0.3 mm/rev, 절삭 깊이 3 mm의 절삭 조건으로 선삭했을 경우, 다이아몬드 코팅 공구와 초경 합금 공구의 절삭날의 상태이다.

초경 합금이 크게 용착하고 있는 데 대해 다이아몬드 코팅 공구는 거의 용착이 없고 내용착성이 우수하다는 것을 알 수 있다.

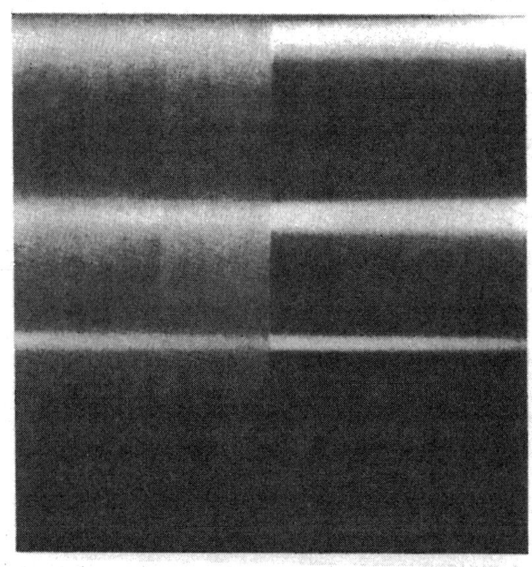

사진 3 피삭재의 가공 표면 상태
(우 : 다이아몬드 코팅 공구, 좌 : 초경 공구)

　사진 3은 이들 2종류의 공구를 사용하여 선삭했을 때 피삭재의 가공 표면 상태를 본 것이다. 우측이 다이아몬드 코팅 공구를 이용한 가공 표면으로 좌측의 초경 공구를 이용한 가공 표면에 비해 광택이 있는 양호한 다듬질면으로 되어 있다.

　아래에 다이아몬드 코팅 공구(미츠비시 머티어리얼 DC 46)를 사용한 몇 가지 절삭 예를 나타낸다.

가공 상태	① 정면 밀링 커터	② 외경 가공	③ 측면 가공
피 삭 재	Al 합금(12% Si) 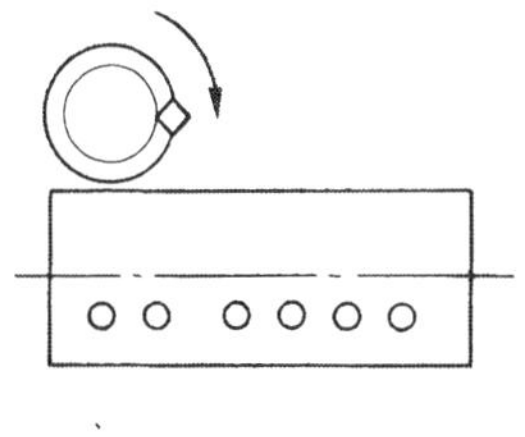	소결 동합금(Cu−10% Sn) 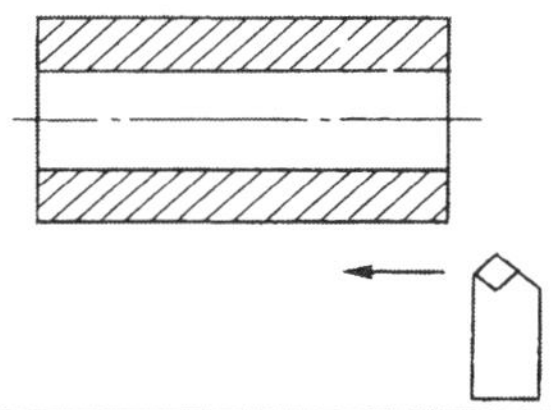	흑연 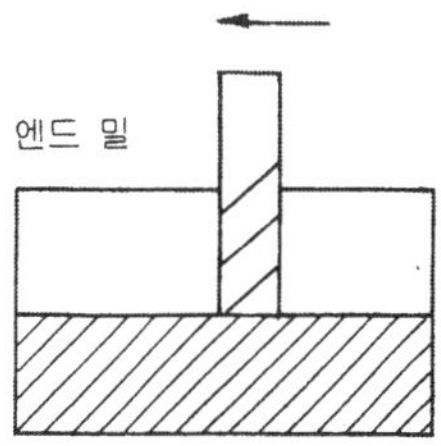
절삭 속도	1000m/min	55m/min	94.2m/min
이　송	0.06mm/날	0.05mm/rev	
절삭 깊이	0.5mm	0.02mm	
절삭 유제	습 식	습 식	건 식
결　과	가공수(100개) 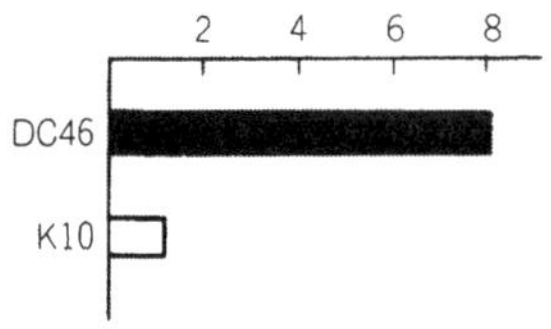 DC46 / K10	가공수(만 개) 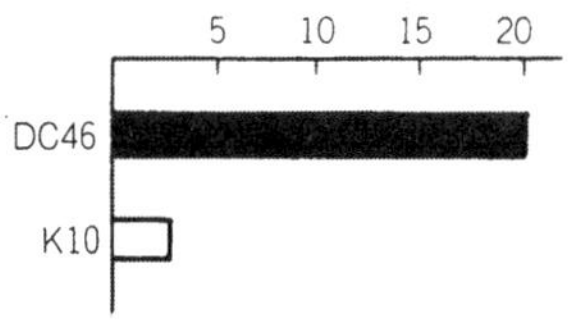 DC46 / K10	가공수(개) 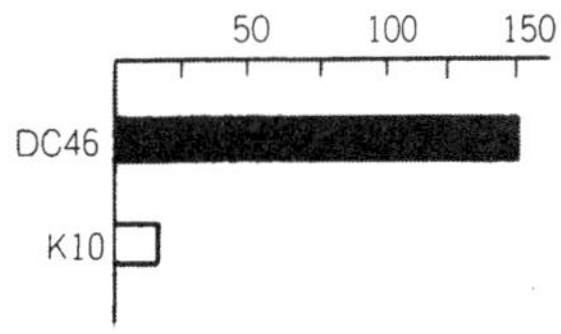 DC46 / K10

그림 5　다이아몬드 코팅 공구의 실용 예

　① **정면 밀링**…알루미늄 합금(12% Si)을 정면 밀링한 예이다. 절삭 속도 1,000 m/min, 이송 0.06 mm/날, 절삭 깊이 0.5 mm로 습식 가공했다(**그림 5** ①).

　이 경우 초경 합금 공구에 비해 8배 가까운 수명이 얻어져 기계적, 열적 충격이 가해지는 단속 절삭의 경우에서도 내구성이 있다는 것이 실증되었다.

　② **외경 선삭 가공**…소결 동합금(Cu−10% Sn)의 외경 선삭 가공 예이다(**그림 5** ②). 절삭 조건으로서는 절삭 속도가 55 m/min, 이송 0.05 mm/rev, 절삭 깊이 0.02 mm이다. 이 경우에도 다이아몬드 소결 공구에 비해 약 8배의 공구 수명을 나타내고 있다.

　이것은 다이아몬드 코팅을 한 막은 결합 금속이 전혀 없는 순수한 다이아몬드층이기 때문에 내마모성이 우수하기 때문으로 생각할 수 있다.

　③ **측면 가공**…흑연의 모떼기 가공이다(**그림 5** ③). 절삭 속도는 94.2 m/min, 건식 절삭인 경우이다. 기계적 충격이 작을 것과 흑연 입자의 마찰·마모에 대해서도 수명이 길어야(공구 수명 10배 이상) 한다는 점 등에서 다이아몬드 코팅 공구가 적합하다.

　다이아몬드 코팅 공구는 현재 스로어웨이 팁을 중심으로 상품화되어 있지만 코팅 장치의 개발이나 생산 기술의 진보에 따라 엔드 밀이나 드릴 등에서도 차례로 그 응용이 확산되어 앞으로는 더욱 확대될 것으로 예상되고 있다.

3 단결정 다이아몬드

다이아몬드를 금속 가공에 응용한 것은 18세기 초에 경질강으로 나사 가공을 한 것이 최초라고 전해지고 있다. 그 후 제1차 세계대전 중에 미국, 영국, 독일 등에서 자동차나 항공기 또는 군수 관련 기기 생산가공용 공구의 하나로서 널리 사용되었다.

20세기에 들어 다이아몬드를 대신하여 초경 합금이 보급되었음에도 불구하고 다이아몬드를 이용한 금속 가공의 수요는 계속 증가하고 있다. 이것은 매우 경질이고 더욱이 예리한 날끝이 얻어져 깨끗한 고정밀도의 다듬질면을 만들어 낼 수 있기 때문이다.

● 다이아몬드의 특성

다이아몬드는 지구 중심부에서 상부로 밀어 올려진 용암이 탄소질의 지층을 통과할 때 탄소가 포화된 상태로 고용(固溶)되어, 이것이 고압하에서 응고할 때 탄소를 석출하여 형성된 것이라 한다.

다이아몬드가 만들어지는 것은 지하 약 390 km 깊이의 부분이라 하니 얼마나 고온, 고압하에서 형성되는가를 이해할 수 있을 것이다. 그러나 다이아몬드는 매우 경질이지만 메지기 때문에 강하게 때리면 부서져 버리는 수가 있다.

특히 어떤 방향으로는 규칙적으로 균열되기 쉬운 성질(벽개성)이 있기 때문에 공업용으로나 장식용으로서도 이 성질을 이용하여 성형되고 있다.

다이아몬드의 결정에는 입방정계인 8면체와 12면체 또는 이들을 조합한 것이 있다(**그림 1, 2**). 마치 목재의 나뭇결과 비슷해 그에 따라 형성된다. 단, 이것을 발견하려면 상당히 전문적인 안목이 필요하다.

● 다이아몬드 바이트

다이아몬드를 절삭 공구로서 보았을 경우, 이러한 성형의 어려움 때문에 그 대부분은 어떤 한정된 날형으로 밖에 사용되지 않는 것이 보통이다. 예를 들면 단일 직선날, 원형날, 다수 직선날이다(**그림 3**).

단일 직선날은 모양이나 치수적으로도 규칙적이어서 보링 가공 등에 이용된다. 또 원형날은 피삭재의 가공축에 대해 자유로운 각도로 조절할 수 있으므로 절삭날끝 상태가 좋은 부분을 선택하여 사용할 수도 있다.

한편 절삭날 형상에 따른 특성으로서 비교적 배분력이 높다는 것을 들 수 있다. 이것은 절삭중에 채터링 등을 발생하기 쉬운 요인이 되기도 한다.

직선날과 원형날을 조합한 유형의 절삭날 형상이, 다수 직선날에서 0.05~1.5 mm 정도의 직선 부분을 기지기 때문에, 원형날의 경우보다 매끄럽고 양호한 다듬질면을 얻을 수 있을 뿐만 아니라 공구 수명도 길어진다.

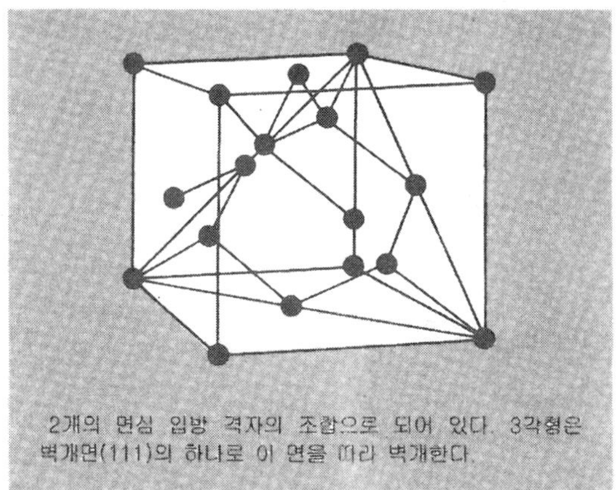

그림 1 다이아몬드 결정 모델

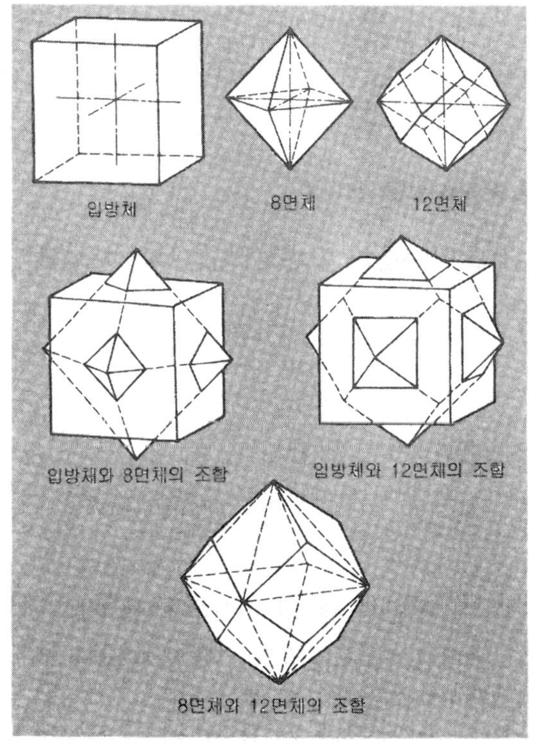

그림 2 다이아몬드의 기본 결정과 조합의 예
(아사히 다이아몬드)

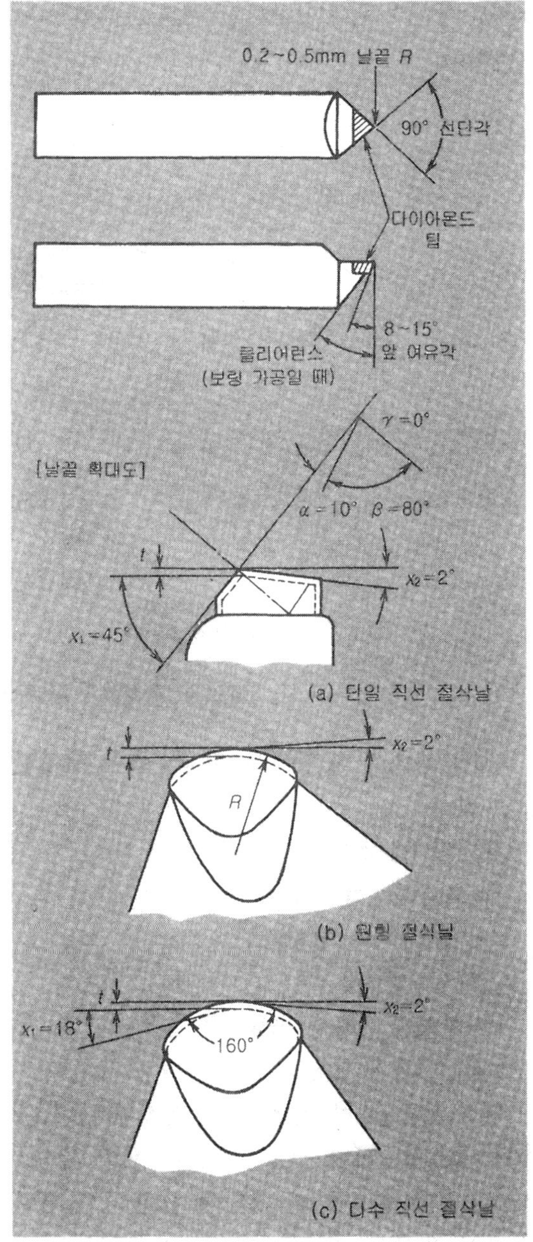

그림 3 다이아몬드 바이트의 기본 날형

또, 하나의 절삭날을 사용할 수 없게 될지라도 절삭날의 방향을 바꿈으로써 새로운 날
모서리로 절삭이 가능케 되므로 장시간에 걸쳐 사용할 수 있다.

다이아몬드 바이트의 절삭날은 일반적으로 강도를 증가시키는 의미에서 앞 경사각을 없
애거나 또는 아주 작게 하며 또한 앞 여유각마저 작게 하고 있다.

한편 경사면에 칩이 부착되는 폐해를 고려한다면 경사각을 조금 갖게 하는 것도 좋은
방법이다.

그러나 절삭날 강도의 견지에서 생각하면 칩의 유출 방향을 바꾸어 부착 상황이 다듬질

면에 영향을 주지 않도록 어프로치각이나 옆 여유각을 주어 조정하는 편이 좋을 것이다 (그림 4).

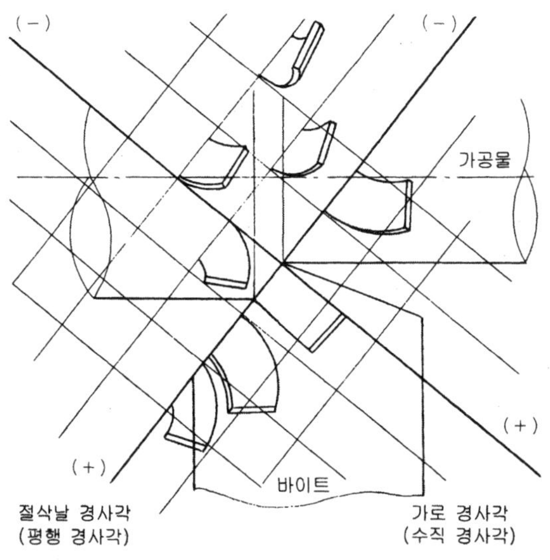

그림 4 절삭날의 여러 각도와 칩 유출 방향 및 둥글기

일반적으로 가공법이나 피삭재에 대해 절삭날 강도상 다음과 같은 여러 각도가 선정되고 있다.

① 앞 여유각

● 보링가공 : 8~15°

● 일반 선삭 : 0~8°

② 앞 경사각

● 경합금, 베어링 메탈 : 0~3°

● 동, 황동, 청동 : 0~8°

어느 경우든 앞 여유각, 부절삭각 및 앞 경사각의 합이 항상 90°가 되도록 절삭날의 여러 각도를 조정할 필요가 있다. 또 사용 조건에 관해서도, 단단하지만 메짐이 있는 다이아몬드의 성질을 잘 파악하여 절삭 조건의 조합에도 세심한 주의를 해야 한다.

우선 첫째는 기계 정밀도, 기계 강성이다. 특히 절삭중의 진동은 절삭날에 큰 장해를 줄 뿐만 아니라 다듬질면도 악화시키기 때문에 기계 강성이 높아야 한다.

다음은 절삭 속도이다. 기계 강성이나 정밀도가 높다면 기계의 능력이 허용하는 한 절삭 속도는 높은 편이 좋을 것이다. 그러나 사용하는 기계의 특성에 의한 진동의 공진점은 피해야 하며 피삭재나 바이트 등에 의한 공진점도 고려한 조건을 선정해야 한다. 보통, 절삭 속도는 200~3,000 m/min이 흔히 사용되고 있다.

한편 다이아몬드 바이트의 경우, 절삭유제의 사용은 절삭날의 냉각보다도 칩의 제거나 다듬질면 향상 등을 목적으로 사용되는 경우가 많은 것 같다.

다이아몬드의 경우, 다른 공구 재종과는 달리 절삭 깊이량이나 이송량이 매우 작기 때문에 칩의 용착에 관해서는 그다지 고려할 필요가 없다.

그러나 연질 금속인 경우의 친화력에 대해서는 유효한 대응책이 될 것이다. 그것은 경사면에 부착물(구성 날끝)이 발생하면 칩의 흐름이 균일하게 되지 않아 다듬질면 정밀도에 나쁜 영향을 주기 때문이다.

또한 다이아몬드 바이트의 특성상, 다른 공구 재종과 같이 절삭날 마모에 의한 수명의 문제를 고려할 필요는 없지만 전혀 없다는 것은 아니다(**사진 1**).

사진 1 다이아몬드 바이트의 마모 예

특히 다이아몬드 바이트 손상의 대부분은 절삭날의 치핑이다. 절삭중 절삭날에 무리한 저항이 작용하면 날끝이 파손되는 경우가 많으므로, 이 점을 충분히 고려하여 기계의 정밀도나 강성, 공진점 등을 점검해야 한다.

● 절삭 조건의 선정

다이아몬드는 매우 단단하지만 메지다는 양면성을 지니고 있다고 앞에서 말했다. 그리고 그에 따른 날형 형상에 관한 제한이나 고려해야 할 점에 관해서도 살펴 보았다.

다이아몬드 공구가 지닌 매우 높은 가공 정밀도, 다듬질면을 능률적으로 얻기 위해서는 역시 사용 조건을 적절히 설정해야 한다.

예를 들면 다이아몬드 바이트의 절삭 조건에서 필요한 것은 높은 절삭 속도가 아니라 오히려 절삭중에 진동이 작아야 한다는 것이 보다 중요하다.

그래서 사전에 사용하는 공작 기계의 주축 회전수와 공진점의 관계를 확인하고 이것을 피할 수 있는 회전수를 선정해야 한다. 또 이송이나 절삭 깊이량을 설정할 때도 가공물의 형상이나 강성 등을 고려하여 절삭중에 채터링이 발생하지 않는 범위를 설정한다.

물론 다이아몬드 바이트의 최대 특징인 날형에 기인한 최적 바이트 설치각을 확보한 다음(2, 3회 절삭해 보고 최적 설치 위치를 결정하는)에 이용하는 것은 말할 것도 없다.

표 1은 이러한 점을 고려한 권장 조건으로서 기계 강성, 채터링 대책이 충분하다면 문제가 없는 조건이다.

한편 절삭유제는 가공물의 온도 상승과 절삭날에 칩이 부착하는 것을 방지하는 효과가 있으므로 가급적 사용할 것을 권장한다.

대개는 수용성 절삭유제이지만 특별한 고속 절삭을 할 때에는 열 전도율이 높은 절삭유제를 사용하는 것이 바람직하다. 단, 발화성이 있는 절삭유제는 피해야 한다.

  그림 5는 다듬질면에 대한 절삭유제의 영향을 나타낸 예인데, 부착물의 영향으로 다듬질면이 열화되어 있음을 알 수 있다.

표 1 다이아몬드 바이트의 표준 절삭 조건

피삭재	절삭 속도 (m/min)	이 송 (mm/rev)	절삭 깊이 (mm)
알루미늄 합금류	~1,500	0.25~0.5	0.2~1.5
순 알 루 미 늄	~350	〃	〃
마그네슘 합금류	~400	〃	〃
청 동 (주 물)	~800	〃	〃
아 연, 청 동	~3,000	〃	〃
배 빗 메 탈	~1,500	0.02~0.1	0.02~0.6

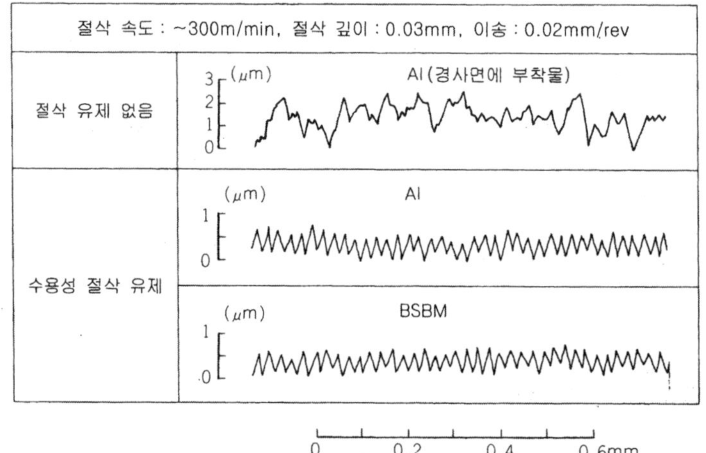

그림 5 다이아몬드 바이트 선삭시, 절삭유와 다듬질면의 관계

3편

가공 실례와 적응 재종

피삭재별 적응 공구 재종과 메이커가 권장하는 절삭 조건

일반적으로 절삭 공구의 권장 절삭 조건은 각 공구 메이커의 카탈로그나 기술 보고서 또는 전문지 등에 자주 게재되고 있다. 그러나 대부분이 공구 또는 재종에 관해서 기술하고 있을 뿐으로, 실제로 이들을 사용하는 작업자가 선정하기에 편리하도록 정리되어 있는 예는 많지가 않다.

여기에서 소개하는 절삭 조건은 선삭 가공, 밀링, 드릴 가공 등 가공 양식마다 대상이 되는 피삭재에 따라 가공 조건(절삭 속도, 이송량, 절삭 깊이, 절삭유제 등)을 기입한 것이다. 또한 표 가운데의 공구 형상에 관해서는 공구의 기본적인 형상(날 형상)을 표시했다. 따라서 일례로 바이트의 경우, 공구 메이커의 대부분이 시판되고 있는 기계적으로 체결하는 클램프 바이트(스로어웨이 바이트)의 날 형상과는 다른 경우가 있으므로 주의를 해야 한다. 또한 브레이커의 형상이나 날형 또는 공구 재종 등에서 선택되는 것이기 때문에 이 표를 활용할 때에는 이 점에 주의하고 표 중의 공구의 여러 각도는 JIS에 있는 납땜 초경 바이트의 기본 날형이라고 생각하기 바란다.

한편 기재 사항은 다음과 같은 원칙에 따라 정리됐다.

① 공구 재종의 분류 기호란에는 JIS 사용 분류 기호하에 각 사의 권장 공구 재종명을 기입하고 있다. 또 밀링 커터 공구, 드릴 등에 관해서는 각 사가 권장하고 있는 공구명을 별도란에 기입했다. 또한 JIS 분류 기호가 기입되어 있지 않거나 공구 형상 치수(각도 등)가 기입되어 있지 않는 경우가 있다. 이것은 각 사의 권장 공구 재종을 중심으로 절삭 조건을 기입했기 때문에 일반 초경 재종으로 대응할 수 없는 경우는 비워두었다.

② 호닝란에 기재되어 있는 각도는 다음과 같은 호닝 폭에 대해서 설정되어 있는 것이다. 즉 「이송(mm/rev 또는 mm/날)×0.5~0.8」, 2단 경사각은 「이송(mm/rev 또는 mm/날)×0.8~1.5」, 또 2단 경사각을 채택했을 경우에도 호닝은 조금 작은 「이송(mm/rev 또는 mm/날)×0.3~0.8」로 실행하기 바란다.

③ 정밀 보링 가공란의 「L/D」는 공구의 지름(D)과 기계축 설치 끝 또는 공구 설치부에서의 길이(L)와의 비를 표시하고 $L/D=3$이란 공구의 돌출 길이가 공구 지름의 3배라는 것을 나타낸다.

④ 볼 엔드 밀란의 절삭 깊이와 픽피드와의 관계는 아래 그림과 같다. 표에서는 공구 지름(D)에 대해서 1/2, 1/3, …과 같이 기재되어 있지만 각각의 최대값과 최소값을 선정하는 경우에는 칩

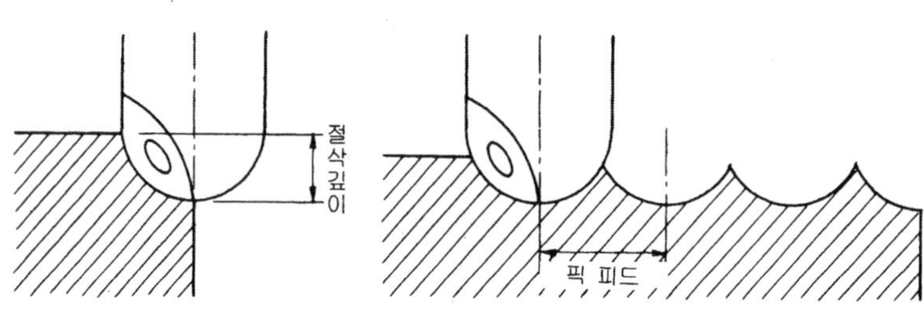

의 배출 상황이나 공구의 강성 등을 고려하여 무리가 없는 원활한 절삭음이 날 때를 선택하도록 한다. 이들 조건 및 공구 형상은 그 공구를 사용할 때의 권장 공구 재종, 형상이며, 또한 절삭날 여유면의 마모 폭을 0.3~0.5 mm(최대 0.8 mm)로 정해 공구 메이커 주요 3사 도시바 텅걸로이, 미츠비시 머티어리얼, 스미토모 전기공업을 선정, 각각의 권장 조건을 게재하였다(표의 구상 흑연 주철=덕타일 주철).

도시바 텅걸로이

선삭 가공의 피삭재별 공구 재종과 절삭 조건

재료명	인장강도 (kgf/mm²) (경도)	이송 (mm/rev)	공구재종 분류기호	절삭속도 (m/min)	가로 경사각 (도)	여유각 (도)	절삭날 경사각 (도)	호닝 (2단 경사각)	공구재종 분류기호	절삭속도 (m/min)	가로 경사각 (도)	여유각 (도)	절삭날 경사각 (도)	호닝 (2단 경사각)
				연속적 절삭 (안정된 절삭 상태)						단속적 절삭 (불안정한 절삭 상태)				
극 연 강	~50	~0.1	K10 N302	150~300	12~18	6~8	0	—	M10 N308	100~200	12~18	6~8	0	—
		0.1~0.3	K20 T822	100~250	12~18	6~8	0	—	K20 T823	80~150	12~18	6~8	-4	15
		0.3~0.6	K20 T822	100~250	12~18	6~8	-4	15	K20 T823	80~150	12~18	6~8	-4	15
		0.6~1.0	K20 T822	80~150	12	6~8	-4	15	M30 T823	50~100	12	6~8	-4	(15)
구 조 용 강	40~50	~0.1	P10 N308	150~250	12~18	6~8	0	—	(P15) T813	120~200	12	6~8	0	—
		0.1~0.3	P10 T823	120~220	12~18	6~8	-4	15	(P15) T813	100~180	12~18	6~8	-4	15
		0.3~0.6	P20 T823	120~220	12~18	6~8	-4	15	(P25) T813	100~180	12~18	6~8	-4	15
		0.6~1.0	P20 T823	100~200	12~	6~8	-4	15	(P25) T813	50~100	12	6~8	-4	(15)
쾌 삭 강	~55	~0.1	P10 T823	150~250	12~18	6~8	0	—	(P15) T813	120~200	12	6~8	0	—
		0.1~0.3	P10 T823	120~220	12~18	6~8	-4	15	(P15) T813	100~180	12~18	6~8	-4	15
		0.3~0.6	P10 T823	120~220	12~18	6~8	-4	15	(P25) T813	100~180	12~18	6~8	-4	15
조 질 강	50~70	~0.1	P10 N308	150~250	12~18	6~8	0	—	(P15) T813	120~200	12	6~8	0	—
		0.1~0.3	P10 T823	120~220	12~18	6~8	-4	15	(P25) T813	100~180	12~18	6~8	-4	15
		0.3~0.6	P10 T823	120~220	12~18	6~8	-4	15	(P25) T813	100~180	12~18	6~8	-4	15
	70~85	~0.1	P10 N308	120~200	5~12	6~8	0	15	(P15) T813	100~180	5~12	6~8	0	15
		0.1~0.3	P10 T823	100~180	5~12	6~8	-4	15	(P25) T813	80~150	5~12	6~8	-4	15
		0.3~0.6	P10 T823	100~180	5~12	6~8	-4	15	(P25) T813	80~150	5~12	6~8	-4	15
담 금 질 강	HRC 50~60	~0.1	K01 BX270	100~120	0	5	-4	10~5	K01 BX290	50~100	0	5	-4	10~5
		0.1~0.2	K01 BX270	100~120	0	5	-4	10~5	K01 BX290	50~100	0	5	-4	10~5
		0.2~0.3	K10 T821	30~40	0	5	-4	15	K10 T841	20~30	0	5	-4	15
내 열 강 스테인리스강	Cr Cr-Mo	0.1~0.2	M10 N308	100~130	15~20	6~8	-4	15	M20 T260	100~130	12~15	6~8	-8	15
		0.2~0.4	M10 T260	100~130	15~20	6~8	-4	5	M20 T813	80~130	12~15	6~8	-8	15
		0.4~0.6	M20 T260	80~100	15~20	6~8	-4	15	M30 T813	60~100	12~15	6~8	-8	15
	Cr-Ni Cr-Ni-Mo	0.1~0.2	M10 N308	120~200	15~20	6~8	-4	15	M20 T260	100~130	12~15	6~8	-8	15
		0.2~0.4	M10 T260	100~130	15~20	6~8	-4	15	M20 T813	80~100	12~18	6~8	-8	15
		0.4~0.6	M20 T260	80~120	15~20	6~8	-4	15	M30 T813	60~100	12~15	6~8	-8	15
내 열 재 료		0.1~0.2	K10 TH10	10~70	12~18	6~8	-4	15	K20 KS20	10~50	12	6~8	-4	15
		0.2~0.4	K20 KS20	10~50	12~18	6~8	-4	15	K20 KS20	10~50	12	6~8	-8	15
		0.4~0.6	K30 KS20	10~40	12~18	6~8	-4	15	K30 KS20	5~30	12	6~8	-8	15
망 간 단 강	12~14% Mn	0.1~0.2	M10 T823	60~100	6	6~8	-4	10	20 T823	40~80	6	6~8	-4	15
		0.2~0.4	M10 T823	60~100	6	6~8	-4	10	M20 T823	40~80	6	6~8	-4	15
		0.4~0.6	M20 T823	40~80	6	6~8	-4	(15)	M20 UX30	20~30	6	6~8	-4	(15)
	18% Mn	0.1~0.2	M10 T823	60~100	6	6~8	-4	10	M20 T823	40~80	6	6~8	-4	15
		0.2~0.4	M10 T823	60~100	6	6~8	-4	10	M20 T823	40~80	6	6~8	-4	15
		0.4~0.8	M20 T823	40~80	6	6~8	-4	(15)	M30 UX30	20~30	6	6~8	-4	(15)
망 간 주 강	12~14% Mn	0.1~0.2	M10 T823	60~100	6	6~8	-4	10	M20 T823	40~80	6	6~8	-4	15
		0.2~0.4	M10 T823	60~100	6	6~8	-4	10	M20 T823	40~80	6	6~8	-4	15

도시바 텅걸로이 선삭 가공의 피삭재별 공구 재종과 절삭 조건 (계속)

피삭재 재료명	인장강도 (kgf/mm²) (경도)	이송 (mm/rev)	연속적 절삭 (안정된 절삭 상태) 공구 재종 분류 기호	절삭속도 (m/min)	가로 경사각 (도)	여유각 (도)	절삭날 경사각 (도)	호닝 (2단 경사각)	단속적 절삭 (불안정한 절삭 상태) 공구 재종 분류 기호	절삭속도 (m/min)	가로 경사각 (도)	여유각 (도)	절삭날 경사각 (도)	호닝 (2단 경사각)
망간 (계속)		0.4~0.6	M20 T823	40~80	6	6~8	−4	(15)	M30 UX30	20~30	6	6~8	−4	(15)
주강	~50	~0.1	P10 T821	120~160	12	6~8	−4	15	M10 T821	100~120	12	6~8	−4	15
		0.1~0.3	P10 T822	100~140	12	6~8	−4	15	M10 T822	80~100	12	6~8	−4	15
		0.3~0.6	P20 T822	80~100	12	6~8	−4	15	M20 T822	60~80	12	6~8	−4	15
		0.6~1.0	P20 T822	60~80	6	6~8	−4	(15)	M20 T822	40~60	6	6~8	−4	(15)
주철	HB ~180	~0.3	K10 T841	150~300	6~12	6~8	−4	0	K10 T841	130~250	6	6~8	−4	0
		0.3~0.6	K10 T841	150~250	6~12	6~8	−4	0	K10 T842	100~200	6	6~8	−4	0
		0.6~1.2	K20 T842	120~250	6	6~8	−4	0	K20 T842	80~150	6	6~8	−4	0
	HB 180~220	~0.3	K10 T841	150~300	6~12	6~8	−4	0	K10 T841	130~250	6	6~8	−4	0
		0.3~0.6	K10 T841	150~250	6~12	6~8	−4	0	K10 T842	100~200	6	6~8	−4	0
		0.6~1.2	K20 T842	120~250	6	6~8	−4	0	K20 T842	80~150	6	6~8	−4	0
합금 주철	HB 250~450	~0.1	K10 N302	100~250	6	6~8	−4	15	K10 N302	80~200	6	6~8	−8	15
		0.1~0.3	K10 T841	100~250	6	6~8	−4	15	K20 T842	80~200	6	6~8	−8	15
구상흑연주철	HB 140~180	~0.1	M10 T841	100~200	6	6~8	−4	15	M10 T841	80~180	6	6~8	−4	15
		0.1~0.3	M10 T841	100~180	6	6~8	−4	15	M10 T842	80~180	6	6~8	−4	15
		0.3~0.6	M20 T842	100~150	6	6~8	−4	15	M20 T842	80~150	6	6~8	−4	15
흑심가단주철	HB ~130	0.1~0.3	M10 N302	100~250	6	6~8	−4	15	M10 T841	80~200	6	6~8	−4	15
		0.3~0.6	M10 T841	100~200	6	6~8	−4	15	M20 T842	80~200	6	6~8	−4	15
백심 가단 주철은 절삭 속도를 약30% 저감한다	HB 130~180	~0.1	M10 N302	100~200	6	6~8	−4	15	M10 N302	80~180	6	6~8	−4	15
		0.1~0.3	M10 T841	100~180	6	6~8	−4	15	M10 T842	80~180	6	6~8	−4	15
		0.3~0.6	M20 T841	100~180	6	6~8	−4	15	M20 T842	80~180	6	6~8	−4	15
동		~0.1	K10 TH10	400~700	18~25	10	0~−4	—	K10 TH10	400~700	18	10	0~−4	—
		0.1~0.3	K10 TH10	400~700	18~25	10	0~−4	—	K10 TH10	400~700	18	10	0~−4	10
		0.3~0.6	K10 TH10	200~500	18~25	10	0~−4	10	K10 TH10	200~500	18	10	0~−4	10
황동		~0.1	K10 TH10	400~700	18~25	10	0~−4	—	K10 TH10	400~700	18	10	0~−4	—
		0.1~0.3	K10 TH10	400~700	18~25	10	0~−4	—	K10 TH10	400~700	18	10	0~−4	10
		0.3~0.6	K10 TH10	200~500	18~25	10	0~−4	10	K10 TH10	200~500	18	10	0~−4	10
청동주물		~0.1	K10 TH10	400~500	8~12	8	0	—	K10 TH10	400~500	8	8	0	—
		0.1~0.3	K10 TH10	400~500	8~12	8	0	—	K10 TH10	400~500	8	8	0	10
		0.3~0.6	K10 TH10	300~400	8~12	8	0	10	K10 TH10	300~400	8	8	0	10
알루미늄		~0.1	K10 TH10	500~1000	20~30	15	0	—	K10 TH10	500~1000	20	10	0	—
		0.1~0.3	K10 TH10	500~1000	20~30	15	0	—	K10 TH10	500~1000	20	10	0	10
		0.3~0.6	K10 TH10	500~1000	20~30	15	0	—	K10 TH10	500~1000	20	10	−4	10
알루미늄합금	HB 80~120	~0.1	K10 TH10	400~700	12~20	10	0	—	K10 TH10	400~700	12	10	0	—
		0.1~0.3	K10 TH10	400~700	12~20	10	0	—	K10 TH10	400~700	12	10	0	10
		0.3~0.6	K10 TH10	400~700	12~20	10	0	—	K10 TH10	400~700	12	10	−4	10
	9~14% Si	~0.1	K10 DX160	300~1500	0~12	10	−4	—	K10 DX140	300~1200	0	10	0	—
		0.1~0.3	K10 DX160	300~1500	0~12	10	−4	—	K10 DX140	300~1200	0	10	0	—
		0.3~0.6	K10 DX160	300~1500	0~12	10	−4	—	K10 DX140	300~1200	0	10	−4	—

정면 밀링의 피삭재별 공구 재종과 절삭 조건

피 삭 재		이 송 (mm/rev)	안정된 절삭 상태				불안정한 절삭 상태				공구 형번
재 료 명	인장 강도 (kgf/mm²) (경도)		공구 재종 분류 기호	절삭 속도 (m/min)	참 경사각 (도)	호 닝 (2단 경사각)	공구 재종 분류 기호	절삭 속도 (m/min)	참 경사각 (도)	호 닝 (2단 경사각)	
극 연 강	~50	0.2~0.5	(P25) NS540	150~250	13	15	P30 UX30	100~200	13	15	TGE4400
구 조 용 강	40~50	0.06~0.12	(P25) T370	100~160	8	15	P30 UX30	80~150	8	15	TGD4400
		0.1~0.2	(P25) T370	100~160	8	15	P30 UX30	80~150	8	15	
		0.2~0.4	(P25) T370	100~160	8	15	P30 UX30	80~150	8	15	
조 질 강 Cr강 Cr-Mo강	50~70	0.06~0.12	(P25) T370	100~160	5	15	P30 UX30	80~150	5	15	TMD4100
		0.12~0.2	(P25) T370	100~160	5	15	P30 UX30	80~150	5	15	
		0.2~0.4	(P25) T370	100~160	5	15	P30 UX30	80~150	5	15	
	70~85	0.06~0.12	(P25) T370	100~130	5	15	P30 UX30	80~150	5	15	TMD4100
		0.12~0.2	(P25) T370	100~130	5	15	P30 UX30	80~150	5	15	
		0.2~0.4	(P25) T370	100~130	5	15	P30 UX30	80~150	5	15	
Ni-Cr-Mo강 Mn-Si강	70~85	0.06~0.12	(P25) T370	100~130	5	15	P30 UX30	80~150	5	15	TMD4100
		0.12~0.2	(P25) T370	100~130	5	15	P30 UX30	80~150	5	15	
		0.2~0.4	(P25) T370	100~130	5	15	P30 UX30	80~150	5	15	
조 질 강 공 구 강	85~100	0.06~0.2	(P25) T370	80~130	5	15	P30 UX30	60~120	5	15	TMD4100
		0.2~0.4	(P25) T370	80~130	5	15	P30 UX30	60~120	5	15	
내 열 강 스테인리스강		0.1~0.2	(P25) T260	15~30 100~150	9	15	P30 UX30	15~30 80~150	9	15	TUD5600
주 강	~50	0.3~0.5	P30 NS540	60~100	5	15	P30 NS540	50~90	5	15	TMD4100
	50~70	0.3~0.5	P30 NS540	60~100	5	15	P30 NS540	50~90	5	15	
주 철	(HB ~180)	0.1~0.2	K10 T370	90~110	3	15	K10 TH10	90~110	3	0	TGP4200
		0.2~0.4	K10 T370	90~110	3	15	K10 TH10	90~110	3	0	
		0.4~0.6	K10 T370	90~110	3	15	K10 TH10	90~110	3	0	
합 금 주 철	HB 180~220	0.1~0.2	K10 T370	90~110	3	15	K10 TH10	90~100	3	0	TGP4200
		0.2~0.4	K10 T370	90~110	3	15	K10 TH10	90~100	3	0	
		0.4~0.6	K10 T370	90~110	3	15	K10 TH10	90~100	3	0	
	HB 250~350	0.1~0.2	K10 T370	70~100	3	15	K10 TH10	60~90	3	10	TGP4200
		0.2~0.3	K10 T370	70~100	3	15	K10 TH10	60~90	3	10	
구상 흑연 주철	HB 140~200	0.1~0.25	K10 T370	90~110	3	15	K10 TH10	90~100	3	0	TGP4200
		0.25~0.4	K10 T370	90~110	3	15	K10 TH10	90~100	3	0	
흑심 가단 주철	HB 130~180	0.1~0.25	K10 T370	90~110	3	15	K10 TH10	90~100	3	0	TGP4200
		0.25~0.4	K10 T370	90~110	3	15	K10 TH10	90~100	3	0	
동	(HB 40~60)	0.1~0.2	K10 TH10	200~400	15	—	K10 TH10	150~350	15	—	THF4400
		0.2~0.4	K10 TH10	200~400	15	—	K10 TH10	150~350	15	—	
황 동 청 동 주 물	(HB 40~80)	0.1~0.2	K10 TH10	200~400	15	—	K10 TH10	150~350	15	—	THF4400
		0.2~0.4	K10 TH10	200~400	15	—	K10 TH10	150~350	15	—	
	(HB 80~)	0.1~0.2	K10 TH10	150~200	15	—	K10 TH10	130~180	15	—	THF4400
		0.2~0.4	K10 TH10	150~200	15	10	K10 TH10	130~180	15	10	
알루미늄합금	(HB ~80)	0.1~0.2	K10 TH10	500~800	15	—	K10 TH10	300~600	15	—	THF4400
		0.2~0.4	K10 TH10	500~800	15	—	K10 TH10	300~600	15	—	
		0.4~0.6	K10 TH10	500~800	15	—	K10 TH10	300~600	15	—	

도시바 텅걸로이 정면 밀링의 피삭재별 공구 재종과 절삭 조건 (계속)

재 료 명	인장 강도 (kgf/mm²) (경도)	이 송 (mm/rev)	안정된 절삭 상태				불안정한 절삭 상태				공구 형번
			공구 재종 분류 기호	절삭 속도 (m/min)	참 경사각 (도)	호 닝 (2단 경사각)	공구 재종 분류 기호	절삭 속도 (m/min)	참 경사각 (도)	호 닝 (2단 경사각)	
알루미늄합금 (계속)	(HB 80~120)	0.1~0.2	K10 TH10	500~800	15	—	K10 TH10	300~600	15	—	THF4400
		0.2~0.4	K10 TH10	500~800	15	—	K10 TH10	300~600	15	—	
		0.4~0.6	K10 TH10	500~800	15	—	K10 TH10	300~600	15	—	
	(9~14% Si)	0.1~0.2	K10 DX140	800~1500	15	10	K10 DX160	500~1000	15	10	THF4400
		0.2~0.4	K10 DX140	800~1500	15	10	K10 DX160	500~1000	15	10	
		0.4~0.6	K10 DX140	800~1500	15	10	K10 DX160	500~1000	15	10	
마그네슘합금		0.1~0.2	K10 TH10	200~500	15	—	K10 TH10	200~400	15	—	THF4400
		0.2~0.4	K10 TH10	200~500	15	—	K10 TH10	200~400	15	—	
		0.4~0.6	K10 TH10	200~500	15	—	K10 TH10	200~400	15	—	

정밀 보링 가공의 피삭재별 공구 재종과 절삭 조건

재 료 명	인장 강도 (kgf/mm²) (경도)	공구 재종 분류 기호	이 송 (mm/날)	절삭 속도 (m/min)	가로 경사각 (도)	여 유 각 (도)	절삭 날 경사각 (도)	호 닝 (2단 경사각)
				연속적 절삭 (안정된 절삭 상태, $L/D \leqq 3$)				
강	50~70	P01 N308	0.05~0.08	100~140	0~10	5~6	0	15
		P10 N308	0.08~0.12	80~100	0~10	5~6	0	15
		P10 N308	0.12~0.15	60~80	0~10	5~6	0	15
	70~85	P01 N308	0.05~0.08	100~140	0~10	5~6	0	15
		P10 N308	0.08~0.12	80~100	0~10	5~6	0	15
		P10 N308	0.12~0.15	60~80	0~10	5~6	0	15
	85~100	P01 N308	0.05~0.08	100~120	0~6	5~6	0	15
		P10 N308	0.08~0.12	60~80	0~6	5~6	0	15
		P10 T260	0.12~0.15	50~70	0~6	5~6	0	15
	100~140	P01 N308	0.05~0.08	80~120	0	5~6	0	15
		P10 T260	0.08~0.12	60~80	0	5~6	0	15
		P10 T260	0.12~0.15	50~70	0	5~6	0	15
주 강	40~70	P10 N308	0.05~0.15	70~140	0~6	5~6	0	15
주 철	(HB ~220)	(K05) N302	0.05~0.1	80~100	0~6	5~6	0	—
		K10 N302	0.1~0.15	60~80	0~6	5~6	0	—
	(HB 220~250)	(K05) N302	0.05~0.1	80~100	0~6	5~6	0	—
		K10 N302	0.1~0.15	60~80	0~6	5~6	0	—
	(HB 250~450)	(K05) N302	0.05~0.1	80~100	0~6	5~6	0	—
		K10 N302	0.1~0.15	60~80	0~6	5~6	0	—
알루미늄합금	(Si14%이상)	(K05) DX140	0.05~0.1	400~800	0~6	5~6	0	—
		K10 TH10	0.1~0.15	200~400	0~6	5~6	0	—

엔드 밀 가공의 피삭재별 공구 재종과 절삭 조건

| 피삭재 | | 일반 가공용 (2날 엔드 밀) | | | | | | |
재료명	인장 강도 (kgf/mm²) (경도)	공구 형번	공구 재종 분류 기호	공구 지름 (mm)	이 송 (mm/날)	절삭 속도 (m/min)	절삭 깊이 (mm)	절 삭 폭
구 조 용 강	40~50	SED2000	(P30) PEM	3~5	0.01~0.08	20~50	½×l	⅔×D
				5~12	0.01~0.12	20~60		
				12~	0.03~0.18	25~60		
조 질 강		SED2000	(P30) PEM	3~5	0.005~0.02	20~40	½×l	⅔×D
				5~12	0.01~0.06	20~40		
				12~	0.03~0.12	25~40		
내 열 강 스테인리스강		SEE3000 (3개의 날)	(P30) PEM	3~5	0.005~0.03	25~45	½×l	⅔×D
				5~12	0.01~0.06	25~45		
				12~	0.02~0.08	30~45		
합 금 강		SED2000	(P30) PEM	3~5	0.005~0.05	25~40	½×l	⅔×D
				5~12	0.01~0.10	25~45		
				12~	0.02~0.15	25~45		
주 강	50~70	SED2000	(P30) PEM	3~5	0.005~0.05	25~40	½×l	⅔×D
				5~12	0.01~0.1	25~45		
				12~	0.02~0.15	25~45		
주 철	(HB 180~220)	SED2000	(P30) PEM	3~5	0.01~0.08	20~45	½×l	⅔×D
				5~12	0.01~0.12	20~55		
				12~	0.03~0.18	20~55		
합 금 주 철		SED2000	(P30) PEM	3~5	0.01~0.08	20 -45	½×l	⅔×D
				5~12	0.01~0.12	20~55		
				12~	0.03~0.18	20~55		
구상흑연주철	(HB 140~200)	SED2000	(P30) PEM	3~5	0.01~0.08	20~45	½×l	⅔×D
				5~12	0.01~0.12	20~55		
				12~	0.03~0.18	20~55		
흑심가단주철	(HB 130~180)	SED2000	(P30) PEM	3~5	0.01~0.08	20~45	½×l	⅔×D
				5~12	0.01~0.12	20~55		
				12~	0.03~0.18	20~55		
알루미늄합금 동 합 금		SEE2000A	K10 TH10	3~5	0.01~.08	60~150	½×l	⅔×D
				5~12	0.01~0.12	60~150		
				12~	0.03~0.18	60~150		
열경화성수지 비 금 속		SEE2000A	K10 TH10	3~5	0.01~0.04	30~60	1×D	⅔×D
				5~12	0.03~0.12	30~60		
				12~	~0.15	50~80		

도시바 텅걸로이 엔드 밀 가공의 피삭재별 공구 재종과 절삭 조건 (계속)

피 삭 재				모방 가공용 (볼 엔드 밀)					
재 료 명	인장 강도 (kgf/mm²) (경도)	공구 형번	공구 재종 분류 기호	공구 지름 (mm)	이 송 (mm/날)	절삭 속도 (m/min)	절삭깊이 / 픽 피드 (mm) (mm)		절삭폭 (mm)
구 조 용 강	40~50	BBE500 (솔리드)	M40 TU40	3~10	0.04~0.08	60~80	$(\frac{1}{4} \sim \frac{1}{2})D / (\frac{1}{4} \sim \frac{1}{2})D$		$\frac{2}{3} \times D$
		TSB200 (납땜)	(P30) UX30	10~	0.2~0.3	50~100	$\frac{1}{4} \times D / \frac{1}{2} \times D$		
조 질 강		BBE500	M40 TU40	3~10	0.03~0.06	30~50	$(\frac{1}{4} \sim \frac{1}{2})D / (\frac{1}{4} \sim \frac{1}{2})D$		$\frac{2}{3} \times D$
		TSB200	P30 UX30	10~	0.2~0.3	35~50	$\frac{1}{4} \times D / \frac{1}{2} \times D$		
내 열 강 스테인리스강		BBE500	M40 TU40	3~10	0.03~0.05	15~20	$(\frac{1}{4} \sim \frac{1}{2})D / (\frac{1}{4} \sim \frac{1}{2})D$		$\frac{2}{3} \times D$
		TSB200	P30 UX30	10~	0.1~0.2	20~30	$\frac{1}{4} \times D / \frac{1}{2} \times D$		
합 금 강		BBE500	M40 TU40	3~10	0.04~0.08	30~50	$(\frac{1}{4} \sim \frac{1}{2})D / (\frac{1}{4} \sim \frac{1}{2})D$		$\frac{2}{3} \times D$
		TSB200	P30 UX30	10~	0.2~0.3	35~60	$\frac{1}{4} \times D / \frac{1}{2} \times D$		
주 강	50~70	BBE500	M40 TU40	3~10	0.04~0.08	30~50	$(\frac{1}{4} \sim \frac{1}{2})D / (\frac{1}{4} \sim \frac{1}{2})D$		$\frac{2}{3} \times D$
		TSB200	P30 UX30	10~	0.2~0.3	35~60	$\frac{1}{4} \times D / \frac{1}{2} \times D$		
주 철	$\binom{HB}{180 \sim 220}$	BBE500	M40 TU40	3~10	0.05~0.1	40~60	$(\frac{1}{4} \sim \frac{1}{2})D / (\frac{1}{3} \sim \frac{2}{3})D$		$\frac{2}{3} \times D$
		TSB200	P30 UX30	10~	0.25~0.4	60~90	$\frac{1}{4} \times D / \frac{1}{2} \times D$		
합 금 주 철		BBE500	M40 TU40	3~10	0.05~0.1	40~60	$(\frac{1}{4} \sim \frac{1}{2})D / (\frac{1}{3} \sim \frac{2}{3})D$		$\frac{2}{3} \times D$
		TSB200	P30 UX30	10~	0.25~0.4	60~90	$\frac{1}{4} \times D / \frac{1}{2} \times D$		
구상흑연주철	$\binom{HB}{140 \sim 200}$	BBE500	M40 TU40	3~10	0.05~0.1	40~60	$(\frac{1}{4} \sim \frac{1}{2})D / (\frac{1}{3} \sim \frac{2}{3})D$		$\frac{2}{3} \times D$
		TSB200	P30 UX30	10~	0.25~0.4	60~90	$\frac{1}{4} \times D / \frac{1}{2} \times D$		
흑심가단주철	$\binom{HB}{130 \sim 180}$	BBE500	M40 TU40	3~10	0.05~0.1	40~60	$(\frac{1}{4} \sim \frac{1}{2})D / (\frac{1}{3} \sim \frac{2}{3})D$		$\frac{2}{3} \times D$
		TSB200	P30 UX30	10~	0.25~0.4	60~90	$\frac{1}{4} \times D / \frac{1}{2} \times D$		

드릴 가공의 피삭재별 공구 재종과 절삭 조건

재료명	인장 강도 (kgf/mm²) (경도)	공구 형식	공구 재종 분류 기호	공구 지름 (mm)	이 송 (mm/rev)	절삭 속도 (m/min)	절삭 유제	비고 (드릴 날부의 형식)
강	~100	DSC	P30 PK56	3~8	0.2~0.3	100~140	수용성·비수용성	솔리드 타입
				8~20	0.25~0.36	110~150		
	100~140	DSC	P30 PK56	3~8	0.15~0.25	80~120	수용성·비수용성	솔리드 타입
				8~20	0.15~0.3	80~120		
		TDR	P20 T553	15~50	0.07~0.13	100~150	수용성	클램프 타입
				50~70	0.07~0.17	60~70		
공 구 강 열 처 리 강 스테인리스강	85~120	DSC	P30 PK56	3~8	0.15~0.25	80~120	수용성·비수용성	솔리드 타입
				8~20	0.15~0.3	80~120		
		TDR	P20 T553	15~50	0.04~0.12	70~100	수용성	클램프 타입
				50~70	0.07~0.17	60~70		
	120~180	DSC	P30 PK56	3~8	0.1~0.2	40~70	수용성·비수용성	솔리드 타입
				8~20	0.12~0.25	45~80		
		TDR	P20 T553	15~50	0.04~0.10	70~80	수용성	클램프 타입
담 금 질 강	(HRC 50~)	CDS	(P30) UM	3~8	0.01~0.06	3~10	수용성·비수용성	솔리드 타입
		DMD	EM	8~20	0.01~0.06	3~10		
망 간 강 12~14%Mn		CDS	(P30) UM	8~20	0.03~0.1	8~12	수용성·비수용성	솔리드 타입
		DMD	EM					
주 강	70~	DSC	P30 PK56	3~8	0.12~0.2	70~110	수용성·비수용성	솔리드 타입
				8~20	0.12~0.25	70~110		
		TDR	P20 T553	15~25	0.07~0.10	80~120	수용성	클램프 타입
주 철	(HB ~250)	DUA	(K20) UM G2	3~8	0.06~0.3	30~60	수용성	φ3~10 솔리드 타입 φ10~ 납땜 타입
				8~20	0.06~0.3	30~60		
		DTT		20~30	0.06~0.3	30~60		납땜 타입
		TDR	P20 T553	15~20	0.1~0.15	100~150	수용성	클램프 타입
				20~50	0.1~0.15	100~150		
합 금 주 철	(HB 250~350)	DUA	(K20) UM G2	3~8	0.05~0.12	20~30	수용성	φ3~10 솔리드 타입 φ10~ 납땜 타입
				8~20	0.05~0.12	20~30		
		DTT		20~30	0.01~0.12	20~30		납땜 타입
		TDR	P20 T553	15~20	0.07~0.13	80~120	수용성	클램프 타입
				20~50	0.07~0.13	80~120		
	(HB 350~450)	DUA	(K20) UM G2	3~8	0.015~0.04	5~10	수용성	φ3~10 솔리드 타입 φ10~ 납땜 타입
				8~20	0.015~0.04	5~10		
		DTT		20~30	0.015~0.04	5~10		납땜 타입
		TDR	P20 T553	15~20	0.07~0.13	80~120	수용성	클램프 타입
				20~50	0.07~0.13	80~120		
구상흑연주철		DSC	P30 PK56	3~8	0.2~0.35	60~100	수용성·비수용성	솔리드 타입
				8~20	0.22~0.4	60~100		
		TDR	P20 T553	15~20	0.07~0.13	80~120	수용성	클램프 타입
				20~50	0.07~0.13	80~120		

도시바 텅걸로이 드릴 가공의 피삭재별 공구 재종과 절삭 조건 (계속)

피삭재		공구 형식	공구 재종 분류 기호	공구 지름 (mm)	이 송 (mm/rev)	절삭 속도 (m/min)	절삭 유제	비고 (드릴 날부의 형식)
재료명	인장 강도 (kgf/mm²) (경도)							
황 동		CDL/CDS	(K20) UM	3~8	0.06~0.15	60~150	수용성	솔리드 타입
				8~20	0.06~0.15	60~150		
				20~40	0.06~0.15	60~150		
청 동 주 물		CDL/CDS	(K20) UM	3~8	0.06~0.15	60~150	수용성	솔리드 타입
				8~20	0.06~0.15	60~150		
				20~40	0.06~0.15	60~150		
알 루 미 늄 합 금	(HB 180~)	CDL/CDS	(K20) UM	3~8	0.06~0.1	50~150	수용성	솔리드 타입
				8~20	0.08~0.15	50~150		
				20~40	0.15~0.3	50~150		
	(Si 14%~)	DUB	(K20) G2	3~8	0.06~0.15	60~150	수용성	∅3~10 솔리드 타입 ∅10~ 납땜 타입
				8~20	0.06~0.15	60~150		
				20~30	0.06~0.15	60~150		
열경화성수지 (충전재포함)		DUB	(K20) G2	3~8	0.06~0.12	60~150	수용성	∅3~10 솔리드 타입 ∅10~ 납땜 타입
				8~20	0.06~0.12	60~150		
				20~30	0.06~0.12	60~150		
경 질 지		DMD	(K20) EM	3~8	0.03~0.12	60~100	—	∅3~10 솔리드 타입 ∅10~ 납땜 타입
				8~20	0.03~0.12	60~100		
				20~40	0.03~0.12	60~100		
유 리		DMD	(K20) EM	3~8	0.02~0.08	10~20	수용성	∅3~10 솔리드 타입 ∅10~ 납땜 타입
				8~20	0.02~0.08	10~20		
도 자 기		DMD	(K20) EM	3~8	0.02~0.08	5~15	수용성	∅3~10 솔리드 타입 ∅10~ 납땜 타입
				8~20	0.02~0.08	5~15		
				20~30	0.02~0.08	5~15		
대 리 석 슬레이트타일 벽 돌		DMD	(K20) EM	3~8	0.02~0.08	5~15	수용성	∅3~10 솔리드 타입 ∅10~ 납땜 타입
				8~20	0.02~0.08	5~15		
				20~30	0.02~0.08	5~15		
경 질 암 콘 크 리 트		DMD	(K20) EM	3~8	0.02~0.08	8~12	수용성	∅3~10 솔리드 타입 ∅10~ 납땜 타입
				8~20	0.02~0.08	8~12		
				20~30	0.02~0.08	8~12		

리머 가공의 피삭재별 공구 재종과 절삭 조건

재료명	인장 강도 (kgf/mm²) (경도)	공구 형식	공구 재종 분류 기호	공구 지름 (mm)	이 송 (mm/rev)	절삭 속도 (m/min)	절삭 유제	비고 (드릴 날부의 형식)
강	~100	CR	K20 G2	~10	0.15~0.25	8~12	비수용성	납땜 타입
				10~25	0.2~0.4	8~12		
				25~40	0.3~0.5	8~12		
	100~140	CR	K20 G2	~10	0.12~0.2	6~10	비수용성	납땜 타입
				10~25	0.2~0.3	6~10		
				25~40	0.2~0.4	6~10		
주 강	40~50	CR	K20 G2	~10	0.15~0.25	8~12	비수용성	납땜 타입
				10~25	0.2~0.4	8~12		
				25~40	0.3~0.4	8~12		
	50~70	CR	K20 G2	~10	0.12~0.2	6~10	비수용성	납땜 타입
				10~25	0.15~0.3	6~10		
				25~40	0.2~0.4	6~10		
주 철	(HB ~200)	FDC	K10 GIF	~10	0.1~0.3	90~110	수용성	솔리드 타입
				10~25	0.1~0.3	110~130		
		CR	K20 G2	25~40	0.2~0.3	8~12	비수용성	납땜 타입
	(HB 200~)	FDC	K10 GIF	~10	0.1~0.3	90~110	수용성	솔리드 타입
				10~25	0.1~0.3	110~130		
		CR	K20 G2	25~40	0.2~0.3	8~12	비수용성	납땜 타입
구상흑연주철 흑심가단주철		FDC	K10 GIF	~10	0.1~0.3	60~80	수용성	솔리드 타입
				10~25	0.1~0.3	80~100		
		CR	K20 G2	25~40	0.15~0.25	8~12	비수용성	납땜 타입
동		FDC	K10 GIF	~10	0.1~0.3	100~120	수용성	솔리드 타입
				10~25	0.1~0.3	140~160		
		CR	K20 G2	25~40	0.4~0.7	20~30	비수용성	납땜 타입
황 동 청동주물		FDC	K10 GIF	~10	0.1~0.3	100~120	수용성	솔리드 타입
				10~25	0.1~0.3	140~160		
		CR	K20 G2	25~40	0.4~0.7	20~30	비수용성	납땜 타입
알루미늄합금		FDC	K10 GIF	~10	0.1~0.3	100~120	비수용성	솔리드 타입
				10~25	0.1~0.3	140~160		
		CR	K20 G2	25~40	0.4~0.7	20~30		납땜 타입
열경화성수지 (충전재포함)		CR	K20 G2	~10	0.3~0.5	15~25	미스트	납땜 타입
				10~25	0.4~0.8	15~25		
				25~40	0.5~1.0	15~25		

미츠비시 머티어리얼

선삭 가공의 피삭재별 공구 재종과 절삭 조건

| 피삭재 | | 이 송 (mm/rev) | 연속적 절삭·안정된 절삭 상태) | | | | | | 단속적 절삭·불안정한 절삭 상태) | | | | | |
재료명	인장강도 (kgf/mm²) (경도)		공구재종 분류기호	절삭속도 (m/min)	가로 경사각 (도)	여유각 (도)	절삭날 경사각 (도)	호닝 (2단 경사각)	공구재종 분류기호	절삭속도 (m/min)	가로 경사각 (도)	여유각 (도)	절삭날 경사각 (도)	호닝 (2단 경사각)
극 연 강	~50	~0.1	P10 GP20N	150~300	12~18	6~8	0	—	P20 UP35N	100~200	12~18	6~8	0	—
		0.1~0.3	P10 GP20N	150~300	12~18	6~8	0	—	P20 UP35N	100~200	12~18	6~8	−4	15
		0.3~0.6	P10 UC6010	150~300	12~18	6~8	−4	15	P25 UC6025	180~250	12~18	6~8	−4	15
		0.6~1.0	P10 UC6010	100~200	12	6~8	−4	15	P25 UC6025	100~200	12	6~8	−4	(15)
구 조 용 강	40~50	~0.1	P10 GP20N	150~250	12~18	6~8	0	—	P20 UP35N	100~200	12	6~8	0	—
		0.1~0.3	P10 GP20N	150~250	12~18	6~8	−4	15	P20 UP35N	100~200	12~18	6~8	−4	15
		0.3~0.6	P10 UC6010	120~220	12~18	6~8	−4	15	(P25) UC6025	100~200	12~18	6~8	−4	15
		0.6~1.0	P25 UC6025	100~200	12	6~8	−4	15	(P25) UC6025	100~180	12	6~8	−4	(15)
조 질 강	50~70	~0.1	P10 GP20N	150~250	12~18	6~8	0	—	P20 UP35N	100~200	12	6~8	0	—
		0.1~0.3	P10 GP20N	150~250	12~18	6~8	−4	15	P20 UP35N	100~200	12~18	6~8	−4	15
		0.3~0.6	P10 UC6010	150~250	12~18	6~8	−4	15	(P25) UC6025	100~200	12~18	6~8	−4	15
	70~85	~0.1	P10 UC6010	100~200	5~12	6~8	0	15	P25 UC6025	100~180	5~12	6~8	0	15
		0.1~0.3	P10 UC6010	80~180	5~12	6~8	−4	15	(P25) UC6025	80~150	5~12	6~8	−4	15
		0.3~0.6	P10 UC6010	80~150	5~12	6~8	−4	15	(P25) UC6025	80~130	5~12	6~8	−4	15
담 금 질 강	HRC 50~	~0.1	MB820	100~120	0	5	−4	10~5	MB825	50~100	0	5	−4	10~5
		0.1~0.2	MB820	100~120	0	5	−4	10~5	MB825	50~100	0	5	−4	10~5
		0.2~0.3	MB820	40~80	0	5	−4	15	MB825	20~50	0	5	−4	15
내 열 강 스테인리스강	Cr Cr-Mo	0.1~0.2	P05 U66	120~200	15~20	6~8	−4	15	P10 U610	100~180	12~15	6~8	−8	15
		0.2~0.4	P10 U610	120~160	15~20	6~8	−4	15	P25 U625	100~130	12~15	6~8	−8	15
		0.4~0.6	P10 U610	100~140	15~20	6~8	−4	15	P20 UP20M	80~120	12~15	6~8	−8	15
	Cr-Ni Cr-Ni-Mo	0.1~0.2	P05 U66	120~200	15~20	6~8	−4	15	P10 U610	100~180	12~15	6~8	−8	15
		0.2~0.4	P10 U610	120~160	15~20	6~8	−4	15	P25 U625	100~130	12~15	6~8	−8	15
		0.4~0.6	P10 U610	100~140	15~20	6~8	−4	15	P25	80~120	12~15	6~8	−8	15
내 열 재 료		0.1~0.2	K20 HTi20T	30~40	12~18	6~8	−4	15	K20 HTi20T	20~30	12	6~8	−8	15
		0.2~0.4	K20 HTi20T	30~40	12~18	6~8	−4	15	K20 HTi20T	20~30	12	6~8	−8	15
		0.4~0.6	K20 HTi20T	10~30	12~18	6~8	−4	15	K20 HTi20T	5~20	12	6~8	−8	15
망 간 단 강	12~14 % Mn	0.1~0.2	(P20) UP20M	60~100	6	6~8	−4	10	(P20) UTi20T	40~80	6	6~8	−4	15
		0.2~0.4	(P20) UP20M	60~100	6	6~8	−4	10	(P20) UTi20T	40~80	6	6~8	−4	15
		0.4~0.6	(P20) UP20M	40~80	6	6~8	−4	(15)	(P20) UTi20T	30~50	6	6~8	−4	(15)
	18%Mn	0.1~0.2	(P20) UP20M	60~100	6	6~8	−4	10	(P20) UTi20T	40~80	6	6~8	−4	15
		0.2~0.4	(P20) UP20M	60~100	6	6~8	−4	10	(P20) UTi20T	40~80	6	6~8	−4	15
		0.4~0.8	(P20) UP20M	40~80	6	6~8	−4	(15)	(P20) UTi20T	30~50	6	6~8	−4	(15)
망 간 주 강	12~14 % Mn	0.1~0.2	(P20) UP20M	60~100	6	6~8	−4	10	(P20) UTi20T	40~80	6	6~8	−4	15
		0.2~0.4	(P20) UP20M	60~100	6	6~8	−4	10	(P20) UTi20T	40~80	6	6~8	−4	15
		0.4~0.6	(P20) UP20M	40~80	6	6~8	−4	(15)	(P20) UTi20T	30~50	6	6~8	−4	(15)
주 강	~50	~0.1	P10 UC6010	100~200	12	6~8	−4	15	P10 UC6010	100~180	12	6~8	−4	15
		0.1~0.3	P10 UC6010	100~200	12	6~8	−4	15	P10 UC6010	100~180	12	6~8	−4	15

선삭 가공의 피삭재별 공구 재종과 절삭 조건 (계속)

피삭재		이송 (mm/rev)	연속적 절삭 (안정된 절삭 상태)						단속적 절삭 (불안정한 절삭 상태)					
재료명	인장강도 (kgf/mm²) (경도)		공구 재종 분류 기호	절삭속도 (m/min)	가로 경사각 (도)	여유각 (도)	절삭날 경사각 (도)	호닝 (2단경사각)	공구 재종 분류 기호	절삭속도 (m/min)	가로 경사각 (도)	여유각 (도)	절삭날 경사각 (도)	호닝 (2단경사각)
주강 (계속)	~50	0.3~0.6	P10 UC6010	100~180	12	6~8	−4	15	P25 UC6025	100~150	12	6~8	−4	15
		0.6~1.0	P25 UC6025	80~150	6	6~8	−4	(15)	P25 UC6025	80~130	6	6~8	−4	(15)
주철	HB ~180	~0.3	K01 U505	150~300	6~12	6~8	−4	0	K10 U510	130~300	6	6~8	−4	0
		0.3~0.6	K01 U505	150~300	6~12	6~8	−4	0	K10 U510	130~300	6	6~8	−4	0
		0.6~1.2	K01 U505	120~250	6	6~8	−4	0	K10 U510	100~250	6	6~8	−4	0
	HB 180~220	~0.3	K01 U505	150~300	6~12	6~8	−4	0	K10 U510	130~300	6	6~8	−4	0
		0.3~0.6	K01 U505	150~300	6~12	6~8	−4	0	K10 U510	130~250	6	6~8	−4	0
		0.6~1.2	K01 U505	120~250	6	6~8	−4	0	K10 U510	100~250	6	6~8	−4	0
합금주철	HB 250~450	~0.1	K01 NX22	100~180	6	6~8	−4	15	K10 U510	80~180	6	6~8	−8	15
		0.1~0.3	K10 U510	100~180	6	6~8	−4	15	K10 U510	80~150	6	6~8	−8	15
구상흑연주철	HB 140~180	~0.1	K10 U410	150~300	6~12	6~8	−4	0	K10 U510	130~250	6	6~8	−4	0
		0.1~0.3	K10 U410	150~250	6~12	6~8	−4	0	K10 U510	130~250	6	6~8	−4	0
		0.3~0.6	K10 U410	120~250	6	6~8	−4	0	K10 U510	100~200	6	6~8	−4	0
흑심가단주철	HB ~130	0.1~0.3	K10 U410	100~200	6	6~8	−4	15	K10 U510	90~180	6	6~8	−4	15
		0.3~0.6	K10 U410	100~200	6	6~8	−4	15	K10 U510	90~180	6	6~8	−4	15
	HB 130~180	~0.1	K10 U410	100~200	6	6~8	−4	15	K10 U510	90~180	6	6~8	−4	15
		0.1~0.3	K10 U410	100~200	6	6~8	−4	15	K10 U510	90~180	6	6~8	−4	15
		0.3~0.6	K10 U410	100~180	6	6~8	−4	15	K10 U510	90~180	6	6~8	−4	15
동		~0.1	K10 HTi10	150~300	18~25	10	0~−4	—	K10 HTi10	150~300	18	10	0~−4	—
		0.1~0.3	K10 HTi10	150~300	18~25	10	0~−4	—	K10 HTi10	150~300	18	10	0~−4	10
		0.3~0.6	K10 HTi10	150~300	18~25	10	0~−4	10	K10 HTi10	150~300	18	10	0~−4	10
황동		~0.1	K10 HTi10	150~300	18~25	10	0~−4	—	K10 HTi10	150~300	18	10	0~−4	—
		0.1~0.3	K10 HTi10	150~300	18~25	10	0~−4	—	K10 HTi10	150~300	18	10	0~−4	10
		0.3~0.6	K10 HTi10	150~300	18~25	10	0~−4	10	K10 HTi10	150~300	18	10	0~−4	10
청동주물		~0.1	K10 HTi10	150~300	18~25	10	0~−4	—	K10 HTi10	150~300	18	10	0~−4	—
		0.1~0.3	K10 HTi10	150~300	18~25	10	0~−4	—	K10 HTi10	150~300	18	10	0~−4	10
		0.3~0.6	K10 HTi10	150~300	18~25	10	0~−4	10	K10 HTi10	150~300	18	10	0~−4	10
알루미늄		~0.1	K10 HTi10	400~800	20~30	15	0	—	K10 HTi10	400~800	20	10	0	—
		0.1~0.3	K10 HTi10	400~800	20~30	15	0	—	K10 HTi10	400~800	20	10	0	10
		0.3~0.6	K10 HTi10	400~800	20~30	15	0	—	K10 HTi10	400~800	20	10	−4	10
알루미늄합금	HB 80~120	~0.1	K10 HTi10	400~800	12~20	10	0	—	K10 HTi10	400~800	12	10	0	—
		0.1~0.3	K10 HTi10	400~800	12~20	10	0	—	K10 HTi10	400~800	12	10	0	10
		0.3~0.6	K10 HTi10	400~800	12~20	10	0	—	K10 HTi10	400~800	12	10	−4	10
	9~14% Si	~0.1	MD220	200~1500	0~12	0	−4	—	MD220	200~1300	0	10	0	—
		0.1~0.3	MD220	200~1500	0~12	0	−4	—	MD220	200~1300	0	10	0	—
		0.3~0.6	MD220	200~1500	0~12	0	−4	—	MD230	200~1300	0	10	−4	—

미츠비시 머티어리얼 정면 밀링의 피삭재별 공구 재종과 절삭 조건

피삭재 재료명	인장 강도 (kgf/mm²)(경도)	이송 (mm/날)	안정된 절삭 상태 공구 재종 분류 기호	절삭 속도 (m/min)	참 경사각 (도)	호닝 (2단 경사각)	불안정한 절삭 상태 공구 재종 분류 기호	절삭 속도 (m/min)	참 경사각 (도)	호닝 (2단 경사각)	공구 형번
극 연 강	~50	0.2~0.5	(P20) NX530	160~250	10~15	15	P20 F620	150~250	10~15	15	SE445
구 조 용 강	40~50	0.06~0.12	(P20) NX530	100~200	5~10	15	P20 F620	100~180	5~10	15	SE445
		0.1~0.2	(P20) F620	100~200	5~10	15	P20 F620	100~180	5~10	15	
		0.2~0.4	(P20) F620	100~200	5~10	15	P20 F620	100~180	5~10	15	
조 질 강 Cr강 Cr-Mo강	50~70	0.06~0.12	(P20) NX530	100~200	0~5	15	P20 F620	100~180	0~5	15	SE445
		0.12~0.2	(P20) F620	100~200	0~5	15	P20 F620	100~180	0~5	15	
		0.2~0.4	(P20) F620	100~200	0~5	15	P20 F620	100~180	0~5	15	
	70~85	0.06~0.12	(P20) F620	100~180	0~5	15	P20 F620	80~150	0~5	15	VIP445
		0.12~0.2	(P20) F620	100~180	0~5	15	P20 F620	80~150	0~5	15	
		0.2~0.4	(P20) F620	100~180	0~5	15	P20 F620	80~150	0~5	15	
Ni-Cr-Mo강 Mn-Si강	70~85	0.06~0.12	(P20) F620	100~180	0~5	15	P20 F620	80~150	0~5	15	VIP445
		0.12~0.2	(P20) F620	100~180	0~5	15	P20 F620	80~150	0~5	15	
		0.2~0.4	(P20) F620	100~180	0~5	15	P20 F620	80~150	0~5	15	
조 질 강 공 구 강	80~100	0.06~0.2	(P20) UP20M	70~100	0~5	15	P20 UP20M	60~80	0~5	15	SE445
		0.2~0.4	(P20) UP20M	70~100	0~5	15	P20 UP20M	60~80	0~5	15	
내 열 강 스테인리스강		0.1~0.2	(P20) F620	100~180	10~15	15	P20 F620	100~150	10~15	15	SE445
주 강	~50	0.3~0.5	P20 NX530	100~200	0~5	15	P20 F620	100~200	0~5	15	VIP445
	50~70	0.3~0.5	P20 F620	100~200	0~5	15	P20 F620	100~200	0~5	15	VIP445
주 철	(HB ~180)	0.1~0.2	K10 F515	100~300	0~3	15	K10 F515	100~300	0~3	0	SE445
		0.2~0.4	K10 F515	100~300	0~3	15	K10 F515	100~300	0~3	0	
		0.4~0.6	K10 F515	100~300	0~3	15	K10 F515	100~300	0~3	0	
합 금 주 철	HB 180~220	0.1~0.2	K10 F515	100~250	0~3	15	K10 F515	100~200	0~3	0	SE445
		0.2~0.4	K10 F515	100~250	0~3	15	K10 F515	100~200	0~3	0	
		0.4~0.6	K10 F515	100~250	0~3	15	K10 F515	100~200	0~3	0	
	HB 250~350	0.1~0.2	K10 F515	100~200	0~3	15	K10 F515	100~200	0~3	10	SE445
		0.2~0.3	K10 F515	100~200	0~3	15	K10 F515	100~200	0~3	10	
구 상 흑연 주철	HB 140~200	0.1~0.25	K10 F515	100~200	0~3	15	K10 F515	100~200	0~3	0	SE445
		0.25~0.4	K10 F515	100~200	0~3	15	K10 F515	100~200	0~3	0	
흑심 가단 주철	HB 130~180	0.1~0.25	K10 F515	100~200	0~3	15	K10 F515	100~200	0~3	0	VIP445
		0.25~0.4	K10 F515	100~200	0~3	15	K10 F515	100~200	0~3	0	
동	(HB 40~60)	0.1~0.2	K10 HTi10	200~400	10~15	—	K10 HTi10	150~350	10~15	—	BF407
		0.2~0.4	K10 HTi10	200~400	10~15	—	K10 HTi10	150~350	10~15	—	
황 동 청 동 주 물	(HB 40~80)	0.1~0.2	K10 HTi10	200~400	10~15	—	K10 HTi10	150~350	10~15	—	BF407
		0.2~0.4	K10 HTi10	200~400	10~15	—	K10 HTi10	150~350	10~15	—	
	(HB 80~)	0.1~0.2	K10 HTi10	150~350	10~15	—	K10 HTi10	130~280	10~15	—	BF407
		0.2~0.4	K10 HTi10	150~350	10~15	—	K10 HTi10	130~280	10~15	—	
알루미늄합금	(HB ~80)	0.1~0.2	K10 HTi10	500~1000	10~15	—	K10 HTi10	400~800	10~15	—	BF407
		0.2~0.4	K10 HTi10	500~1000	10~15	—	K10 HTi10	400~800	10~15	—	

정면 밀링의 피삭재별 공구 재종과 절삭 조건(계속)

| 피삭재 | | 이 송 (mm/날) | 안정된 절삭 상태 | | | | 불안정한 절삭 상태 | | | | 공구 형번 |
재 료 명	인장 강도 (kgf/mm²) (경도)		공구 재종 분류 기호	절삭 속도 (m/min)	참 경사각 (도)	호 닝 (2단 경사각)	공구 재종 분류 기호	절삭 속도 (m/min)	참 경사각 (도)	호 닝 (2단 경사각)	
알루미늄합금 (계속)	(HB 80~120)	0.1~0.2	K10 HTi10	500~1000	10~15	—	K10 HTi10	400~800	10~15	—	BF407
		0.2~0.4	K10 HTi10	500~1000	10~15	—	K10 HTi10	400~800	10~15	—	
		0.4~0.6	K10 HTi10	500~1000	10~15	—	K10 HTi10	400~800	10~15	—	
	(9~14% Si)	0.1~0.2	MD220	200~1500	10~15	—	MD220	500~1000	10~15	—	AF5000
		0.2~0.4	MD220	200~1500	10~15	—	MD220	500~1000	10~15	—	
		0.4~0.6	MD220	200~1500	10~15	—	MD220	500~1000	10~15	—	
마그네슘합금		0.1~0.2	K10 HTi10	200~500	10~15	—	K10 HTi10	200~400	10~15	—	BF407
		0.2~0.4	K10 HTi10	200~500	10~15	—	K10 HTi10	200~400	10~15	—	
		0.4~0.6	K10 HTi10	200~500	10~15	—	K10 HTi10	200~400	10~15	—	

정밀 보링 가공의 피삭재별 공구 재종과 절삭 조건

| 피삭재 | | 이 송 (mm/날) | 연속적 절삭 (안정된 절삭 상태, $L/D \leq 3$) | | | | | |
재 료 명	인장 강도 (kgf/mm²) (경도)		분류 기호	절삭 속도 (m/min)	가로 경사각 (도)	여 유 각 (도)	절삭날 경사각 (도)	호 닝 (2단 경사각)
강	50~70	0.05~0.08	P20 NX335	100~140	0~10	5~6	0	15
		0.08~0.12	P20 NX335	80~140	0~10	5~6	0	15
		0.12~0.15	P20 NX335	80~120	0~10	5~6	0	15
	70~85	0.05~0.08	P20 NX335	100~140	0~10	5~6	0	15
		0.08~0.12	P20 NX335	80~120	0~10	5~6	0	15
		0.12~0.15	P20 NX335	80~100	0~10	5~6	0	15
	85~100	0.05~0.08	P20 NX335	100~120	0~6	5~6	0	15
		0.08~0.12	P20 NX335	80~100	0~6	5~6	0	15
		0.12~0.15	P25 U625	80~90	0~6	5~6	0	15
	100~140	0.05~0.08	P20 NX335	80~120	0	5~6	0	15
		0.08~0.12	P20 NX335	60~100	0	5~6	0	15
		0.12~0.15	P25 U625	40~80	0	5~6	0	15
주 강	40~70	0.05~0.15	P20 NX335	80~120	0~6	5~6	0	15
주 철	(HB ~220)	0.05~0.1	K01 U505	80~100	0~6	5~6	0	—
		0.1~0.15	K01 U505	60~80	0~6	5~6	0	—
	(HB 220~250)	0.05~0.1	K01 U505	80~100	0~6	5~6	0	—
		0.1~0.15	K01 U505	60~80	0~6	5~6	0	—
	(HB 250~450)	0.05~0.1	K01 U505	80~100	0~6	5~6	0	—
		0.1~0.15	K01 U505	60~80	0~6	5~6	0	—
알루미늄합금	(Si 14% 이상)	0.05~0.1	MD220	400~800	0~6	5~6		
		0.1~0.15	K10 HTi10	200~400	0~6	5~6	0	

미츠비시 머티어리얼 엔드 밀 가공의 피삭재별 공구 재종과 절삭 조건

| 피 삭 재 | | 일반 가공용 (4날 엔드 밀) | | | | | | |
재 료 명	인장 강도 (kgf/mm^2) (경도)	공구 형번	공구 재종 분류 기호	공구 지름 (mm)	이 송 (mm/날)	절삭 속도 (m/min)	절삭 깊이 (mm)	절 삭 폭 (mm)
구 조 용 강	40~50	SEE 4030~4220	P30 UP 코드	3~5	0.016	40	1.5×D	0.1×D
				5~12	0.027	40		
				12~	0.07	40		
조 질 강		SEE 4030~4220	P30 UP 코드	3~5	0.015	30	1.5×D	0.1×D
				5~12	0.025	30		
				12~	0.062	30		
내 열 강 스테인리스강		SEE 4030~4220	P30 UP 코드	3~5	0.013	30	1.5×D	0.1×D
				5~12	0.021	30		
				12~	0.050	30		
합 금 강		SEE 4030~4220	P30 UP 코드	3~5	0.008	25	1.5×D	0.1×D
				5~12	0.014	25		
				12~	0.034	25		
주 강	50~70	SEE 4030~4220	P30 UP 코드	3~5	0.008	25	1.5×D	0.1×D
				5~12	0.014	25		
				12~	0.034	25		
주 철	(HB 180~220)	SEE 4030~4220	P30 UP 코드	3~5	0.026	45	1.5×D	0.1×D
				5~12	0.0517	45		
				12~	0.13	45		
합 금 주 철		SEE 4030~4220	P30 UP 코드	3~5	0.026	45	1.5×D	0.1×D
				5~12	0.0517	45		
				12~	0.13	45		
알루미늄합금 동 합 금		SEE 4030~4220	P30 UP 코드	3~5	0.02	100	1.5×D	0.1×D
				5~12	0.038	100		
				12~	0.104	100		

엔드 밀 가공의 피삭재별 공구 재종과 절삭 조건(계속)

피 삭 재				모방 가공용 (2날 볼 엔드 밀)				
재 료 명	인장 강도 (kgf/mm²) (경도)	공구 형번	공구 재종 분류 기호	공구 지름 (mm)	이 송 (mm/날)	절삭 속도 (m/min)	절삭깊이 / 픽 피드 (mm)	절삭폭 (mm)
구 조 용 강	40~50	BED 2004~2200	P30 UP 코드	~2	0.008	35	0.3D/0.7D	0.1×D
				~6	0.04	37		
				~12	0.062	37		
조 질 강		BED 2004~2200	P30 UP 코드	~2	0.007	27	0.3D/0.7D	0.1×D
				~6	0.029	30		
				~12	0.0012	31		
내 열 강 스테인리스강		BED 2004~2200	P30 UP 코드	~2	0.006	27	0.3D/0.7D	0.1×D
				~6	0.06	30		
				~12	0.06	25		
합 금 강		BED 2004~2200	P30 UP 코드	~2	0.007	27	0.3D/0.7D	0.1×D
				~6	0.029	30		
				~12	0.001	31		
주 강	50~70	BED 2004~2200	P30 UP 코드	~2	0.006	22	0.3D/0.7D	0.1×D
				~6	0.004	25		
				~12	0.09	24		
주 철		BED 2004~2200	P30 UP 코드	~2	0.054	35	0.3D/0.7D	0.1×D
				~6	0.03	38		
				~12	0.3	32		
합 금 주 철		BED 2004~2200	P30 UP 코드	~2	0.06	35	0.3D/0.7D	0.1×D
				~6	0.03	40		
				~2	0.3	35		

미츠비시 머티어리얼 드릴 가공의 피삭재별 공구 재종과 절삭 조건

피 삭 재				솔리드 · 납땜			
재 료 명	인장 강도 (kgf/mm²) (경도)	공구 형식	공구 재종 분류 기호	공구 지름 (mm)	절삭 속도 (m/min)	이 송 (mm/rev)	절삭 유제
강	~100	ZETI 드릴 (MZE)	(P20) GP20M	~3	40~50	0.15~0.25	수용성
				3~8	40~50	0.15~0.25	
				8~20	50~60	0.25~0.35	
		뉴 포인트 드릴 (BRA)	(P20) UP20M	8~20	50~60	0.25~0.5	
				20~40	60~70	0.3~0.4	
	100~140	ZETI 드릴 (MZE)	(P20) GP20M	~3	30~40	0.1~0.2	수용성
				3~8	30~40	0.1~0.2	
				8~20	40~50	0.2~0.3	
		뉴 포인트 드릴 (BRA)	(P20) UP20M	8~20	40~50	0.15~0.25	
				20~40	50~60	0.2~0.3	
공 구 강	85~120	ZETI 드릴 (MZE)	(P20) GP20M	3~8	20~25	0.1~0.12	수용성
				8~20	25~30	0.15~0.2	
		뉴 포인트 드릴 (BRA)	(P20) UP20M	8~20	25~30	0.15~0.2	
				20~40	30~35	0.2~0.25	
망 간 강 (Mn 12~14%)		ZETI 드릴 (MZE)	(P20) GP20M	8~20	40~60	0.2~0.3	수용성
		뉴 포인트 드릴 (BRA)	(P20) UP20M	8~20	40~60	0.2~0.3	
주 강	70~	ZETI 드릴 (MZE)	(P20) GP20M	3~8	30~40	0.1~0.2	수용성
				8~20	40~50	0.2~0.3	
		뉴 포인트 드릴 (BRA)	(P20) UP20M	8~20	40~50	0.15~0.25	
				20~40	50~60	0.2~0.3	
주 철	(HB~250)	ZETI 드릴 (MZE)	(P20) GP20M	3~8	50~60	0.2~0.3	수용성
				8~20	60~70	0.3~0.4	
		뉴 포인트 드릴 (BRA)	(P20) UP20M	8~20	60~70	0.3~0.4	
				20~40	70~80	0.35~0.45	
구상 흑연 주철		ZETI 드릴 (MZE)	(P20) GP20M	3~8	45~55	0.15~0.25	수용성
				8~20	55~65	0.25~0.35	
		뉴 포인트 드릴 (BRA)	(P20) UP20M	8~20	55~65	0.25~0.35	
				20~40	65~75	0.35~0.45	
황 동		ZETI 드릴 (MZE)	(P20) GP20M	3~8	50~60	0.1~0.2	수용성
				8~20	60~70	0.2~0.3	
		뉴 포인트 드릴 (BRA)	(P20) UP20M	8~20	60~70	0.2~0.3	
				20~40	70~80	0.3~0.4	
청 동 주 물		ZETI 드릴 (MZE)	(P20) GP20M	3~8	45~55	0.1~0.2	수용성
				8~20	55~65	0.2~0.3	
		뉴 포인트 드릴 (BRA)	(P20) UP20M	8~20	55~65	0.2~0.3	
				20~40	65~75	0.2~0.3	
알루미늄 합금	(HB80~)	알루미늄용 드릴	(K10) HTi10	3~16	60~200	0.05~0.25	수용성
	(14% Si 이상)	알루미늄용 드릴	(K10) HTi10	3~16	40~120	0.05~0.25	

드릴 가공의 피삭재별 공구 재종과 절삭 조건(계속)

피 삭 재		클램프식 (T.A 식)						
재 료 명	인장 강도 (kgf/mm^2) (경도)	공구 형식	공구 재종 분류 기호	공구 지름 (mm)	절삭 속도 (m/min)	이 송 (mm/rev)	브레이커 형 식	절삭 유제
강	~100	스피디어 (TASS)	(P20) UP20M	16~30	100~150	0.08~0.12	U1	수용성
						0.1~0.15	U2	
				30~50	120~170	0.1~0.13	U1	
						0.15~0.2	U2	
	100~140	스피디어 (TASS)	(P20) UP20M	16~30	80~120	0.06~0.1	U1	수용성
						0.8~0.12	U2	
				30~50	100~150	0.08~0.12	U1	
						0.12~0.17	U2	
망 간 강 (Mn 12~14%)		스피디어 (TASS)	(P20) UP20M	16~50	60~120	0.08~0.12	U1	수용성
						0.1~0.15	U2	
주 강	70~	스피디어 (TASS)	(P20) UP20M	10~50	80~150	0.06~0.12	U1	수용성
						0.08~0.17	U2	
주 철	(HB~250)	스피디어 (TASS)	(P20) UP20M	16~50	80~160	0.07~0.1	U1	
						0.13~0.2	U2	
구상 흑연 주철		스피디어 (TASS)	(P20) UP20M	16~50	80~160	0.06~0.1	U1	
						0.12~0.17	U2	
황 동		스피디어 (TASS)	(P20) UP20M	16~50	80~160	0.05~0.08	U1	
						0.1~0.15	U2	
청 동 주 물		스피디어 (TASS)	(P20) UP20M	16~50	80~160	0.05~0.08	U1	
						0.1~0.15	U2	

스미토모 전기공업

선삭 가공의 피삭재별 공구 재종과 절삭 조건

재료명	인장강도 (kgf/mm²) (경도)	이송 (mm/rev)	연속·안정 절삭 공구재종분류 기호	연속·안정 절삭 절삭속도 (m/min)	단속·불안정 절삭 공구재종분류 기호	단속·불안정 절삭 절삭속도 (m/min)
극 연 강	~50	~0.1	K10 T12A	120~250	M10 T130A	120~250
		0.1~0.3	K20 T12A	120~250	K20 AC10	120~250
		0.3~0.6	K20 EH20Z	100~200	K20 EH20Z	100~200
		0.6~1.0	K20 EH20Z	100~200	M30 EH20Z	100~200
구 조 용 강	40~50	~0.1	P10 T220A	120~150	(P15) T130A	100~150
		0.1~0.3	P10 AC10	120~150	(P15) AC15	100~150
		0.3~0.6	P20 AC25	120~150	(P25) AC25	100~150
		0.6~1.0	P20 AC25	120~150	(P25) AC25	100~150
쾌 삭 강	~55	~0.1	P10 T220A	120~150	(P15) T130A	100~150
		0.1~0.3	P10 AC10	120~150	(P15) AC15	100~150
		0.3~0.6	P10 AC25	120~150	(P25) AC25	100~150
조 질 강	50~70	~0.1	P10 T220A	120~150	(P15) T130A	100~150
		0.1~0.3	P10 AC10	120~150	(P25) AC15	100~150
		0.3~0.6	P10 AC25	120~150	(P25) AC25	100~150
	70~85	~0.1	P10 T220A	150~180	(P15) T130A	120~150
		0.1~0.3	P10 AC10	80~150	(P25) AC25	60~130
		0.3~0.6	P10 AC25	80~120	(P25) AC25	60~100
담금질 강	HRC 50~	~0.1	K01 BN200	80~120	K01 BN250	80~100
		0.1~0.2	K01 BN250	80~120	K01 BN300	80~100
		0.2~0.3	K10 BNX20	100~150	K10 BN300	80~100
		0.3~0.5	K10 BNX20	100~150	—	—
스테인리스강 내 열 강	Cr Cr-Mo	0.1~0.2	M10 EH102	150~180	M20 EH102	100~150
		0.2~0.4	M10 AC25	80~150	M20 AC25	80~150
		0.4~0.6	M20 AC25	80~120	M30 AC25	80~120
	Cr-Ni Cr-Ni-Mo	0.1~0.2	M10 EH102	100~180	M20 EH102	100~180
		0.2~0.4	M10 AC25	80~160	M20 AC25	80~160
		0.4~0.6	M20 AC25	80~160	M30 AC25	80~160
내열 재료		0.1~0.2	BN100	80~150	K20 EH102	30~60
		0.2~0.4	K20 EH10Z	20~60	K20 EH202	20~60
망간 단강	12~14% Mn	0.1~0.2	BNX20	100~300	BNX20	80~250
		0.2~0.4	M10 EH102	50~150	M20 EH202	30~100
	18% Mn	0.1~0.2	BNX20	100~300	BNX20	80~250
		0.2~0.4	M10 EH102	50~150	M20 EH202	30~100
망간 주강	12~14% Mn	0.1~0.2	BNX20	100~300	BNX20	80~250
		0.2~0.4	M10 EH102	50~150	M20 EH202	30~100
주 강	~50	~0.1	P10 AC108	120~150	M10 AC108	100~150
		0.1~0.3	P10 AC108	120~150	M10 AC108	100~150

재료명	인장강도 (kgf/mm²) (경도)	이송 (mm/rev)	연속·안정 절삭 공구재종분류 기호	연속·안정 절삭 절삭속도 (m/min)	단속·불안정 절삭 공구재종분류 기호	단속·불안정 절삭 절삭속도 (m/min)
주 강 (계속)	~50	0.3~0.6	P20 AC25	120~150	M20 AC25	100~150
		0.6~1.0	P20 AC25	120~150	M20 AC25	100~150
주 철	HB ~180	~0.3	NB90S	300~400	NB90S	250~350
		0.3~0.6	NS130C	200~800	NS130C	180~700
		0.6~1.2	NS130	200~800	NS130	180~700
	HB 180~220	~0.3	NB90S	300~350	NB90S	250~300
		0.3~0.6	NS130C	200~700	NS130C	180~600
		0.6~1.2	NS130	200~700	NS130	80~600
합금 주철	HB 250~450	~0.1	NB90S	250~350	NB90S	200~300
		0.1~0.3	NS130C	180~700	NS130C	150~600
구상흑연주철	HB 140~180	~0.1	NB90S	200~300	NB90S	150~250
		0.1~0.3	M10 AC105G	100~150	M10 AC105G	80~150
흑심가단주철	HB ~130	0.1~0.3	NB90S	200~300	NB90S	150~250
		0.3~0.6	M10 AC105G	100~180	M20 AC105G	80~150
	HB 130~180	~0.1	NB90S	200~300	NB90S	150~200
		0.1~0.3	NB90S	200~300	NB90S	150~200
		0.3~0.6	M20 AC105G	100~180	M20 AC105G	80~150
동		~0.1	DA150	200~1000	DA150	200~1000
		0.1~0.3	DA200	200~1000	DA200	200~1000
		0.3~0.6	K10 G10E	150~250	K10 G10E	150~250
황 동		~0.1	DA150	200~1000	DA150	200~1000
		0.1~0.3	DA200	200~1000	DA200	200~1000
		0.3~0.6	K10 G10E	150~250	K10 G10E	150~250
청동 주물		~0.1	DA150	200~1000	DA150	200~1000
		0.1~0.3	DA200	200~1000	DA200	200~1000
		0.3~0.6	K10 G10E	150~250	K10 G10E	150~250
알루미늄		~0.1	DA150	200~1000	DA150	200~1000
		0.1~0.3	DA200	200~1000	DA200	200~1000
		0.3~0.6	K10 G10E	150~250	K10 G10E	150~250
알루미늄합금	HB 80~120	~0.1	DA150	200~1000	DA150	200~1000
		0.1~0.3	DA200	200~1000	DA200	200~1000
		0.3~0.6	K10 G10E	150~250	K10 G10E	150~250
	9~14% Si	~0.1	K10 DA150	200~1000	K10 DA150	200~1000
		0.1~0.3	K10 DA200	200~1000	K10 DA200	200~1000

정면 밀링의 피삭재별 공구 재종과 절삭 조건

재 료 명	인장강도 (kgf/mm²) (경도)	이 송 (mm/날)	안정된 절삭 상태		불안정한 절삭 상태	
			공구재종분류 기호	절삭속도 (m/min)	공구재종분류 기호	절삭속도 (m/min)
극 연 강	~50	0.2~0.5	(P25) T130A	125~300	T130A	100~250
구조 용강	40~50	0.06~0.12	(P25) T130A	100~250	(P30) T130A	80~230
		0.1~0.2	(P25) T130A	100~250	(P30) T130A	80~230
		0.2~0.4	(P25) T130A	100~250	(P30) T130A	80~230
조 질 강 Cr강 Cr-Mo강	50~70	0.06~0.12	(P25) T130A	100~250	P30 T130A	80~230
		0.12~0.2	(P25) T130A	100~250	P30 T130A	80~230
		0.2~0.4	(P25) T130A	100~250	P30 T130A	80~230
	70~85	0.06~0.12	(P25) T130A	100~250	P30 T130A	80~230
		0.12~0.2	(P25) T130A	100~250	P30 T130A	80~230
		0.2~0.4	(P25) T130A	100~250	P30 T130A	80~230
Ni-Cr-Mo강 Mn-Si강	70~85	0.06~0.12	(P25) T130A	100~250	P30 T130A	80~230
		0.12~0.2	(P25) T130A	100~250	P30 T130A	80~230
		0.2~0.4	(P25) T130A	100~250	P30 T130A	80~230
조 질 강 공 구 강	80~100	0.06~0.2	(P25) AC325	80~200	P30 AC325	60~180
		0.2~0.4	(P25) AC325	80~200	P30 AC325	60~180
내 열 강 스테인리스깅		0.1~0.2	P25 AC325	160~220	P30 AC325	150~200
주 강	~50	0.3~0.5	P30 AC325	160~220	P30 AC325	150~200
	50~70	0.3~0.5	AC325	160~220	AC325	150~200
주 철	(HB ~180)	0.1~0.2	NS130	150~500	NS130	120~400
		0.2~0.4	NS130	150~500	NS130	120~400

재 료 명	인장강도 (kgf/mm²) (경도)	이 송 (mm/날)	안정된 절삭 상태		불안정한 절삭 상태	
			공구재종분류 기호	절삭속도 (m/min)	공구재종분류 기호	절삭속도 (m/min)
합금 주철	HB 180~220	0.1~0.2	K10 AC211	60~250	K10 AC211	50~230
		0.2~0.4	K10 AC211	60~250	K10 AC211	50~230
		0.4~0.6	K10 AC211	60~250	K10 AC211	50~230
	HB 250~350	0.1~0.2	K10 AC211	60~250	K10 AC211	50~230
		0.2~0.3	K10 AC211	60~250	K10 AC211	50~230
구상흑연주철	HB 140~200	0.1~0.25	K10 AC211	60~250	K10 AC211	50~230
		0.25~0.4	K10 AC211	60~250	K10 AC211	50~230
흑심가단주철	HB 130~180	0.1~0.25	K10 AC211	60~250	K10 AC211	50~230
		0.25~0.4	K10 AC211	60~250	K10 AC211	60~250
동	HB 40~60	0.1~0.2	K10 HI	400~600	K10 HI	300~600
		0.2~0.4	K10 HI	400~600	K10 HI	300~600
황 동 청동 주물	HB 40~80	0.1~0.2	K10 HI	400~600	K10 HI	300~600
		0.2~0.4	K10 HI	400~600	K10 HI	300~600
	HB 80~	0.1~0.2	K10 HI	400~600	K10 HI	300~600
		0.2~0.4	K10 HI	400~600	K10 HI	300~600
알루미늄합금	HB 80~120	0.1~0.2	K01 DA150	400~1000	K01 DA150	300~1000
		0.2~0.4	K01 DA150	400~1000	K01 DA200	300~1000
	9~14% Si	0.1~0.2	K01 DA150	400~900	K01 DA150	300~900
		0.2~0.4	K01 DA150	400~900	K01 DA200	300~900
마그네슘합금		0.1~0.2	K10 DA150	400~800	K10 DA150	300~800
		0.2~0.4	K10 DA150	400~800	K10 DA200	300~800

정면 보링의 피삭재별 공구 재종과 절삭 조건

재 료 명	인장 강도 (kgf/mm²) (경도)	안정된 절삭 상태 ($L/D \leqq 3$)		
		공구 재종 분류 기호	이 송 (mm/날)	절삭 속도 (m/min)
강	50~70	P01 T130Z	0.05~0.08	70~220
		P10 T130Z	0.08~0.12	70~220
		P10 AC325	0.12~0.15	70~220
	70~85	P01 T130Z	0.05~0.08	70~220
		P10 T130Z	0.08~0.12	70~220
		P10 AC325	0.12~0.15	70~220
	8~100	P01 T130Z	0.05~0.08	70~220
		P10 T130Z	0.08~0.12	70~220
		P10 AC325	0.12~0.15	70~220

재 료 명	인장 강도 (kgf/mm²) (경도)	안정된 절삭 상태 ($L/D \leqq 3$)		
		공구 재종 분류 기호	이 송 (mm/날)	절삭 속도 (m/min)
강 (계속)	100~140	P01 T130Z	0.05~0.08	80~200
		P10 T130Z	0.08~0.12	80~200
		P10 AC325	0.12~0.15	80~200
주 강	40~70	P10 EH10Z	0.05~0.15	70~170
주 철		K05 EH10Z	0.05~0.1	70~150
		K10 EH10Z	0.1~0.15	70~150
알루미늄합금 (Si 14% 이상)		K05 UD2000	0.05~0.1	150~1000
		K10 EH10Z	0.1~0.15	100~300

절삭 가공에서 일어날 수 있는 트러블과 그 개선 방법

 본서의 마무리로서 실제 가공 현장에서 일어날 수 있는 가공 트러블의 해결 방법에 관해서 정리해 보았다.

 절삭 가공에서의 트러블 대책이나 개선 방법을 구상하는 경우, 절삭날 재종을 변경해 보는 것은 물론 가공 상태 그 자체를 검토할 필요가 있다. 즉 가공 기계나 공구, 피삭재, 절삭유제를 포함한 절삭 조건 등, 각 가공 요소가 적절한가의 여부를 확인하여 문제 발생의 요인을 제거하고 보다 안정된 것으로 수정, 부가, 교환 또는 재구축해야 한다.

 본 절에서는 전반에서 주요 공구 재종에 관한 트러블 대책을, 후반에서 그에 근거한 실례를 열거하면서 각각 검토했다. 특히 그 해결책의 실마리를 절삭날의 손상에 두고 피삭성, 절삭날 형상, 절삭날 재종을 중심으로 기술하고 있다.

공구의 손상

 공구의 손상 형태에는 다음과 같은 것이 있다.

① **마모**
  - 여유면(플랭크) 마모 : 대표적인 마모에 「기계 긁힘 마모」가 있다. 열의 영향이 적고 마찰에 의해서 조금씩 깎여 나가는 현상으로, 쟁기로 긁힌 것처럼 면이 거칠게 된다.
  - 경사(크레이터) 마모 : 주로 절삭 온도에 의한 열적 마모. 용착 확산에 의해서 경사면 온도가 높은 부분부터 오목(크레이터)한 모양의 마모가 확대된다.
  - 선단 마모 : 절삭날 선단 부분(루트면)에 보이는 기계적 또는 열적 마모.
  - 경계 마모 : 피삭재와 공구의 접촉 경계부(측면 절삭날과 앞날)에 발생하는 마모.
  또한 공구 수명의 판정에는 여유면 마모 폭 또는 경사면 마모 깊이가 기준으로 이용된다(아래 표 및 89페이지 참조).

② **치핑** : 절삭날상의 작은 결손. 기계적 충격에 의한 것이나 열 충격에 의한 것, 칩의 압착이나 용착에 의한 것, 칩의 물림에 의한 것 등이 있다.

③ **결손** : 절삭날상의 큰 결손

④ **파손** : 팁 전체의 파괴

⑤ **절손** : 드릴, 엔드 밀 등 긴 공구의 부러짐

⑥ **플레이킹(박리)** : 경사면이나 여유면상에 생기는 조개껍질 모양의 손상
⑦ **소성 변형** : 공구 자체가 절삭력을 견디지 못하여 절삭날에 가라앉거나 솟아 오르는 등
의 변형이 일어난다

⑧ **균열**

- 열균열(서멀 크랙) : 경사면에 발생하는 것이 많지만 여유면에 일어나는 경우도 있다.
  처음에는 절삭날에 직각 방향으로 발생하고 개수가 증가하면 평행 방향으로도 발생한
  다.
- 피로 균열 : 단속 절삭에 따라 발생하는 충격력과 절삭력 등 기계적 응력이 날끝에 반
  복되어 걸림으로써 절삭날과 평행으로 발생하는 균열. 열균열에 비해 절삭날 가까이
  에 발생한다.

⑨ **완전 손상** : 마모가 진행되어 절삭 단면적에 해당하는 부분 전체가 없어져 절삭할 수
없게 된다.

JIS B 4011(KS C 0813)에 의한 수명 판정 기준

수명 판정 기준	적　용
여유면 마모폭 V_B=0.2mm	정밀 경절삭, 비철 합금 등의 다듬질 절삭 등
여유면 마모폭 V_B=0.4mm	특수강 등의 절삭
여유면 마모폭 V_B=0.7mm	주철, 강 등의 일반 절삭
여유면 마모폭 V_B=1~1.25mm	보통 주철 등의 거친 절삭
경사면 마모 깊이 K_T	통상 0.05~0.1mm

ISO에 의한 공구 수명 판정 기준

수명 판정 기준	적　용
완전 손상	고속도강(V_B에 의한 것도 된다)
여유면 마모폭 V_B=0.3mm	균일한 여유면 마모가 발생하는 초경 공구, 세라믹스 공구
여유면 마모폭 $V_B$max=0.5mm	불균일한 여유면 마모가 발생하는 경우
경사면 마모 깊이 K_T=0.06+0.3f mm(f는 이송, mm/rev)	초경 공구
거칠기에 의한 판정 1, 1.6, 2.5, 4, 6.3, 10μmR_a	거칠기가 중요한 경우

공구 재종별 트러블 대책

초경 합금의 트러블 대책

(1) 고속 절삭 조건에서 마모가 크다

재종의 내마모성이 부족하다는 것을 생각할 수 있다. 날끝에 결손이 발생하지 않은 경
우에는 내마모성이 보다 높은 재종을 선정한다.

내마모성이 높은 초경 합금은 금속 결합상(Co의 함유량)이 적은 재종, 경도가 높은 재종, 입자가 거친 재종 등이 해당된다. 또 최근에는 고속 절삭에 코팅 초경이나 서멧이 많이 사용된다.

일반적으로 절삭 속도가 높아지면 날끝 부분의 온도가 올라가기 때문에 공구 마모가 극단적으로 빨라진다. 이송이나 절삭 깊이를 작게 하여 절삭날의 온도 상승을 방지한다. 절삭유제를 사용함으로써 절삭 온도를 내릴 수도 있지만 초경은 고속도강에 비해 열 전도율이 작아 열 팽창계수가 크기 때문에 내열 충격성이 뒤떨어져 열균열의 발생에 의한 절삭날의 결손에 주의해야 한다.

선삭의 연속 절삭인 경우에는 절삭유제의 사용은 그다지 문제가 되지 않지만 단속 절삭인 경우에는 먼저 건식 절삭을 검토해야 한다.

(2) 절삭날이 탈락(결손)된다

초기 결손이 일어나는 경우에는 절삭날 강도가 부족하다고 생각할 수 있으므로 인성이 더욱 높은 재종을 선정한다. 금속 결합상(Co 함유량)이 많은 재종, TiC+TaC 함유량이 적은 재종 또는 미립자 초경 재종 등으로 해야 한다.

절삭날 강도는 공구 형상에도 크게 영향을 받는다. 강도가 보다 높은 브레이커를 선정하거나 절삭날 호닝을 크게 함으로써 초기 결손을 방지할 수 있다.

또 이송이나 절삭 깊이를 작게 하는 등, 절삭 부하를 작게 함으로써 초기 결손을 막기도 한다.

한편 초기 결손이 아니라 경사면 마모가 진행되어 절삭날 강도가 저하돼 결손되는 경우에는 TiC+TaC 함유량이 많고 내경사면 마모성이 높은 P종 초경 재종을 선정한다. 또 피삭재와 화학 반응이 잘 일어나지 않는 코팅 초경이나 서멧을 사용하는 방법도 검토한다.

(3) 절삭날의 미소 치핑

인성이 낮은 재종을 저속 절삭에 사용했을 때 일어난다. 이 대책으로서는 인성이 높은 재종으로 하거나 절삭날 강도가 높은 브레이커를 선정하거나 절삭 속도를 올리는 것이 좋을 것이다.

또 공구의 진동이 치핑의 주요 원인인 경우에는 공구의 강성을 높이거나 돌출량(오버행)을 가급적 적게 해야 한다.

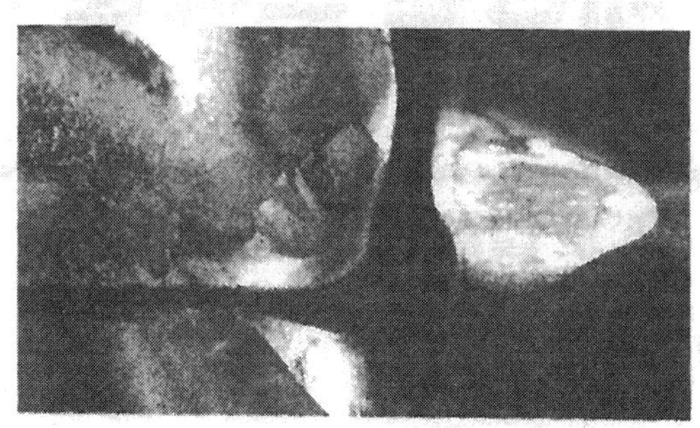

사진 1 초경 여유면의 소성 변형

(4) 소성 변형(침전)

날끝 선단부에 집중적으로 열이 발생하면 절삭날이 부드러워져 날끝이 처지거나 절삭날이 솟아 오르는 경우가 있다. 특히 고속 이송 절삭이나 고경도재를 절삭하는 경우에는 이 현상이 발생하기 쉽다.

사진 1은 절삭날 여유면이 소성 변형된 예이다.

이 경우, TiC+TaC 함유량이 많아 고온 경도에 우수한 초경 재종을 선정한다. 또한 날끝의 코너 R을 크게 하거나 절삭 속도, 이송을 늦추는 것도 검토한다.

(5) 열균열이 발생한다

사진 2는 밀링에서의 열균열 발생 예이다. 초경 합금은 고속도강에 비해 열 전도율이 작고 또 열 팽창계수가 크기 때문에 습식 절삭시에 발생하는 열 사이클에 의해서 열균열이 일어나기 쉽다.

선삭의 연속 절삭에서는 절삭유제의 사용이 그다지 문제가 되지 않지만 단속 절삭에서는 먼저 건식 절삭을 검토한다.

열균열이 문제가 된다면 금속 결합상(Co 함유량)이 많은 초경 재종을 선정한다.

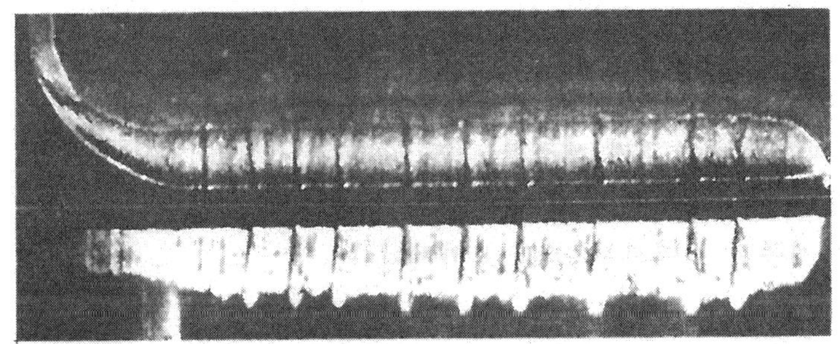

사진 2 밀링에서 발생한 초경의 열균열

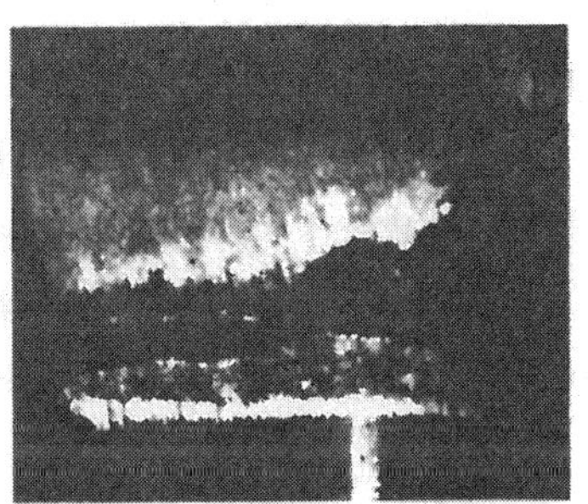

사진 3 초경에 용착한 칩

(6) 미사용 절삭날 모서리의 치핑

사용한 절삭날은 정상 마모인데 아직 사용하고 있지 않은 절삭날 모서리가 치핑되는 일이 있다. 이것은 칩이 절삭날을 두드리게 되는 것이 원인이다. 이 때는 브레이커의 형상을 변경하여 칩의 유출 방향을 바꾸거나 절삭날 모서리가 두드려맞지 않도록 팁과 시트의 돌출량을 작게 한다(그림 1).

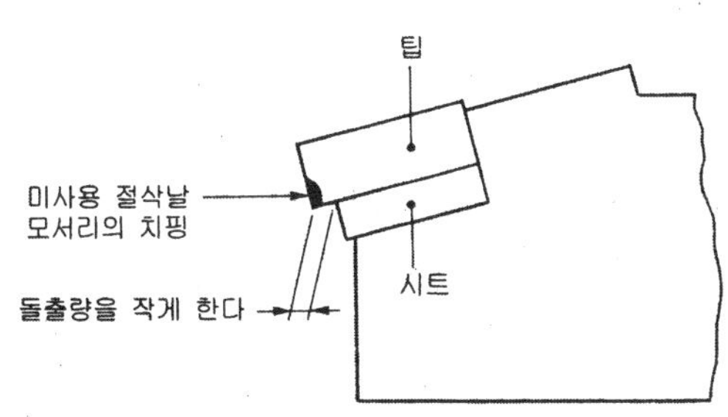

그림 1 미사용 절삭날 모서리의 치핑

(7) 다듬질면 거칠기가 나쁘다

호닝량이 과대하면 피삭재의 다듬질면 거칠기에 나쁜 영향을 줄 수 있다. 그러므로 호닝량을 작게 하면 다듬질면을 향상시키는 데 유효할 것이다.

특히 알루미늄 합금과 같은 비철금속인 경우에는 K종 초경 합금의 절삭날을 샤프 에지로 하여 사용해야 한다.

사진 3은 용착의 예이다. 용착이 원인이 되어 다듬질면 거칠기가 나빠지는 경우에는 절삭 속도를 올리든가 경사면을 연마한 표면 거칠기가 좋은 초경 합금을 선정하거나 여유각이 큰 공구를 사용하는 것도 좋은 방법이다. 또한 절삭유제의 사용도 검토한다.

피삭재에 이송 마크가 나타나면 이송 속도를 내리고 공구 진동도 가급적 억제한다.

(8) 피삭재에 버가 발생한다

공구가 피삭재에서 잘려 나오는 경우는 별도로 하고, 절삭 깊이 경계 마모가 진행되면 버가 발생하기 쉽다. 그 경우는 내마모성이 우수한 초경 재종을 선정한다. 또 절삭 깊이 경계가 결손되어 버가 발생하는 경우에는 인성이 높은 재종을 선정하든가 절삭날 강도가 높은 브레이커를 선택한다.

(9) 보풀(뜯김)이 발생한다

절삭 초기에 뜯김이 발생하는 경우에는 절삭날의 코너 R이나 브레이커 형상, 경사각을 검토할 필요가 있다. 또 이송을 약간 바꿈으로써 해결할 수도 있다.

또한 이송 경계부의 마모에 의해서 2차 칩이 발생하는 것도 고려하여 내마모성이 우수한 초경 재종을 선택하거나 서멧 재종을 선택하는 것도 효과적이다.

코팅의 트러블 대책

(1) 고속 절삭 조건에서 마모가 크다

사진 4는 코팅 재종의 마모 예이다. 먼저 재종의 내마모성 부족을 생각할 수 있다. 그 경우는 보다 내마모성이 높은 재종을 선정하는 것은 물론 코팅층이 TiC, TiCN, TiN계라면 Al_2O_3계로 바꿔 보는 것도 유효하며 또는 서멧 재종으로 변경하는 것도 효과적이다.

(2) 절삭날이 탈락(결손)한다

초기에 결손이 발생하는 경우는 절삭날 강도가 부족하기 때문이므로 인성이 보다 높은 재종을 선정한다.

절삭날 강도는 공구 형상으로부터 영향받기 때문에 강도가 보다 높은 브레이커를 선택하거나 절삭날 호닝을 크게 함으로써 결손이 잘 일어나지 않게 할 수도 있다.

경사면 마모의 진행으로 절삭날 강도가 저하하여 결손되는 경우에는 반대로 내마모성이 높은 재종을 선정하든가 내경사면 마모성이 우수한 Al_2O_3계 코팅 재종을 선정하도록 한다.

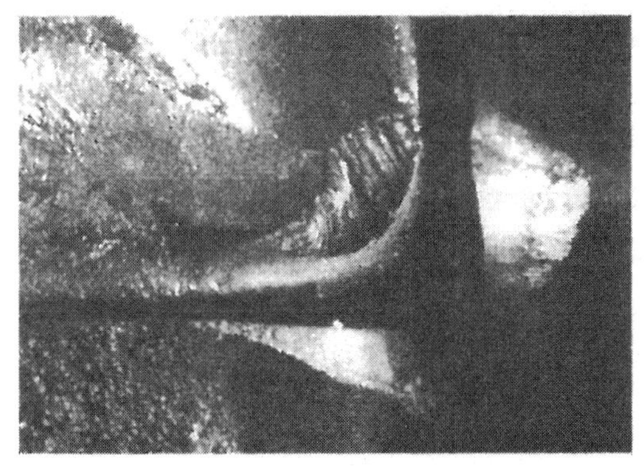

사진 4 코팅의 마모 예

사진 5 코팅의 용착 예

(3) 절삭날의 미소 치핑

인성이 낮은 재종을 저속에서 사용했을 때 일어난다. 그 대책으로서는 인성이 보다 높은 재종을 선정하는 것은 물론 절삭날 강도가 높은 브레이커를 선정하거나 절삭 속도를 올린다.

또 공구의 진동이 치핑의 주된 원인인 경우에는 공구의 강성을 높이거나 돌출량을 가급적 작게 한다.

(4) 소성 변형(침전)

날끝 선단부에 절삭열이 집중되면 절삭날이 연화하여 날끝이 처지거나 절삭날이 솟아오르게 된다. 이 때는 모재를 단단한 코팅 재종으로 하든가 절삭 속도, 이송을 늦추는 것이 효과적이다.

(5) 열균열이 발생한다

특히 Al_2O_3계 코팅 재종인 경우에는 열균열이 발생하기 쉬우므로 TiC, TiCN, TiN계 코팅 재종을 선정하도록 한다. 또 절삭유제를 사용하지 않도록 하는 것도 검토한다.

(6) 코팅층을 박리한다

코팅층은 엷으면 박리가 잘 되지 않기 때문에 박막 코팅 재종을 선정한다. PVD(물리 증착) 코팅의 경우에는 부착 강도가 보다 높은 CVD(화학 증착) 코팅 재종으로 변경해 본다. 또 심한 단속 절삭은 가급적 피해야 한다.

(7) 미사용 절삭날 모서리의 치핑

미사용 절삭날 모서리가 치핑되는 원인은 초경인 경우와 같이 칩의 충격을 받기 때문으로 브레이커 형상을 바꾸거나 팁과 시트의 돌출량을 작게 한다.

(8) 다듬질면 거칠기가 나쁘다

절삭날이 샤프 에지가 아님을 생각할 수 있다. CVD 코팅 재종은 날끝이 약간 둥글게 되기 때문에 다듬질 절삭에는 그다지 적합하지 않다. 따라서 코팅해도 비교적 절삭날이 예리하게 되는 PVD 코팅을 사용한다. 단, 모재의 에지도 예리해야 한다.

또 코팅면이 매끄럽지 않은 경우도 생각할 수 있으므로 특히 표면 거칠기가 좋은 PVD 코팅 재종을 선정한다.

한편 절삭시에 피삭재와 화학 반응을 일으키기 쉬워 용착을 일으키고 있는 경우도 생각할 수 있다. **사진 5**가 그것이다. 강 절삭인 경우에는 서멧을 선택하도록 한다. 일반적으로 코팅 재종은 거친 가공, 서멧은 다듬질 가공이라고 기억해 두면 된다. 어느 경우에나 공구의 진동은 가급적 억제한다.

(9) 피삭재에 버가 발생한다

절삭 깊이 경계 마모가 진행되면 버가 발생하기 쉽다. 그 경우에는 내경계 마모성이 우수한 Al_2O_3계 코팅을 선정한다. 또 절삭 깊이 경계가 결손되어 버가 나올 수 있다. 그때는 인성이 높은 재종으로 하든가 절삭날 강도가 높은 브레이커를 선택한다.

(10) 보풀(뜯김)이 발생한다.

절삭 초기에 뜯김이 발생하는 경우에는 절삭날 코너 R의 브레이커 형상, 경사각을 검토할 필요가 있다. 또 이송을 약간 바꿈으로서 해결할 수 있다.

이송 경계부의 마모에 따라 2차 칩이 발생하고 있다고 생각할 수도 있다. 이때에는 (9)의 경우와 같이 내경계 마모성이 우수한 Al_2O_3계 코팅을 선정한다. 또 서멧 재종을 사용해 보는 것도 효과적이다.

(11) 재연삭 후의 공구 수명이 짧다

먼저 절삭날을 수명에 이르기까지 과도하게 사용하고 있지 않은가 생각할 수 있다. 수명의 70% 정도에서 일찌감치 재연삭하는 것이 포인트이다.

●●

서멧의 트러블 대책

(1) 고속 절삭 조건에서 마모가 크다

재종의 내마모성이 부족하기 때문에 날끝에 결손이 발생하지 않은 경우에는 내마모성이 보다 높은 재종을 선정한다.

내마모성이 높은 서멧은 금속 결합상(Co나 Ni의 함유량)이 적은 재종, N의 함유량이 적은 재종 등이 해당된다. 단, N을 포함하지 않는 TiC계 서멧은 인성이 떨어져 현재는 거의 사용되고 있지 않다.

최근에는 TiN 등의 경질층을 코팅한 코팅 서멧이 시판되어 내마모성을 향상시킨 재종으로서 효과를 올리고 있다.

또 일반적으로 절삭 속도가 높아지면 날끝 부분의 온도가 올라가기 때문에 공구 마모가 극단적으로 진행된다.

절삭유제를 사용하여 절삭 온도를 떨어뜨릴 수도 있지만 서멧 공구는 초경이나 코팅 초경에 비해 열 전도율이 낮고 열 팽창계수가 크기 때문에 내열 충격성이 열악하여 열균열이 발생해 절삭날이 결손되는 수가 있으므로 주의를 해야 한다.

서멧을 습식 절삭에 사용하는 경우, 일반적으로 이송량 f(mm)×절삭 깊이 t(mm)를 0.4 이하로 억제하면 결손은 잘 일어나지 않게 된다.

(2) 절삭날이 탈락(결손)한다

사진 6은 결손의 예이다. 초기 결손이 발생하는 것은 절삭날 강도가 부족한 것으로 생각할 수 있으므로 인성이 보다 높은 재종을 선정한다.

즉 금속 결합상(Co나 Ni 함유량)이 많은 재종, N 함유량이 많은 TiN계 서멧 또는 미립 서멧 등을 선정한다.

절삭날 강도는 공구 형상에도 좌우되기 때문에 강도가 보다 높은 브레이커를 선정하여 절삭날 호닝을 크게 하는 등으로 결손의 발생을 억제할 수 있다.

서멧 재종은 초경 또는 코팅 초경에 비해 재료 강도가 열악하기 때문에 초기 결손이 종종 발생할 경우, 이송이나 절삭 깊이를 작게 하는 등 절삭 부하를 적게 할 필요가 있다.

한편 초기 결손이 아니라 경사면 마모의 진행으로 절삭날의 강도가 저하되어 결손되는 경우에는 절삭 속도를 내려 여유면 마모와 경사면 마모의 진행을 균형있게 제어해야 한다. 또 브레이커가 절삭 조건에 적합한가의 여부도 체크한다.

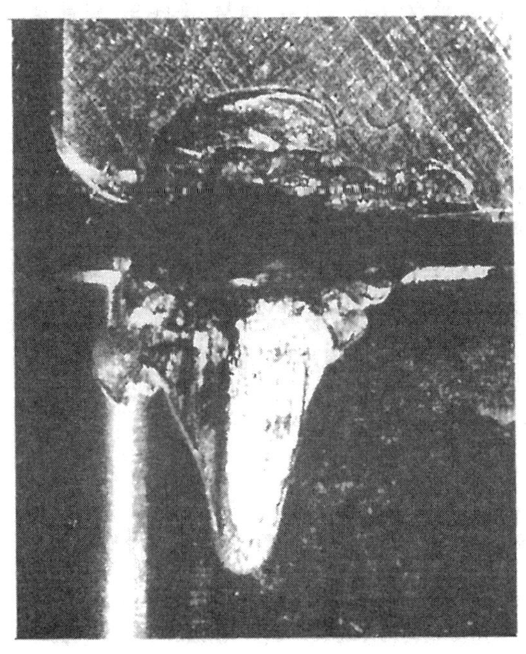

사진 6 서멧의 결손 예

사진 7 서멧의 치핑 예

사진 8 서멧의 열균열 예

(3) 절삭날의 미소 치핑

사진 7은 치핑의 예로서 인성이 낮은 재종을 저속에서 사용했을 때 일어난다. 이에는 인성이 높은 재종을 선정하고 절삭날의 강도가 높은 브레이커를 선정하여 절삭 속도를 올리는 등의 대책이 효과적이다.

공구 진동이 주된 원인인 경우에는 공구의 강성을 높이거나 돌출량을 가급적 적게 한다.

(4) 소성 변형(물러짐)

날끝 선단에 절삭열이 집중적으로 발생하여 절삭날이 늘어지거나 솟아오르는 것을 방지하려면 내마모성이 높은 서멧을 선택하든가 날끝의 코너 R을 크게 하거나 절삭 속도 또는 이송 속도를 늦추는 등의 방법을 취한다.

(5) 열균열이 발생한다

사진 8은 밀링 절삭에서의 열균열 예이다. 서멧은 초경이나 코팅 초경에 비하면 열 전도율이 낮고 열 팽창계수가 크기 때문에 습식 절삭에서는 열 사이클에 의한 열균열이 발생하기 쉬워진다.

그래서 밀링에 서멧 재종을 사용할 경우에는 절삭유제를 사용하지 않는 편이 공구 수명을 길게 한다.

선삭 가공의 경우도 마찬가지로 절삭유제를 사용하지 않는 편이 열균열 방지에 효과적이다. 어쩔 수 없이 습식 절삭을 하는 경우에는 이송량 f(mm)×절삭 깊이 t(mm)를 0.4 이하로 하는 것이 포인트이다.

또 TiN 등을 코팅한 코팅 서멧도 열균열에 대해 효과적이다. 이런 대책 후에도 열균열이 발생한다면 코팅 초경으로 변경하는 것도 검토해 본다.

(6) 다듬질면 거칠기가 나쁘다

호닝량이 과대하여 다듬질면 거칠기에 악영향을 주는 경우에는 호닝을 작게 하는데, 서멧은 인성의 면을 고려할 때 날끝을 완전히 예리하게 하여 사용하기란 거의 어렵다.

용착이 원인으로 다듬질면이 나빠지는 경우에는 절삭 속도를 올리거나 경사면을 연마한 표면 거칠기가 양호한 서멧을 선정하든가 여유각이 큰 공구를 사용하는 것도 효과적이다. 공구의 진동은 가급적 억제하여 피삭재에 이송 마크가 나타날 때는 이송 속도를 늦출 필요가 있다.

(7) 피삭재에 버가 발생한다

절삭 깊이 경계 마모가 진행되어 버가 발생하는 경우에는 내마모성이 우수한 서멧을 선정한다.

그러나 서멧의 경우에는 절삭 깊이 경계 마모보다도 절삭 깊이 경계가 결손되어 버가 발생하는 것이 대부분이다. 그 때는 인성이 높은 재종이나 절삭날 강도가 높은 브레이커를 선정한다.

(8) 보풀(뜯김)

절삭 초기 단계에서 뜯김이 발생할 때에는 절삭날의 코너 R이나 브레이커 형상, 경사각을 검토한다. 또 이송도 약간 바꾸어 본다.

세라믹스의 트러블 대책

(1) 고속 절삭 조건에서 마모가 크다

내마모성이 높은 재종으로 바꿔 보고, Si_3N_4계 세라믹스인 경우에는 표면에 TiC, TiCN, Al_2O_3 등의 경질층을 CVD 코팅한 재종을 사용하는 것도 효과적이다.

일반적으로 세라믹스에는 비교적 큰 호닝이 사용되고 있지만 이 호닝 폭이나 각도를 작게 함으로써 마모가 개선되는 경우도 있다.

단, 세라믹스라 할지라도 너무 고속으로 하면 마모가 현저하게 커지게 된다. 반대로 너무 저속으로 하면 코팅 초경보다도 내마모성이 나빠지므로 권장 절삭 조건내에서 절삭 속도를 변화시켜야 한다.

(2) 절삭날이 탈락(결손)한다

사진 9는 세라믹스 재종의 결손 예이다. 초기 결손이 발생하는 것은 절삭날의 강도가 부족하기 때문이므로 인성이 보다 높은 재종을 선정한다.

Si_3N_4계 세라믹스인 경우에는 표면에 CVD 코팅을 하지 않는 편이 인성이 높다고 할 수 있다.

또 세라믹스는 특히 호닝 폭이나 각도를 크게 함으로써 결손을 어제하는 효과가 높다.

절삭 조건으로서는 절삭 속도는 높이고 이송은 낮게 변경한다.

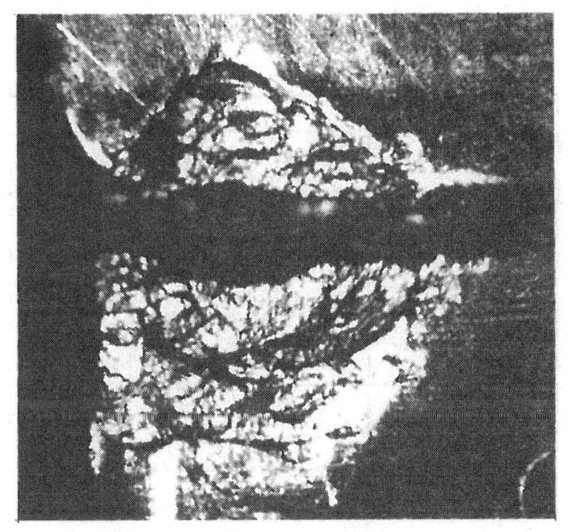

사진 9 세라믹스의 결손 예

(3) 열균열이 발생한다

특히 Al_2O_3계 세라믹스는 열 전도율이 낮고 열 팽창계수가 크기 때문에 Si_3N_4계 세라믹스로 변경하는 것을 검토한다.

Si_3N_4계 세라믹스는 표면에 CVD 코팅을 하지 않는 쪽이 내열 충격성을 더 높인다. 절삭유제의 사용을 중지하고 건식 절삭으로 하는 것도 검토하도록 한다.

(4) 다듬질면 거칠기가 나쁘다

다른 재종과 마찬가지로 호닝량을 적게 조정하는데, 세라믹스의 경우에는 인성이라는 문제로 날끝을 완전히 예리하게 하여 사용할 수는 없다. 일반적으로 세라믹스는 브레이커 없이 사용하지만 연마붙이 브레이커 등을 부착하는 방법도 효과적이다. 절삭 조건으로서는 절삭 속도는 높이고 이송은 낮게 변경한다.

(5) 채터링이 발생한다.

호닝량이 과대하면 채터링이 발생하기 쉬워지기 때문에 호닝을 작게 하면 채터링 개선에 효과적이다.

단, 인성이 문제이기 때문에 완전히 예리하게 해서 사용할 수는 없다. 연마가 딸린 브레이커 등을 장착하는 것도 효과적이다. 절삭 조건으로서는 절삭 속도나 이송을 낮게 변경한다.

공구 재종의 각종 피삭재에 대한 적용 가부

아래의 표는 각종 공구 재종과 각종 피삭재의 적합, 부적합을 나타낸 것이다.

○표시는 권장 재종이다. △표시는 조건부 권장 또는 사용할 수는 있지만 달리 더 권장할 수 있는 재종이 있는 것이다. 기타는 권장할 수 없는 재종인데 이유를 간단히 나타내 두었다.

공구 재종		피 삭 재							
		탄 소 강 합 금 강	스테인리스강	주 철	Ti 합금	Ni기, Co기 내열 합금	고경도재	알루미늄 등 비철금속	비 금 속
초경합금	P종	○	○	여유면 마모 큼	여유면 마모 큼 경계 마모 큼	여유면 마모 큼 경계 마모 큼	여유면 마모 큼	△ K종에 비해 치핑되기 쉬움	△ K종에 비해 치핑되기 쉬움
	K종	경사면 마모 큼	경사면 마모 큼 용착 큼	○	○	○	○	○	○
코팅초경	CVD	○	○	○	여유면 마모 큼. 소성 변형 큼	○	소성 변형 큼	표면 거칠기 용착이 큼	샤프 에지는 불가능
	PVD	○ P(M)종 모재	○ P(M)종 모재	○ K(M)종 모재	○ K종 모재	○ K종 모재	○ K종 모재	○ K종 모재	○ K종 모재
서 멧		○	△ 경계 마모가 크지만 다듬질은 가능	△ 흑피, 칠면은 치핑되기 쉬움	경계 마모 큼 열전도 나쁘고 고온	경계 마모 큼 열전도 나쁘고 고온	△ 날끝 강도가 약하여 다듬질만 가능	△ K종에 비해 치핑되기 쉽다	절삭날의 신뢰성이 K종에 비해 뒤떨어진다
세라믹스	Al₂O₃	△ 단, 치핑되기 쉬움	경계 마모 큼	△ 치핑되기 쉽지만 다듬질은 가능	경계 마모 큼 열전도 나쁘고 고온	경계 마모 큼 열전도 나쁘고 고온	○	샤프 에지는 불가능	샤프 에지는 불가능
	Si₃N₄	경사면 마모 큼 여유면 마모 큼	경계 마모 큼	○	경계 마모 큼 결손되기 쉬움	경계 마모 큼	여유면 마모 큼	샤프 에지는 불가능	샤프 에지는 불가능
	SiC 위스커 포함	여유면 마모 큼	경계 마모 큼	○	경계 마모 큼	○	여유면 마모 큼	샤프 에지는 불가능	샤프 에지는 불가능
CBN 소결체		경사면 마모 큼 여유면 마모 큼	경사면 마모 큼 여유면 마모 큼	○ (CBN량 중간)	경계 마모 큼	○ (CBN량 많음)	○ (CBN량 적음)	용착 크다	다이아몬드에 비해 수명이 짧음
다이아몬드 소결체		피삭재와 반응되기 쉬워 손상이 큼	피삭재와 반응하기 쉬워 손상이 큼	△ 저온의 습식 다듬질만 가능	△ 날끝 강도가 약하여 다듬질만 가능	피삭재와 반응하기 쉬워 손상이 큼	Fe계, Co기, Ni기는 반응하기 쉬움	○	○

실례로 본 트러블 대책

K20 재종에 의한 내열강의 절삭

항공 부품 등에 사용되는 내열강은 절삭 가공을 하기 어려운 재료중의 하나이다. 가공 중에 발생하는 절삭열에 의한 피삭재 표면의 경화층이나 다른 재료에서는 별로 볼 수 없는 배분력의 증가, 칩에 의한 절삭날의 손상 등, 공구 재종 자체의 특성이 문제시되는 가공이라 할 수 있다.

그래서 이 종류의 재료를 가공하는 데에는 강인한 칩에 대응할 수 있는 강한 절삭날, 원활한 칩 처리, 즉 질기면서 단단한 절삭날로 컬(curl) 모양의 처리하기 쉬운 칩이 나올 수 있는 공구 형상을 설정해야 한다.

가공중의 발열을 가급적 억제하려면 수용성 절삭유제를 충분히 공급하고 경사각을 크게 하여 전단각을 작고 칩이 원활하게 배출될 수 있도록 해야 한다.

물론 절삭 속도는 $40 \sim 50\,m/min$ 이하, 압착물에 의한 절삭날 결손이 일어나지 않도록 배려한다. 이러한 조건을 충족시키는 것으로 WC–Co계 합금이 있다. W를 $80 \sim 90\%$ 포함하고, 또한 경도 90 HRA 이상, 항절력 $140 \sim 150\,kgf/cm^2$를 충족시키는 것으로서 K20 재종 또는 이에 준하는 재종이 있다.

디만 이 재종은 P종이나 M종과 같이 Ti나 Ta 등을 많이 포함하고 있지 않기 때문에 화학적, 열적 반응에 의한 면마모나 용착에 대해서 강하지 않다. 따라서 이들을 커버하기 위해 절삭 조건을 낮게 억제해야 하며, 절삭 속도를 $40 \sim 50\,m/min$ 이하로 한 것은 이 때문이다.

그러나 이 절삭 속도로도 가공 표면의 경화층을 완전히 없앨 수는 없다. 기계 부품으로서 사용되는 최소한의 표면층 변화는 어쩔 수 없다 해도 그에 동반해 발생하는 가공 작용점에서의 절삭날 경사면, 여유면과의 접촉에 의한 배분력의 증가는 절삭날의 결손으로 연결된다. 때문에 공구 재종 그 자체가 강인하고 내마모성이 풍부한 것이라야 한다.

예 ①은 대표적인 내열강 인코넬의 절삭이다.

공구 재종은 K20, 경사각은 $20 \sim 25°$로 크고 또한 브레이커는 폭 넓게 잡아 칩을 잘게 잘라 처리하려는 외부에서의 에너지 증가에 의한 피삭재나 칩의 경화를 방지하기 위해 보다 낮은 절삭열로 가공할 수 있도록 하고 있다.

그러나 칩이 똑 바로 나오게 되면 피삭재나 공구에 감겨 얽히게 되므로 칩이 코일처럼 감겨 나오도록 설계되고 있다. 또 기계적 마모에 강하고 인성이 높은 WC–Co계 합금을 선정하여 가공중의 결손이나 급격한 마모에 견딜 수 있도록 하고 있지만 경사면 마모나 용착을 완전히 방지할 수는 없기 때문에 이들에 의한 절삭날의 결손이 발생하기 전에 공구를 교환해야 한다.

예 ① 인코넬 718의 선삭 가공

사용 기계	NC 선반		피 삭 재	내열강 (인코넬 718)
공 구	PCLNR2525M4		절삭 유제	수용성
	CNMG120408-SA			
팁 재 종	KS20 (초경 K종)	초경 K20		
절삭 조건	회 전 수 (min^{-1})	20	20	
	절삭 속도 (m/min)	30	30	
	절삭 깊이 (mm)	1.5	1.5	
	이 송 (mm/rev)	0.3	0.3	
결과	칩 처리성의 개선이 내마모성이나 다듬질면의 향상에 크게 도움이 되는 동시에 내결손성의 향상으로 20%의 수명 연장이 가능했다.			

이 예에서는 20분 정도가 그 표준이다. 이러한 아이디어는 Ti 합금을 가공하는 경우나 스테인리스강을 절삭하는 경우에도 응용할 수 있다.

또한 스테인리스강의 경우는 K20보다 Ti 코팅 재종 쪽이 좋은 결과를 얻을 수 있는데 이것은 내경사면 마모성이 향상되기 때문이다.

서멧에 의한 연강 절삭

NC 선반으로 SS41재 등의 기계 부품을 가공하는 일이 흔히 있다. 이 경우 수용성 절삭유제를 충분히 공급하고 공장 전체의 생산 공정(Tact)에 맞추어 절삭 속도 150~250 m/min, Al_2O_3계나 Ti계 등의 코팅 재종을 사용하는 것이 보통이다.

작업이 안정되어 있는 경우에는 그다지 문제가 되지 않지만 경우에 따라서는 공구 수명이 안정되어 있지 않다.

이것은 저탄소강 재료가 수용성 절삭유제라는 조건하에서 절삭유제가 날부와 칩 작용점을 냉각시켜 그에 의해서 칩과 절삭날 접촉부 사이에 화학적, 물리적 반응이 발생, 절삭날 경사면상에 압착물이 발생하는 수가 있기 때문이다.

이 압착물은 시간과 함께 성장하여 어떤 크기로 되면 칩과 함께 절삭날 경사면에서 제거된다.

이때 동시에 절삭날의 일부가 벗겨져 떨어지기도 하고 또는 코팅막이나 모재의 일부가 제거되는 이른바 박리 결손이 일어난다.

이 경우 절삭 속도를 떨어뜨리거나 또는 절삭유제를 사용하지 말아야 한다. 사용하려면 극압 첨가제를 포함하는 것으로 바꾸는 것도 좋지만 별도의 공구 재종, 즉 화학적, 물리적으로 안정되고 다른 금속과 잘 반응하지 않는 Ti를 많이 포함한 서멧 재종을 선정한다.

물론 수용성 절삭유제를 사용하고 있기 때문에 가공중 절삭날 부분의 열균열에 대해서도 충분히 고려한 서멧이 적당하며 TiC계보다도 TiN계가 바람직하다. 이 예에서는 TiN계 서멧(N 308)을 사용하고 있다.

예 ② 서멧에 의한 연경의 선삭

사용 기계	NC 선반		피 삭 재	SS41
공 구	PTGNR2525M4		절삭 유제	수용성
	TNMG220404-27			
팁 재 종	N308 (서멧)	TiC계 서멧		
절삭 조건	회 전 수 (min⁻¹)	2000	2000	
	절삭 속도 (m/min)	100~120	100~120	
	절삭 깊이 (mm)	0~3	0~3	
	이 송 (mm/rev)	0.1	0.1	
결 과	TiC계 서멧은 수명이 4시간이지만 N308은 7~8시간의 수명으로 다듬질면 거칠기 및 절삭시의 버가 적어 양호하다			

예 ③ 서멧에 의한 연경의 단면 선삭

사용 기계	NC 선반		피 삭 재	SS41
공 구	PTGNL2525M4		절삭 유제	수용성
	TNMG220404-27			
팁 재 종	N308 (서멧)	TiC 코팅		
절삭 조건	회 전 수 (min⁻¹)	85	85	
	절삭 속도 (m/min)	80~40	80~40	
	절삭 깊이 (mm)	3	3	
	이 송 (mm/rev)	0.3	0.3	
	가공 개수 (개/일)	75	50	
결 과	다듬질 거칠기가 향상되고, 수명이 안정되었다			

TiC계 서멧을 사용하는 경우도 있는데 이때는 내열 균열성이 높은 것을 사용하지 않으면 역효과를 나타내는 경우가 있다.

여기에 소개하는 TiC계 서멧과 TiC계 코팅의 예는 그 대표적인 것이다.

예 ②의 공구 수명 판정기준은 「다듬질면 거칠기」와 「버의 양」인데 절삭날 박리 결손 후의 절삭날 치핑이 주 원인이 되고 있다.

절삭 속도가 100~200 m/min로 되어 있는 것은, 절삭 초기는 연속 절삭이지만 절삭 종료는 단속 절삭으로 되기 때문에 속도를 내려 능률을 이송으로 커버한 것이다. 이 예에서는 특별히 칩 처리가 문제되는 것은 아니지만 가공에 따라 절삭 초기의 절삭열이 높아지고 그 후의 단속 절삭으로 절삭날이 심하게 두드려지는 상태이기 때문에 압착물이 있는 경우 등에는 박리 결손이 일어나기 쉬워진다. 이 경우 가급적 압착물을 발생시키지 않게 한다.

예 ③은 단면 가공이다. 특히 피삭재의 형상이 이형이고 게다가 가공 부분이 작다는 점에서 절삭 속도 그 자체를 높게 잡을 수 없는 예이다. 이 경우에는 가급적 저속도역에서 가공해야 하지만 가공 변형이나 요구되는 다듬질면 거칠기 등 때문에 뜻대로 되지는 않는다.

서멧은 이러한 경우에도 효과적이다. 이 예는 단면 가공이므로 가공 다듬질면에서 절삭 속도가 변화한다. 이것은 면거칠기나 버에 영향을 주게 되므로 공구 재종의 화학적 반응에 의한 영향을 고려하면 TiC 코팅보다 TiN 서멧이 바람직하다.

중단속 절삭에 M40종

재료 표면에 가공 변형을 남기고 싶지 않을 때나 철도 레일과 같은 이형 장척물(長尺物)의 강인한 재료 가공 등 특정한 목적을 위해, 셰이퍼나 플레이너가 흔히 사용된다.

이들 가공의 대부분은 저속이면서 단속 절삭이라는 점에서 보통은 고속도강 바이트가 사용되고 있다. 여기에서 소개하는 가공 예도 이형상으로서, 가스 절단한 후에는 밀링보다도 플레이너 가공이 많이 사용된다.

일반적으로 고속도강 재종을 이용하는 것도 생각할 수 있지만 절단 후의 표면 상태, 특히 열의 영향을 받는 부분이나 재료 자체의 경도가 공구 재료와 같은 경도라는 점에서 빈번히 공구를 교환해야 하고 능률적으로나 비용적으로도 바람직하지 않다.

그래서 고속도강 대신에 초경 재종의 사용이 검토되었다. 초경은 단단하고 메지는 성질이 있지만 이 경도를 이용하여 질긴 피삭재의 절삭에 적용하는 것이다.

절삭날에 미치는 열적, 화학적인 영향을 최소한으로 억제하여 기계적, 물리적 특성을 최대한으로 이용하는, 즉 상온에서 항절력이 $500 \sim 600 \, \text{kgf/mm}^2$, 온도가 $200 \sim 300\,℃$에서도 변화가 적어 강의 $5 \sim 10$배의 강도를 가지는 성질을 공구 형상을 변경하여 이용할 수 있게 하면 충분히 공구로서 이용할 수 있다.

절삭날부에는 절삭력을 압축력으로서 작용시키기 위해 네거티브 랜드를 만들고 동시에 절삭 단면에서 생기는 절삭 저항력을 보다 넓은 절삭날부에서 받도록 어프로치각(측면 절삭날)을 크게 잡아 칩의 흐름을 용이하게 한다. 동시에 절삭 저항을 보다 작게 하기 위해 측면 경사각을 크게 잡아 마이너스의 절삭날 경사각과 큰 측면 경사각을 가지는 2단 경사각의 공구 형상으로 함으로써 이 공구 재종의 특성을 최대한으로 활용할 수 있게 된다.

여기에서 소개한 예 ④는 M40종을 이용한 것인데, 예를 들면 초미립자 재종(WC−Co계 초미립자 초경 합금)으로도 가능하다.

이 예는 고망간강을 플레이너로 평삭한 것인데, 절삭 속도를 $30 \, \text{m/min}$으로 한 것은 이 기계의 능력이 충분히 높고 초경 합금으로서 가능한 속도이기 때문이다.

절삭깊이를 $25 \, \text{mm}$로 하고 있는 것은 이 팁이 단책형으로 절삭날 길이가 $50 \, \text{mm}$에 어프로치각 $25°$를 채택하고 있기 때문이다. 더욱이 2단 경사각이므로 절삭 저항은 고속도강 재종에 비해 20% 정도만 증가하며 지그나 공구의 강성도 그다지 영향을 주지 않기 때문이다.

한편 절삭을 하지 않는 귀환 공정 공구의 릴리프 준비는 초경 공구에서 중요하다. 특히 이러한 중(重)단속 절삭이면서 칩의 압착, 용착 등이 예상되는 경우에는 귀환 공정에서 피삭재와의 접촉으로 날 뒷면으로부터 충격을 받아 절삭날이 결손되는 수도 있으므로 주의해야 한다.

예 ④ 고망간강의 플레이너 가공

사용 기계	플레이너		피 삭 재	고망간강 (SCMnH1)
공 구	특수 공구 (50×60)		절삭 유제	윤활유로서
	특수 모양 팁			
팁 재 종	Tu40 (초경 M계)	고속도강 (SKH51)		
절삭 조건 / 회 전 수 (min^{-1})	−	−		
절삭 속도 (m/min)	30	15		
절삭 깊이 (mm)	25	25		
이 송 (mm/rev)	0.3	0.3		
결 과	가스 절단 후 슬래그 제거나 풀링 작업을 하지 않고 가공할 수 있어 작업 능률 향상에 도움이 되었다			

　절삭유제는 가공면에 도포하기만 해도 매우 효과(레빈다 효과라 함)가 있어 용착물, 압착물의 발생이나 가공면에 끼치는 영향을 적게 하는 데 도움이 되고 있다.

　또한 이 예는 공구 재종을 변경하는 것 뿐만 아니라 공구 형상, 가공 조건, 절삭유제를 포함한 이른바 절삭의 5요소(기계, 피삭재, 공구, 절삭 조건, 절삭유제)에 모두 대응한 것이다.

　이 예 뿐만 아니라 그 영향의 크고 작은 차이는 있지만 공구 재종만으로 개선되는 경우는 적으므로 항상 이들 절삭의 5요소를 염두에 두고 생각하여 대응해 가야 한다. 그러한 의미에서 이 예는 공구 재종의 변경이 우연히 크게 영향을 주었다고 봐야 할 것이다.

담금질재의 절삭에는 CBN 재종

　일반적으로 기계 부품이나 마찰로 변형되기 쉬운 재료는 열처리에 의해서 기계 강도를 높이거나 표면 경도를 올려 마모에 대응하고 있다. 즉 가공 재료(피삭재)를 가공하기 쉬운 상태로 재질을 조절하여 원하는 모양으로 만든 후, 다시 열처리하여 최종적인 재료 강도로 다듬질하는 방법이 일반적이다.

　그러나 만약 피삭재를 사전에 열처리하고 원하는 강도, 경도를 얻어 그 후 가공을 할 수 있게 되면 공정 단축이나 비용 저감에 크게 도움이 된다(이것을 「하드 절삭」이라 한다).

　이러한 생각에 근거한 재료로써 프리하든강이나 철계 소결 재료가 있다.

　이들 재료를 가공하는 데에는 단순히 공구 재종을 변경하는 것만으로는 대응할 수 없다. 즉 종래의 가공하기 쉬운 상태에서의 가공(이것을 「소프트 절삭」이라 한다)에서는 기계 강성, 공구 강성, 지그 강성 등을 특별히 고려하지 않더라도 정밀도나 품질을 유지할 수 있었지만 열처리 후의 재료를 가공하는 데에는 기계·공구의 강성이나 가공 방법면에서 충분히 배려해야 한다.

　예를 들면 기계 구조상의 강성은 물론 접동부, 회전부에서의 강성, 정밀도를 향상시켜야 한다.

즉, 종래와는 달리 주분력에 대한 배려만이 아니라 배분력에 대해서도 충분히 배려(예를 들면 왕복대의 접동부에 면도날 등을 이용하는 경우와 같이 경사면에서 끼워맞추는 것이 아니라 작용력에 대해 평행면, 수직면이 대응하도록 고려하는 등)해야 한다.

또한, 절삭 저항도 적어도 종래의 4배 이상의 힘이 작용하는 것을 상정하여 그 밸런스를 고려한 것이라야 한다.

이러한 것들을 배려했을 때 하드 절삭용 재종으로서 다결정 소결체인 CBN을 매우 효과적으로 이용할 수 있다.

CBN은 경도가 3,000 HV, 초경 합금의 약 1.5배이다. 더욱이 600℃에서도 초경 합금과 같은 경도가 유지되므로 담금질 후의 재료를 가공하기에는 좋은 상태이다. 또한 절삭 속도는 100~150 m/min 정도가 선정되므로 최근과 같이 정밀 주조, 정밀 단조가 가능한 재료(기어재, 축재 등)에는 능률 향상이나 비용 삭감 등에 효과적일 것이다.

여기에서 소개하는 기어 블랭크의 단면(예 ⑤)이나 변속 기어축 가공(예 ⑥) 등은 가장 대표적인 응용 예이다.

예 ⑤ 기어 블랭크의 단면 홈 넣기

사용 기계	범용 선반		피삭재 (경도)	철계 분말 소결 합금 (60~62HRC)
공 구	CTWR2525-5		절삭 유제	수용성
	CTD5BX270		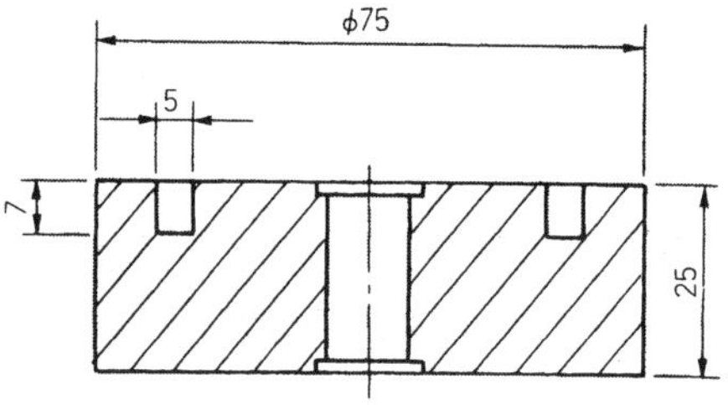	
팁 재 종	BX270 (CBN계)	초경 (K01)		
절삭조건 회 전 수 (min⁻¹)	580	58		
절삭 속도 (m/min)	100	10		
절삭 깊이 (mm)	0.5	0.5		
이 송 (mm/rev)	0.05	0.05		
결과	기계 강성의 향상으로 홈의 사행도 없이 안정된 가공이 되었다			

예 ⑥ 변속 기어축 선삭 가공

사용 기계	모방 선반		피삭재 (경도)	CrMo강 CrMo435 (60~61HRC)
공 구	CSDNN2525		절삭 유제	수용성
	SNGN120412QBN		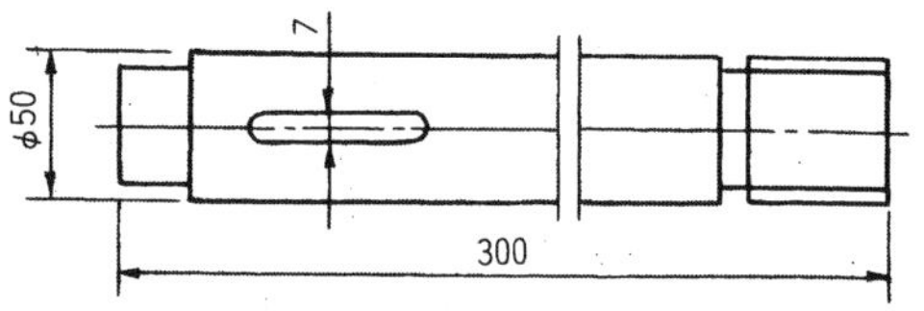	
팁 재 종	BX270 (CBN계)	TH03 (초경 K종)		
절삭조건 회 전 수 (min⁻¹)	640	64		
절삭 속도 (m/min)	100	10		
절삭 깊이 (mm)	0.5	0.5		
이 송 (mm/rev)	0.05	0.02		
결과	키 홈부의 버 크기로 수명 판정했는데 50개(정미 1시간)가 가공되었다			

만약 이들 재료를 초경 합금으로 가공할 경우 K01 재종이 적용되지만 절삭 속도는 고작 15~5 m/min 정도, 그리고 열균열이 다발하기 때문에 냉각용 공기를 이용하여 온도 상승이나 칩이 물리는 것을 방지하는 정도 밖에 할 수 없다.

수명은 수분이며 더욱이 마모나 치핑, 소성 변형에 의한 치수 변화가 심하여 거의 실용적이지 않았다. 이에 대해서 CBN의 경우, 절삭 속도는 100 m/min, 더욱이 수용성 절삭유를 사용할 수 있어 비약적인 가공 능률, 비용 저감을 도모할 수 있다.

홈 폭은 공구 폭(5 mm±0.02)에 의해서 결정된다. 이 예의 기어 홈 가공에서는 홈 깊이 7 mm의 입구에서 홈 바닥까지의 사행(蛇行)으로, 폭 정밀도는 얻어져도 블록 게이지가 들어가지 않는(사행량 0.02~0.05 mm) 사태가 발생했지만 기계 접동면을 개선함으로써 해결되었다. 기어축 가공 예에서는 키 홈부에서 절삭날 결손이 큰 문제였지만 베어링부와 접동부를 설계 변경함으로써 안정된 가공이 가능해졌다.

한편 담금질강의 경도가 60 HRC 이하라면 세라믹스 재종으로도 충분히 대응할 수 있다.

절삭 조건은 절삭 속도 100~150m/min, 이송 0.1mm/rev 이하, 절삭 깊이 1.0mm 이하로 일반 재료의 다듬질 가공 조건 정도면 되지만 절삭유제는 사용하지 않기로 했다. 이것은 세라믹스 재종의 특성상 열균열에 의한 파손을 초래할 우려가 있기 때문이다.

알루미늄 주물 · 주철 복합재에 CBN

복합재 가공은 구성 부품 요소로서 금속과 비금속처럼 서로 다른 재질의 재료를 혼합한 것을 가공하는 것이다.

접동성이 높은 수지를 표면에 바른 공작 기계의 접동면이나 경량이면서 인성이 풍부하고 특수 액제로 내화성을 향상시킨 합판 등의 복합재는, 최근의 구조 재료 특징의 하나이기도 하지만 절삭 가공이나 소성 가공 면에서 본다면 이 재료들은 이른바 난삭재라 할 수 있다.

여기에서는 알루미늄 합금 주물의 중앙부에 고온 성능이나 내마모성, 내압성을 높이기 위해 고급 주철 실린더를 조합한 엔진 밀링(예 ⑦)을 소개한다.

예 ⑦ 알루미늄 주물과 주철 복합재의 정면 밀링

사용 기계	MC		피 삭 재	알루미늄 주물+고급 주철
공 구	THF4406R		절삭 유제	없 음
	DWFAN42ZFN · BX270			
팁 재 종	BX270 (CBN계)	소결 다이아몬드		
절삭 조건 회 전 수 (min^{-1})	1900	1900		
절삭 속도 (m/min)	600	600		
절삭 깊이 (mm)	3 이하	3 이하		
이 송 (mm/rev)	0.1	0.1		
결과	긁는 날 팁을 고급 주철에 맞추어 CBN으로 대체하여 호닝 가공을 실시함으로써 절삭 결손을 방지, 주 1회 재연삭이 가능한 안정된 상태로 되었다			

종래에는 외부 프레임부의 알루미늄 주물을 먼저 가공하고 그 다음에 주철 실린더를 쳐 넣어 최종적으로 드라이브 핏 스트레인이나 변형을 제거하는 수정 가공을 하는 정도였기 때문에 동일 공구(여기에서는 다이아몬드 공구)로 1개월 정도 가공할 수 있었다.

그러나 합리화, 능률화가 진전됨에 따라 알루미늄을 주입하는 단계에서 고급 주철 실린더를 조합하는 것이 흔해지게 되었다. 이 예와 같이 복합재인 경우에서는 가공중의 코바 결손이나 날끝 치핑이 공구 수명이나 가공 정밀도의 열화를 초래하여 공구 교환 시간도 종래의 1/10~1/20로 짧아지고 있다.

또한 공구의 재연삭도 날끝의 손상이 심하기 때문에 비용과 시간을 투자하여 다이아몬드·팁을 여러 종류로 준비하여 시도해 보았지만 하나같이 좋은 결과는 얻어지지 않았었다.

특히 알루미늄 가공인 경우, 절삭에 의해서 발생하는 절삭날면상의 퇴적물이 주철을 절삭할 때 두드려져 떨어지게 됨으로써 그때마다 예리한 날 모서리가 결손되어 다듬질면 정밀도에 영향을 줄 뿐만 아니라 주철의 마무리측에서 코바 결손이 발생하기도 했었다. 또 다이아몬드 공구는 주철 속에서 탄소와의 화학 반응에 의한 마모로 절삭날 손상이 진행되어 다듬질면의 열화도 더욱 심해진 것으로 생각된다.

그래서 절삭날 재종은 주철측에 맞추어 CBN으로, 날형은 알루미늄 절삭용으로 축방향 경사각 17°, 레이디얼 레이크각 5°, 코너각 45°로 하여 가공해 보았지만 CBN 절삭날의 이 빠짐(치핑)이 발생하여 다듬질면의 열화를 개선할 수는 없었다.

그러나 CBN은 고속으로 실시하는 고급 주철 가공에는 효과가 있어 열적, 화학적 마모는 발생하지 않았기 때문에 절삭날 치핑 문제를 해결하기만 한다면 CBN을 사용할 수 있을 것으로 예측, 2단 경사각을 채택하기로 했다. 참의 경사각은 합성각으로서 약 17°이므로 날당 이송의 80%를 기준으로 30°×0.08 mm의 네거티브 랜드를 만들어 시험 절삭을 해 보았다.

그 결과 절삭날 치핑은 없어지게 되었고 주철측의 코바 결손도 안정되어 알루미늄 압착물에 의한 다듬질면의 열화나 절삭날의 치핑도 수습되어 안정된 정상 마모를 나타내게 되었다. 또한 재연삭도 용이하게 되었다.

현재의 공구 교환 주기는 15~20일로 종래의 알루미늄 주물 가공의 수명 수준에는 미치지 못하지만 크게 개선됐다고 할 수 있다.

이 예에서 알 수 있듯이 복합재 가공의 공구 재종 선정은 공구 손상 그 자체를 기계적 손상과 물리적, 화학적 손상으로 구분하고 기계적 손상은 공구 형상(호닝도 포함)에 따라 해결하며 물리적, 화학적 손상은 특별히 크게 영향을 주는 피삭재에 초점을 두어 개선하는 것이 문제를 효과적으로 해결할 수 있는 방법이라 할 수 있다.

냉간 단조강의 단속 절삭

일반적으로 냉간 단조 재료의 대부분은 소재 표면의 경화로 날끝부의 경계 마모가 발생하여 단속 사용중에 날끝 선단 부분이 결손되는 수가 많다.

예 ⑧ 냉간 단조강의 단속 보링 가공

사용 기계	NC 선반		피 삭 재	냉간 단조강
공 구	S40T-PCLNR12		절삭 유제	수용성
	CNMG120412-TM			
팁 재 종	T725X (다층 코팅)	TiN 코팅		
절삭조건 · 회 전 수 (min⁻¹)	1150	960		
절삭 속도 (m/min)	180	150		
절삭 깊이 (mm)	4 이하	4 이하		
이 송 (mm/rev)	0.3	0.3		
결과	루트면 결손도 없이 안정된 가공이 되었다. 또한 50개 정도부터 절삭측에 버가 보였지만 간단히 제거됐다.			

이 예와 같이 탄소량이 적은 전연성(展延性) 재료는 냉간 단조법으로 본 바탕의 형상이 만들어지고 있어 약간의 절삭 여유로 다듬질 가공을 할 수 있다는 특징이 있다.

한편 소재의 표면이 단조 과정에서 조직적으로 미세화되어 압연되기 때문에 표면층은 약간 경화되는 일이 많이 있다. 특히 이 **예** ⑧과 같은 단속 절삭인 경우에는 저탄소강 특유의 물리적, 화학적 현상으로 절삭날 경사면상의 압착, 용착에 의한 박리 결손이 많이 발생하여 TiN계 코팅 재종이 흔히 사용된다.

또한 심한 단속 절삭에 의한 충격에 의해서도 박리 결손이 발생하기 쉬워 모재와 코팅층과의 친화성, 즉 코팅층과 모재와의 부착력이 이 가공의 성사 여부를 가리는 열쇠라 할 수 있다.

재료 성분에서 보았을 경우 당연히 TiN 코팅이 좋다는 것을 알 수 있다. 즉 탄소와의 반응과 코팅층의 박리 현쌍이 잘 일어나지 않는 TiN계가 선정되는 것이다.

한편 모재 내부의 잔류 응력을 제거함으로써 보다 안정된 모재 상태를 만들어 가공중의 심한 충격에 대해서도 모재 그 자체의 파괴가 발생하지 않도록 배려하는 것도 필요하다.

또한 경화된 재료 표면에 따라 날끝 가까이에서 이상한 경계 마모를 일으키기 때문에 절삭날 모서리 그 자체를 보호할 필요가 있다. 이것은 호닝으로 대응하는데 R을 부여한 호닝(환 호닝)으로 할 것인지 각도 호닝(챔퍼 호닝)으로 할 것인지는 모재의 인성에 의해서 결정되고 또 호닝량에 따라서도 선택된다.

이 예와 같이 표면만이 경화되고 내부로 들어감에 따라 부드러워지는 경우에는 각도 호닝이 바람직한 경우가 많으며 코너 R부가 균일한 호닝은 버의 발생 방지에도 효과가 있다.

이러한 날끝 보호 외에 가공중인 팁의 세트 엇갈림도 치핑의 원인이 되기 때문에 팁의 클램프에는 특별히 주의를 한다.

공구, 날 공구가 다 준비되었으면 다음에는 가공 조건을 설정해야 한다. 이 경우에는 가능한 한 고속역을 선택하는 것이 피삭재면에 있어서도 좋지만, 한편 심한 단속 절삭이기 때문에 어느 범위에서 그쳐야 할 것이다.

이 예에서는 180/min을 선택하고 있는데 이것은 수용성 절삭유제(에멀션 타입 30배 희석)를 사용하고 있어 피삭재의 냉각이 충분히 가능할 것으로 생각되기 때문에 열에 의한 공구 재종의 균열이 일어나지 않는 상한의 절삭 속도를 선택했다.

절삭량은 가능한 한 깊은 절삭으로 하고 다듬질 절삭은 0.5 mm 정도의 절삭 여유로 가공하기 때문에 문제는 없지만 대부분의 경우 다듬질 가공은 표면 다듬질 후에 실행되므로 그대로 다음 공정으로 넘어간다.

버의 발생은 절삭 종료시 절삭날을 얼마나 잘 빼내는가에 영향을 받는다. 길이 절삭 방향에 대해서 직각으로 어프로치각(측면 절삭날각)이 작용해서는 안되고, 서서히 절삭날이 빠져나가듯이 피삭재측이 모떼기되어 있거나 공구 절삭날의 측면 절삭날각이 45°인 코너 R이 크거나 하는 등의 대응책이 취해져야 한다.

건 드릴 팁에 K20계 재종

깊은 구멍 드릴 가공의 경우, 일반적으로는 길이가 긴 트위스트 드릴이나 드릴 헤드, ϕ 20 mm 이하에서는 트위스트 드릴 또는 건 드릴이 사용된다. 트위스트 드릴은 가장 손쉽게 사용할 수 있지만 가공 능률 면에서는 건 드릴이 유리하다.

건 드릴을 사용하는 경우, 칩의 배출이나 윤활, 냉각 등을 고려한 고압 절삭유제가 필요하다.

예 ⑨는 범용 선반에 지그를 중앙부에 설치하여 왕복대 위에 드릴을 놓고 절삭유제를 공급하는 고정대를 설치한 간단한 것으로, 기어축의 기름 구멍 가공이나 로트재 단조 전의 물 구멍 가공 등 길이가 긴 봉강재의 구멍 가공에 이용하고 있다.

건 드릴인 경우에는 트위스트 드릴과는 달리 회전 중심에서 외주측 지름비 1/4~1/6의 위치에 날형 선단이 있다. 이른바 트리패닝 절삭의 원리에 의해 구성되어 있다.

일반적으로 드릴 가공의 회전 중심부 절삭 속도는 0으로, 절삭이라기보다는 눌러 부수는 작용을 한다.

따라서 그 효과를 최대한으로 발휘시키기 위한 몇 가지 드릴 선단 모양이 있는데 예를 들면 치즐 포인트 S형, X형 등이다.

예 ⑨ 건 드릴에 의한 깊은 구멍 가공

사용 기계		범용 선반 개조형		피 삭 재	NiCrMo강 SNCM
공　　　구		ϕ 10×600×19.05mm		절삭 유제	유 성
		—			
팁　재　종		G2F (초경 K종)	초경 (M20)		
절삭 조건	회 전 수 (min^{-1})	2230	2230		
	절삭 속도 (m/min)	70	70		
	절삭 깊이 (mm)	400	400		
	이　　송 (mm/rev)	0.025	0.025		
결과	K20 용도 재종은 안정된 공구 마모를 나타내어 평균적으로 20m강(强)의 수명을 나타내고 있다				

가공 현장에서 흔히 볼 수 있는 초경 납땜 드릴에는 중심부가 없거나 좌우의 절삭날이 중심부로 향해서 소용돌이 모양의 곡면을 만들고 있거나 하는데, 이것은 이 속도 0에 대한 대책이다.

한편 이 회전 중심부가 두꺼운 강성이 있는 절삭날로 되어 있고 또한 드릴 선단부가 보다 안정된 절삭역에 위치하도록 설계된 것이 건 드릴이다. 즉 트리패닝 가공을 원리로 하는 이 구멍 가공 공구, 절삭 속도 0인 부분은 절삭날이라기보다 전단날적인 작용을 하는 절삭날로서 설계되어, 절삭은 오로저 외주날이 하고 있다고 할 수 있다.

구멍 가공은 제거할 재료를 칩으로서 외부로 배출하기 때문에 이 칩을 어떻게 배출하기 쉬운 모양으로 할 것인가 또 신속하게 배출시킬 것인가가 포인트이다.

최근에는 종래의 2~3배의 이송 속도로 가공할 수 있도록 드릴 절삭날 상면에 홈을 부여해 칩을 마름모꼴로 균일하게 절단하고 그것을 고압의 절삭유제가 배출하는 방식을 취하는 것도 있다.

한편 건 드릴에 적용하는 공구 재종은 특수 용도로서 알루미늄 전용 건 드릴의 절삭날 외주부에 다이아몬드·컴팩스를, 주철 전용에 CBN을 사용한 것이 있지만 대부분의 경우는 WC-Co계가 주류를 이루고 있다. 절삭유제에 의한 충분한 냉각과 윤활이 보증되고 있기 때문에 공구 손상으로서는 열적, 화학적 마모(열균열이나 크레이터)보다도 물리적, 기계적 마모(박리 결손이나 긁힘 마모)가 주류를 이루고 있다.

절삭 속도를 보면 가장 바깥쪽은 고속이라 해도 중심으로 갈수록 속도가 떨어지기 때문에 고속 대응 재종보다 오히려 물리적, 기계적 마모에 강한 재종을 선택한다.

따라서 가장 안정된 조성을 갖는 K20계 재종(W 함유량 85~89%, 경도 89 HRA, 항절력 150~140 kgf/mm^2)이 사용된다. 이와 같이 살펴 보면 절삭 상황에서 마모의 대부분은 경시면 마모보다도 어유면 마모, 코너부의 열저·기계저 마찰 마모가 많다는 것을 알 수 있다. 균열이나 박리 결손, 이상 마모는 적어 M계, P계 재종보다도 K종이 유리하다.

강재 절삭에 Al₂O₃ 코팅

여기에서는 특히 강의 가공에서 열적, 화학적, 물리적 손상에 강한 Al₂O₃계, TiCN계, TiC계 등의 코팅 재종 사용 예를 소개한다.

이들 재종은 논·코팅 초경 재종과 비교하여 칩 처리성, 가공 치수 안정성에 거의 차이가 없다. 또한 정상 마모 범위내에 있는 동안 공구 수명을 2~3배 연장시킬 것을 목적으로 하고 있다.

논·코팅 초경 재종은 P계로, 이 재종은 지금까지 많은 실적을 올려왔지만 고능률화나 라인 택트 단축 등의 외부 요인에 대응하여 더욱더 장수명화할 것, 절삭 속도 100~200 m/min에서의 보다 안정된 가공 등이 요구되어 왔다. 한편 P계 재종에 발생하기 쉬운 크레이터나 열적 마모에 대응할 필요도 있다.

이에 대응하는 것으로 Ti가 효과적이라는 것은 잘 알려져 있지만 Al₂O₃ 등은 더욱 더 높은 내구성을 지니고 있다.

예 ⑩ 크롬강(단조품)의 단면 절삭

사용 기계	NC 선반		피 삭 재	크롬강 SCr21 (단강품)
공 구	WTJNR2525M4		절삭 유제	없 음
	TNMG220408TN27			
팁 재 종	T803 (Al$_2$O$_3$ 코팅)	TiC 코팅		
절삭 조건 · 회 전 수 (min^{-1})	600	600		
절삭 속도 (m/min)	130~226	130~226		
절삭 깊이 (mm)	2.1	2.1		
이 송 (mm/rev)	0.25	0.25		
가공 개수 (개/날)	100~150	70~80		
결과 · 칩 처리도 양호하고 수명도 길었다				

예 ⑪ 스테인리스강의 단붙이 샤프트 스트레처

사용 기계	NC 선반		피 삭 재	스테인리스강 SUS410
공 구	WTJNR2525		절삭 유제	없 음
	TNMG160408TN27			
팁 재 종	T803 (Al$_2$O$_3$ 코팅)	TiN 코팅		
절삭 조건 · 회 전 수 (min^{-1})	960	960		
절삭 속도 (m/min)	150	150		
절삭 깊이 (mm)	1	1		
이 송 (mm/rev)	0.2	0.2		
가공 개수 (개/C)	60	40		
결과 · TiN 코팅은 칩이 커져 다듬질면에 홈집을 내서 품질을 손상시키고 있었지만 T803은 처리성도 양호하여 60개까지 수명을 연장시킬 수 있었다				

  그러나 TiC 등과는 달리, 논·코팅 초경 합금을 구성하는 하나의 혼합 성분으로서는 사용하기 어렵기 때문에 코팅 성분으로서 그 특성을 발휘시키고자 하는 것이다.

  열 분해나 합성 등의 화학 반응에 따라 증기압이 낮은 원소나 화합물을 모재상에 생성하여 석출시키는 방법(CVD=화학 증착)으로 Al$_2$O$_3$를 코팅하는데, 이 방법으로 만들어진 것은 다른 코팅 재종에 비해 내마모성, 내열성이 우수하다.

  예 ⑩은 TiC계 코팅 재종과 비교한 것인데, TiC계에서는 최고 절삭 속도 230 m/min의 건식 절삭에서는 열적 요인에 의한 마모가 많고 다듬질면의 난조나 치수 변화 때문에 70 ~80개의 가공이 고작이었다. 이것을 Al$_2$O$_3$계 코팅으로 변경함으로써 100~150개로 30~ 50%의 향상을 가져왔다.

  한편 TiN계 PVD(물리 증착) 코팅과의 비교를 예 ⑪에 나타냈다.

  Al$_2$O$_3$ 코팅과 동일한 형상, 동일한 브레이커일지라도 마찰 계수의 차이에 따라 칩이 신장, 피삭재에 말리는 등 다듬질면을 나쁘게 할 뿐만 아니라 절삭날 그 자체에도 감기게 되어 미사용 절삭날의 결손을 일으키기 쉽게 한다.

예 ⑫ 베어링강의 단면 절삭

사용 기계	범용 선반		피삭재 (경도)	베어링강 SUJ2 (30HRC)
공　구	PTGNR2525M3		절삭 유제	없 음
	TNMG160408TN27			
팁　재　종	T803 (Al_2O_3 코팅)	서멧		
절삭조건 회 전 수 (min^{-1})	270	270		
절삭 속도 (m/min)	75~150	75~150		
절삭 깊이 (mm)	2	2		
이　송 (mm/rev)	0.3	0.3		
결과 가공 개수 (개/날)	200	100		
안정된 수명과 다듬질면의 향상에 효과가 있었다				

이에 대해 Al_2O_3 코팅한 경우의 칩은 코일 모양으로, 길이 40~50 mm 정도로 끊어지기 때문에 안정된 칩 처리가 가능할 뿐만 아니라 장시간 가공해도 절삭날부에 열이 축적하는 일이 적어졌다.

예 ⑫는 서멧과 비교한 것이다. 플랜지면 가공과 같이 절삭 속도가 크게 변화하는 경우에는 논·코팅 재종이라면 뜯김면이나 압착물에 의한 스크래치 등이 발생하여 다듬질면 정밀도를 열화시킨다.

때문에 서멧의 사용은 바람직하다고 할 수 있는데 Al_2O_3 코팅은 내마모성이 더욱 높아 이 예에서도 수명은 2배가 되었다.

초미립자 초경 엔드 밀로 홈 가공

지금까지 드릴, 엔드 밀, 탭, 브로치 등의 공구 재종은 고속도강이 주류를 이루었지만 최근에는 특히 드릴이나 엔드 밀의 분야에서 초경 재종이 일반화되어 가고 있다. 엔드 밀의 경우, 장수명, 가공 품질의 향상, 프리하든강 등의 절삭 가공과 같은 새로운 요구에 따라 초경 재종은 높은 효과를 올리고 있다.

엔드 밀 가공의 최대 특징은 홈 가공과 같이 절삭 초기와 절삭 말기의 칩 두께가 0으로 되는 작업이 있다는 점이다. 이것은 기계적 탄성 한계까지 절삭날이 피삭재에 파고 들지 않는 즉 절삭날이 미끄러지고 있는 상태라 할 수 있다.

이 상태에서는 피삭재측, 즉 절삭날 2번측에서 날 뒤쪽으로 향해 강한 힘이 작용하여 그것이 때로는 절삭날의 박리 결손을 초래하는 정도까지 작용하고 있다. 기계적 마모와 발열에 의해서 절삭날 모서리는 열화하여 에지·치핑(날의 이 빠짐)이 발생하기 쉬워지게 된다.

그래서 절삭날의 예리함을 확보하고 있는 고속도강 공구는 이 점에서 초경보다 유리하기 때문에, 엔드 밀에는 고속도강을 많이 사용했었으나 초미립자 초경 합금의 개발로 절삭날의 예리함을 확보할 수 있게 되었다. 또 인성에 관해서도 항절력이 300~400 kgf/mm^{2}로 종래의 초경 합금에 비해 2.5배나 향상되었다.

또한 합금 조성의 파괴에 직접 결부되는 내부 결함을 HIP(정수압 프레스법) 등의 후처리로 제거 또는 억제함으로써 강도가 높은 초경 합금을 만들 수 있게 된 점도 드릴이나 엔드 밀로 응용이 진행된 이유이다.

예 ⑬은 종래에는 고속도강 엔드 밀로 가공했던 금형의 U홈 가공을 고강도 초경 엔드 밀로 바꾼 예이다. 가공 후 버의 발생 상태나 공구 수명, 가공 정밀도 등에서 고속도강보다 좋은 결과가 얻어지고 있다.

단, 정지 가공이기 때문에 칩의 감김이 절삭날의 결손으로 연결된다는 점에서 절삭유제를 충분히 공급하여 칩의 제거와 윤활, 냉각성을 높이고 있다(이것은 고속도강 엔드 밀과 같다).

가공 조건은 종래의 고속도강 엔드 밀과 같지만 이송량을 더욱 크게 할 수 있는 가능성이 있다.

예 ⑭는 기계 부품의 홈 가공이다. 같은 정지 홈 가공이지만 압입 가공 후에 키 홈을 엔드 밀로 가공하는 것이다.

예 ⑬ 다이스강의 초미립자 초경 엔드 밀 가공

사용 기계	세로형 MC		피삭재	합금 공구강 (다이스강) SKD11
공 구	SED2080		절삭 유제	비수용성
팁 재 종	EM10 (초미립자 초경)	고속도강		
절삭조건 회 전 수 (min⁻¹)	560	560		
절삭 속도 (m/min)	14	14		
절삭 깊이 (mm)	5	5		
이 송 (mm/tooth)	0.023	0.023		
결과 가공 개수 (개)	112	37		
버도 적고 정밀도도 양호하며 수명은 3배 이상을 나타냈다. 또한 절삭 유제는 칩의 물림을 방지하기 위해 다량으로 이용했다				

예 ⑭ 연강의 초미립자 초경 엔드 밀 가공

사용 기계	범용 밀링 머신		피 삭 재	SS41
공 구	SED2040-KM		절삭 유제	비수용성
팁 재 종	EM10 (초미립자 초경)	고속도강		
절삭조건 회 전 수 (min⁻¹)	2550	1520		
절삭 속도 (m/min)	32	19		
절삭 깊이 (mm)	1.5	1.5		
이 송 (mm/tooth)	0.03	0.03		
결과 가공 길이 (m)	5.4	3		
버가 적고 칩의 배출성이 좋으므로 홈 치수 정밀도의 안정이 얻어졌다				

홈 깊이 : 3mm
홈 폭 : 4mm

예 ⑮ 공구강의 초미립자 초경 엔드 밀 가공

사용 기계	세로형 MC		피 삭 재	합금 공구강 SKS3 (생재)
공 구	SED2100		절삭유	비수용성
팁 재 종	EM10 (초미립자 초경)	초경 (K20)		
절삭조건 · 회 전 수 (min⁻¹)	1270	1270		
절삭 속도 (m/min)	40	40		
절삭 깊이 (mm)	2.5	2.5		
이 송 (mm/tooth)	0.025	0.025		
결과	종래의 K20 상당의 초경에서는 날끝 부분에 치핑이 발생하여 사용할 수 없었지만 이 재종은 절삭성도 좋고 버도 적어 양호했다.			

고속도강 엔드 밀에서는 절삭 속도 20 m/min 이하의 조건으로 밖에 가공할 수 없었지만 내열성이 높은 초경 합금 재종에서는 절삭 속도 32 m/min, 절삭 깊이를 1.5 mm로, 2회 절삭함으로써 실현되고 있다.

절삭날의 예리함은 버의 발생이 적다는 점에서도 알 수 있지만 이것은 오히려 절삭날 모양을 강하게 비틀린 스파이럴 형상으로 했기 때문으로 생각된다. 또한 공구 수명이 5.4 m로 고속도강에 비해 180%나 향상되었다.

예 ⑮는 K20계 초경 재종과 비교한 것이다. 종래의 초경 재종의 경우, 절삭날 선단부의 손상(치핑)에 의해 버가 발생하여 다듬질면에 영향을 주고 있을 뿐만 아니라 공구 수명도 짧다.

●●●

스트레인이 문제인 다듬질에 서멧

용접 구조물이나 함재, 얇은 두께의 제재 등 이형재의 다듬질 가공은 가공 후 스트레인 문제로 매우 고생하게 된다. 대부분의 경우 밀링은 피하고 1개의 바이트로, 그것도 코너 R을 0.4나 0.2 정도로 작게 하여 절삭열을 가급적 억제하여 가공하고 있다.

당연히 절삭 속도는 40~50 m/min 이하, 절삭 깊이는 0.5 mm, 이송은 0.1 mm/0.05 mm/rev로 하고 다듬질면 정밀도의 향상과 공구 수명 안정을 위해 가공면에는 브러시로 종유나 피마자유를 칠한다.

그러나 날끝 선단 마모나 치핑 등으로 인해 불과 몇 분만에 공구를 교환해야 하는 것이 현상황이다.

이것은 코너 R을 크게 하여 결손에 대응하려고 했을 경우, 채터링이나 기복에 의해서 다듬질면이 열화될 뿐만 아니라 절삭날 결손을 초래할 수 있기 때문이다.

한편 고속 절삭에서는 선단부의 조기 결손을 초래하기 때문에 저속역을 선택하지만 이 경우에는 압착물이 발생하여 박리 결손이 일어나기 쉽다. 그래서 실제로는 경사각을 크게 한 TiC 코팅 재종이나 P10~P20의 초경 재종으로 그럭저럭 가공하고 있는 것이 현실이다.

예 ⑯ 스테인리스강의 외주 단속 선삭

사용 기계	범용 선반		피 삭 재	스테인리스강 SUS403
공 구	STVP3232P100		절삭유제	없 음
	TPGA2204-100			
팁 재 종	M308 (서멧)	TiC 코팅		
절삭조건 · 회 전 수 (min^{-1})	190	42		
절삭 속도 (m/min)	180	40		
절삭 깊이 (mm)	0,05~0.1	0.1		
이 송 (mm/rev)	1.0~0.5	0.05		
결과	TiC 코팅(터너 R0.4)에서는 몇 분만에 루트면부가 결손, 이 공구로 서멧 N308인 경우에는 2시간 가공이 가능했다. 더욱이 다듬질면 거칠기 6.3μm 이내가 가능했다.			

예 ⑰ 수직 선반에 의한 연강의 단속 단면 가공

사용 기계	수직 선반		피 삭 재	SS41
공 구	① PTVN3232P300 ② STHP3232P300		절삭유제	없음(P10은 종유를 브러시로 칠한다)
	① TNGA2204-300 ② TPGA2204-300			
팁 재 종	N308 (서멧)	초경 (K10)		
절삭조건 · 회 전 수 (min^{-1})	–	–		
절삭 속도 (m/min)	160	40		
절삭 깊이 (mm)	0,1~0.05	0,1~0.05		
이 송 (mm/rev)	1.5~6.3	0,1~0.05		
결과	바이트 ① 쪽이 바이트 ②보다 단속 절삭시의 충격이 적고 이송도 빨리 할 수 있어서 좋다. 그러나 절삭깊이를 크게 잡을 때는 ② 쪽이 좋다. 한편 곡률 반지름 300mm를 100mm로 함으로써 절삭깊이를 크게 잡을 수도 있다			

가령 코너 R을 최대로 한 이른바 헤일 바이트와 같은 날형을 사용하여 동시에 절삭 깊이를 0.1 mm 이하로 하고 또한 높은 이송으로 가공하는, 즉 원통형 피삭재에 이 날형을 경사로 대고 표면을 벗기듯이 절삭을 하면 어떨까?

가공중 절삭력은 주분력, 이송 분력, 배분력의 균형을 유지하면서 단속 절삭에 의한 코너 R의 결손도 없이 원활하게 절삭할 수 있다. 그러나 저탄소강의 성질은 변함없기 때문에 그 대응책으로서 공구 재종의 선택은 서멧이 보다 바람직하다고 할 수 있다.

예 ⑯은 이러한 생각에 근거하여 제작한 공구(경사 곡선날 바이트)를 사용하여 항공기용 모터 케이스의 외부 프레임을 가공한 것이다.

중량 경감을 위해 케이스 외주에 10×5×400 mm의 네모진 스테인리스 봉이 10 mm 간격으로 용접되어 있는데 이 때문에 외주상에 용접 스트레인이 발생하여 0.5 mm 정도 다듬질 가공을 해야만 했다.

처음에는 P10 재종이나 TiC 코팅 재종을 이용하여 코너 R을 작게, 저속, 낮은 이송으로 가공할 수 있다고 생각했었으나 압착물이나 용착물이 다듬질면에 영향을 주기도 하고 채터링이나 절삭날 선단 결손으로 절삭이 불가능해 1개를 가공하는 데 하루가 걸리게 되어 최종적으로는 연삭 다듬질을 하지 않으면 안되는 상태였다.

그러나 이 특제 공구와 서멧을 사용함으로써 30분 이내의 가공 시간으로 외주 정밀도 0.03 mm 이하를 얻을 수 있었다. 또 다듬질면 거칠기가 12 μm 이하로 안정되고 또한 버도 발생하지 않아 최종적으로 이 재종을 선정하게 되었다.

예 ⑰은 대형 용접 구조물이다. 가장 외주부의 설치 기준면은 밀링, 도넛형의 단면은 선삭 가공으로, 기준 가공, 단면 가공 그리고 마지막으로 단면 기준으로 설치부의 다듬질 가공을 했다.

그러나 대형 부품이고 하여, 작업 준비나 스트레인 대책에 많은 시간을 소비했었으나 이 경사 곡선 바이트를 사용함으로써 1회의 작업 준비로 최종 다듬질 가공까지 가능케 되었다. 동시에 서멧을 사용함으로써 절삭열, 마찰열을 억제하여 가공 스트레인을 적게 할 수 있는 등 능률 향상에 큰 효과를 올릴 수 있었다.

한편 이 예에서는 앞에 든 예와는 반대로 가공물이 평탄하기 때문에 절삭날에 큰 R(300 mm)을 부여하는 것을 상정하여 작업을 진행했는데 이러한 것은 정면 밀링에도 응용할 수 있다.

데이터 시트 메이커별 공구 재종 일람=1

도시바 텅걸로이

공구 재종 구분		메이커 기호	적용 피삭재·가공법
●초경 합금	P계	TX10D	강, 주강, 스테인리스강 중(中)·다듬질 선삭
		TX10S	강, 주강, 스테인리스강 중(中)·경선삭
		TX20	강, 주강, 스테인리스강 중(中)선삭
		TX25	강, 주강, 스테인리스강 중(中)·경밀링
		UX25	강, 주강, 스테인리스강 중(重)·중(中)선삭
		UX30	강, 주강, 스테인리스강 중(重)·중(中)선삭
		TX30	강, 주강, 스테인리스강 중(重)·중(中)선삭
		TX40	강, 주강, 스테인리스강 중(重)·중(中)선삭
	M계	TU10	주철, 덕타일 주철 다듬질 선삭, 다듬질 밀링
		TU20	주철, 덕타일 주철 경·다듬질 선삭
		TU40	강, 주강, 스테인리스강 중(中)·중(重)선삭, 밀링
	K계	TH03	주철, 덕타일 주철, 비철금속, 비금속, 고경도재 다듬질 선삭
		TH10	주철, 덕타일 주철, 비철금속, 비금속, 고경도재 선삭, 밀링
		G1F	주철, 덕타일 주철, 비철금속, 비금속 중(中)·다듬질 선삭
		G2F	알루미늄, 동합금, 비금속 중(中)선삭
		G2	주철, 덕타일 주철, 비철금속, 비금속 중(中)선삭
		G3	주철, 덕타일 주철, 비철금속, 비금속 중(中)선삭
	초미립자	F	강, 주철 저속 절삭
		M	강, 주철 저속, 소·중절삭 깊이, 저·중 이송 절삭
		EM	강, 주철 경충격 밀링
		EM10	강, 주철 일반 엔드 밀 가공
		UM	강, 주철 충격 밀링
		H	강, 주철 중(重)단속 밀링
●코팅	Al₂O₃계	T821	강, 주철 고속 선삭, 저절삭 깊이, 저이송 절삭
		T822	강, 주철 중(中)·고속 선삭, 고절삭 깊이, 고이송 절삭, 습식 절삭
		T823	강, 주철 중(中)·고속 선삭, 중(重)절삭, 습식 절삭
		T801	주철 일반 선삭, 저절삭 깊이, 저이송 절삭
		T802	강, 주철 중속 절삭
		T803	강, 주철 중속 절삭, 충격 절삭
		T813	강, 주철 거친 선삭, 중절삭, 단속 절삭
		T313V	강, 주철 나사 절삭
	Al₂O₃-Ti계	T725X	강단속 선삭
	TiC계	T553	강 중(中)·중(重)선삭, 밀링, 단속 절삭
		T370	강, 스테인리스강 밀링
	TiN계	T221*	철계, 비철금속, 비금속 선삭 가공
		PG2*	주철 일반 선삭, 밀링
		T260*	철계, 비철금속, 비금속 밀링
		PK56*	솔리드 드릴용
		PEM*	솔리드 엔드 밀용
	TiCN계	T530	주철중(中)·중(重)절삭, 강 경절삭
		T530G	강 밀링, 중(重)절삭
●서멧	TiC-TiN계	N302	담금질강 절삭, 강 다듬질 선삭, 다듬질 밀링
		N308	강 일반 선삭, 밀링
		N350	강 밀링
		NS530	강 일반 선삭
		NS540	강 단속 밀링
	TiC-TaC계	X407	강 다듬질 선삭, 밀링
●세라믹스	Al₂O₃계	LXA	주철 저이송 연속 선삭
		LX11	강계 고경도재 연속 선삭
		LX21	주철 연속 선삭, 고정밀도 밀링
	Si₃N₄계	FX920	주철 얇은 두께재, 흑피재 밀링, 습식 절삭
●초고압 소결체	CBN계	BZN	내열 합금, 내열 소결 합금 고속 절삭, 고경도재 고속 절삭
		BX290	보통 주철, 주계 소결 합금 선삭, 밀링, 단속 절삭
		BX270	62HRC 이하의 고경도재 선삭, 밀링
	다이아몬드계	DX180	세라믹스, 초경 합금 선삭
		DX160	세라믹스, 초경 합금, 석재, 비철금속 절삭
		DX140	비철금속, 비금속 절삭
		DX120	비금속, 비철금속 다듬질 절삭

① 공구 재종은 각 사의 호칭에 따른다.
② 피삭재 및 절삭 방법은 카탈로그에 따라 그 재종에 가장 적합하다고 권장된 것을 게재.
③ 코팅 가운데 특별한 주기(注記)가 없는 것의 모재는 초경 합금이다. * 표시는 PVD(물리 증착)을 나타내고, 기타는 CVD(화학 증착)에 의한다.

미츠비시 머티어리얼

공구 재종 구분		메이커 기호	적용 피삭재 · 가공법
●초경 합금	P계	STi10	강 일반 선삭
		STi10T	강 일반 선삭
		STi20	강 일반 선삭
		STi25	강 일반 선삭
		STi30	강 일반 선삭
		STi40T	강 일반 선삭
	M계	UTi10T	강, 주철 일반 선삭, 밀링
		UTi20T	강, 주철 일반 선삭, 밀링
		UTi40T	강, 주철 일반 선삭, 밀링
	K계	HTi03A	고경도 주철, 보통 주철, 알루미늄 합금 선삭, 밀링
		HTi05T	고경도 주철, 보통 주철, 알루미늄 합금 선삭, 밀링
		HTi10	비철금속, 비금속 일반 선삭, 밀링
		HTi20T	보통 주철, 비철금속 선삭, 밀링
		HTi20	보통 주철 일반 선삭, 밀링
	초미립자	MF10	비철금속, 비금속 소지름 드릴 가공
		MF15	강, 주철 드릴 가공
		UF20	강, 주철 리머, 탭 가공, 비철금속, 비금속 소지름 드릴 가공
		UF30	강, 주철 엔드 밀 가공
●코팅	Al₂O₃계	U66	강 일반 선삭
		U77	강 일반 선삭
		U88	강 일반 선삭
	TiCN-TiC-Al₂O₃계	U410	덕타일 주철 연속 선삭
	TiCN-Al₂O₃계	UC6010	강 고속 연속 선삭
		UC6025	강 중(中) · 저속 단속 선삭
		UE6000	강 중(重) · 연속 · 단속 선삭
	TiC-Al₂O₃계	U505	주철 고속 연속 선삭
		U510	주철 단속 선삭
		U610	강 연속 선삭
		U625	깅 단속 선삭
	Ti계	UO20M*	강, 주철 선삭, 밀링
		UP10H*	주철 선삭, 밀링
	다층 Ti계	F515	주철, 덕타일 주철 밀링
		F620	강 일반 밀링
	다이아몬드계	DC46	비철금속, 비금속 고속 선삭, 밀링
●서멧	TiCN계	NX22	주철, 덕타일 주철 다듬질 선삭
		NX33	주철, 덕타일 주철 다듬질 선삭
		NX55	연강 건식 밀링
		NX99	강 일반 선삭
		NX320	강 고속 선삭
		NX335	강 중속 선삭, 다듬질 선삭
		NX530	연강 밀링 다듬질 가공
	코팅 서멧	GP20N	강 고속 다듬질 선삭, 습식 · 건식 절삭
		UP35N	강 일반 선삭
●세라믹스	Al₂O₃계	XD202	보통 주철 건식 다듬질 선삭
	Si₃N₄계	XE9	보통 주철 건식 거친 선삭
		XE515	보통 주철 습식 거친 선삭, 단속 선삭, 밀링
●초고압 소결체	CBN계	MB710	주철, 철계 소결 합금 중(中) · 다듬질 선삭, 밀링
		MB730	보통 주철, 내열 합금 고속 선삭, 밀링
		MB820	담금질강 중(中) · 다듬질 선삭, 밀링
		MB825	담금질강 단속 선삭, 밀링
		MB940	고경도 주철, 다듬질강 거친 선삭, 밀링
	다이아몬드계	MD205	비철금속, 비금속 담금질 선삭, 밀링
		MD220	비철금속 다듬질 선삭, 밀링, 리머 가공
		MD230	비철금속, 비금속 다듬질 선삭, 밀링

데이터 시트 메이커별 공구 재종 일람=2

스미토모 전기공업

공구 재종 구분		메이커 기호	적용 피삭재 · 가공법
●초경 합금	P계	ST10P	강, 주강 중·고속 선삭, 밀링 고속 가공, 나사 절삭
		ST20E	강, 주강 중·고속 선삭, 밀링 고속 가공, 나사 절삭
		A30N	강, 주강 저속 선삭, 거친 선삭, 밀링 거친 가공
		A30	강, 주강 저속 선삭, 거친 선삭, 밀링 거친 가공
		ST40E	강, 주강 저속 선삭, 거친 선삭, 밀링 거친 가공
	M계	U10E	강, 주철, 스테인리스강, 특수 주철 중속 선삭, 밀링
		U2	강, 주철, 스테인리스강, 특수 주철 중속 선삭, 밀링
		A30	강, 주철, 스테인리스강, 특수 주철 저속 선삭, 밀링, 중(重)절삭
		A40	강, 주철, 스테인리스강, 특수 주철 저속 선삭, 밀링, 중(重)절삭
	K계	H2	주철, 담금질강, 비철금속, 비금속 정밀 고속 다듬질 절삭
		H1	주철, 담금질강, 비철금속, 비금속 정밀 고속 다듬질 절삭
		EH10	주철, 담금질강, 비철금속, 비금속 중속 선삭, 밀링, 리머 가공
		H10E	주철, 담금질강, 비철금속, 비금속 중속 선삭, 밀링, 리머 가공
		G10E	주철, 담금질강, 비철금속, 비금속 중속 선삭, 밀링, 리머 가공
		EH20	주철, 담금질강, 비철금속, 비금속 저속 선삭, 밀링, 리머 가공
		G2	주철, 담금질강, 비철금속, 비금속 저속 선삭, 밀링, 리머 가공
	초미립자	AF1	소지름 드릴 가공
		AF0	소지름 드릴 가공
		F0	미세 가공
		F1	미세 부품 정밀 선삭, 소지름 드릴 가공
		A1	스테인리스강, 인코넬 선삭, 성형 가공, 구멍 가공
		CC	강 중·고속 밀링, 스테인리스강, 인코넬 밀링
●코팅	Al_2O_3계	AC105G	덕타일 주철 일반 선삭, 보통 주철 고속 선삭
		AC105	강, 주철 초고속 선삭
		AC05A	강 고속 선삭
		AC05	주철 일반 선삭
		AC10G	보통 주철 일반 선삭, 덕타일 주철 일반 선삭
		AC108	강 중·고속 선삭
		AC10	강 중·고속 선삭, 모방 가공
		AC15	강 일반 선삭, 모방 가공
		AC25	강 중저속 일반 선삭, 단속 절삭, 중절삭, 스테인리스강 선삭
		AC211	주철 고속 고이송 밀링
	TiCN계	AC305*	알루미늄재 밀링
		AC325*	강 일반 밀링
	TiC계	AC720	강 중속 선삭, 모방 가공, 강 단속 절삭
●서멧	TiN계	T05A	덕타일, 보통 주철 고속 다듬질 선삭, 파인 보링, 강 고속 다듬질 선삭
		T110A	강 고속 다듬질 선삭, 덕타일, 보통 주철 일반 선삭, 파인 보링
		T12A	강 다듬질 선삭, 파인보링, 스테인리스강 중·고속 절삭
		T130A	강 중·고속 선삭, 강 일반 밀링, 강 단속 다듬질 선삭
●세라믹스	Al_2O_3계	NB90S	주철 다듬질 선삭, 보링, 강 다듬질 선삭, 보링, 고경도재 중·고속 다듬질 절삭
		NB90M	주철 고속 밀링 다듬질 가공, 고경도재 중·고속 밀링 다듬질 가공
	Si_3N_4계	NS130	주철 거친 단속 선삭, 주철 거친 밀링, 주철 습식 절삭
		NS130S	주철 연속 선삭, 주철 습식 절삭
	Si_3N_4-SiC계	WX120	Ni기 내열 합금 고속 가공, 고합금, Cr계 합금 절삭, 덕타일 주철 절삭
●초고압 소결체	CBN계	BN100	내열 합금 고속 다듬질 선삭
		BN200	담금질강 연속 절삭
		BN250	주철, 비철금속, 비금속 다듬질, 강 고속 선삭, 담금질강 다듬질 선삭, 밀링
		BN300	담금질강 다듬질 선삭, 밀링
		BNX20	담금질강 다듬질 선삭, 밀링
		BNX3	담금질강 다듬질 선삭, 밀링
		BNX4	소결부품 절삭
		BN520	고경도 주철 고속, 다듬질 가공
		BN550	고경도 주철 고속, 다듬질 가공
	다이아몬드계	DA90	초경 합금, 세라믹스, 고Si 알루미늄 절삭
		DA150	비철금속 다듬질, 경질물질 다듬질 절삭, 비금속 가공
		DA200	비철금속 단속 절삭, 비금속 절단, 단면 가공
		UD2000	비철금속, 비금속 선삭, 보링, 밀링

쿄세라

공구 재종 구분		메이커 기호	적용 피삭재 · 가공법
●초경 합금	P계	IC54	강 절단, 선삭, 밀링 중(重) 절삭
		IC50M	강 일반 밀링
		PW30	강 밀링 거친 가공
	K계	KW10	주철 밀링
		IC20	주철 절단, 선삭, 밀링, 비철금속 절단, 선삭
●코팅	Al$_2$O$_3$계	CA110	주철 거친 · 다듬질 가공, 강 고속 중(中) · 다듬질 가공
		CA115	주철, 강 중(中) · 다듬질 가공
		CA225	강 거친 · 고속 가공
	TiC계	CA335	강 거친 가공
		IC656	강 절단, 선삭
		IC635	강 고이송, 중저속 절단, 밀링, 단속 및 스테인리스 절단
		IC825	강 거친 가공
		IC250	강 일반 밀링
		PR630*	강 밀링, 홈 넣기, 나사 절삭
		PR660*	스테인리스강 밀링
	TiCN계	IC520M	강, 회색 주철 밀링
	TiC-Al$_2$O$_3$-TiC계	CR300	회색 주철, 덕타일 주철 거친 · 다듬질 선삭, 강 고속 중(中) · 다듬질 선삭
		CR600	강 일반 경 · 중선삭, 단속 거친 선삭
●서멧	TiC-TiN계	N	강, 주철 고속 중 · 다듬질 선삭, 강, 주철 고속 밀링 다듬질 가공
		TC40N	강, 주철 고속 중 · 다듬질 선삭, 강, 주철 고속 밀링 다듬질 가공
		TC60M	강 밀링 중 · 다듬질 가공
		IC20N	탄소강, 합금강, 스테인리스강 가공
		IC30N	탄소강, 합금강, 스테인리스강 절단
	TiCN계	TN30	강 고속 중 · 다듬질 선삭, 강 고속 가공
		TN60	강 거친 · 다듬질 가공, 강 고속 가공
	코팅 서멧	PV30*	회색 주철, 덕타일 주철 중 · 다듬질 선삭
		PV90*	강 거친 · 중 · 다듬질 선삭, 습식 선삭
●세라믹스	Al$_2$O$_3$계	SN60	주철 거친 · 다듬질 선삭, 강 중 · 다듬질 선삭
		AZ5000	강 거친 · 다듬질 선삭
		A65	고경도재 선삭, 주철 단속 선삭
	Si$_3$N$_4$계	KS6000	주철 거친 · 단속 · 고이송 선삭
●초고압 소결체	CBN계	KBN30S	고경도재 거친 선삭, 밀링, 주철 초고속 가공
		KBN30B	고경도재 다듬질 선삭, 밀링, 주철 초고속 가공
		KBN10B	고경도재 다듬질 선삭, 밀링, 주철 초고속 가공
	다이아몬드계	KPD010	비철금속 고속 절삭, FRP, 유리 등의 고속 절삭
		KPD025	고Si 알루미늄 합금 고속 절삭, 초경 합금, 세라믹스 가공
		KPD002	비철금속 거친 · 단속 절삭, 비절삭 가공

일본 특수 도업/오에스지

공구 재종 구분		메이커 기호	적용 피삭재 · 가공법
●초경 합금	초미립자	KM3	강 저속 가공, 내열 합금, 스테인리스강 절삭, 주철 밀링
●코팅		CP2	주철 일반 석삭, 홈 넣기, 보링 가공
●서멧	TiC-TiN계	T3N	강, 주철 다듬질 선삭, 보링 가공, 철계 소결 합금 선삭, 홈 넣기
		T15	강 중(中) · 다듬질 절삭, 홈 넣기, 덕타일 주철 중 · 다듬질 절삭, 철계 소결 합금 선삭
	TiC계	C50	강 습식 절삭, 베어링 가공, 밀링
	TiN계	N20	강 일반 선삭, 보링, 홈 넣기
		N40	강 일반 선삭, 모방 가공, 베어링 가공, 홈 넣기
●세라믹스	Al$_2$O$_3$계	CX3	주철 일반 선삭, 보링, 홈 넣기, 파이프 비드 절삭
		HC1	주철 일반 선삭, 보링, 홈 넣기, 파이프 비드 절삭
	Al$_2$O$_3$-TiC계	HC2	주철 일반 선삭, 보링, 홈 넣기
		HC3	65HRC 이하의 고경도재 선삭
	Al$_2$O$_3$-SiC계	WA1	주철 중 · 다듬질 절삭, 내열 합금 절삭, 강 고속 선삭
	Si$_3$N$_4$계	SP3	주철 거친 선삭
		SX5	내열 합금 절삭
		SX8	주철 밀링
	TiC계	HC6	덕타일 주철중 · 다듬질 선삭, 주철 습식 고속 선삭
●초고압 소결체	CBN계	B20	60HRC 이상의 고경도재 절삭, 보통 주철 고속 다듬질 절삭

데이터 시트 메이커별 공구 재종 일람＝3

산도빅

공구 재종 구분		메이커 기호	적용 피삭재 · 가공법
●초경 합금	P계	S1P	강, 주강, 스테인리스강, 가단 주철, 망간강, 보통 주철, 쾌삭강 고속 정밀 다듬질 선삭, 강, 주강 중·다듬질 밀링
		S6	강, 주강, 스테인리스강, 가단 주철 저속 거친 선삭, 중(重) 선삭, 탄소강, 주강, 스테인리스강 고이송 거친 밀링
		SMA, SM30	강, 주강, 스테인리스강 밀링
		R4	오스테나이트계 스테인리스강 거친·다듬질 밀링
	M계	H10A	강, 주강, 망간강, 스테인리스강, 주철 중·다듬질 선삭
		H10F	강, 주강, 망간강, 스테인리스강, 주철 중 선삭
		H13A	강, 주강, 망간강, 스테인리스강, 주철 중·다듬질 선삭, 담금질강, 비철금속, 비금속 단속 중선삭, 내열 합금 밀링, 주철 거친 밀링
	K계	H1P	주철, 담금질강, 비철금속 일반 선삭, 주철, 청동, 놋쇠 거친·다듬질 밀링
		HM	저합끔 주철 밀링
	특수용도	H10	알루미늄 합금 밀링
●코팅	TiC-Al₂O₃계	GC3015	주철 고속 다듬질 선삭, 강 고속 다듬질 선삭, 주철 거친·다듬질 밀링
		GC-A	단조재, 강, 주철 선삭
	TiCN-TiN계	GC215	스테인리스강 고속 선삭, 저합금강 중·고속 선삭
	TiN-TiC계	GC225	고속 나사 절삭, 홈 넣기
		GC235	절단, 홈 넣기, 강단속 선삭, 강 저속 거친 선삭, 강, 주철, 스테인리스강, 합금강, 내열 합금 밀링
		GC425	동 일반 선삭
	TiN계	GC1020*	스테인리스강 나사 절삭
	TiCN-Al₂O₃-TiN계	신415	강, 주철 고속 선삭
		신435	강, 주철 거친·중(重) 선삭
	TiCN-Al₂O₃계	GC4025	탄소강, 합금강 연속·단속 선삭
●서멧	TiC-TiN계	CT515	강 일반 다듬질 선삭, 주철 일반 다듬질 선삭
		CT525	강 일반 중·다듬질 선삭, 주철, 스테인리스강 다듬질 선삭, 홈 넣기
		CT520	강 중(中)·고속 다듬질 밀링
●세라믹스	Al₂O₃계	CC620	주철 고속 선삭, 강 고속 다듬질 선삭
	Al₂O₃-TiC계	CC650	주철 고속 다듬질 선삭, 고경도재 선삭
	Al₂O₃-SiC계	CC670	내열 합금강 고속 선삭, 고경도강 다듬질 선삭
	Si₃N₄계	CC690	주철 거친·다듬질 선삭
●초고압 소결체	CBN계	CB20	70HRC 이하의 담금질강, 고합금강 선삭
		CB50	칠드 주철, Ni·Co기 내열 합금, 초경 합금 선삭
	다이아몬드계	CD10	알루미늄, 동, 소결 합금, 플라스틱, 경질 고무 선삭, 밀링

히타치 툴

공구 재종 구분		메이커 기호	적용 피삭재 · 가공법
●초경 합금	강인성	EX35	탄소강, 합금강 중밀링
		EX40	탄소강, 합금강, 스테인리스강 중(中)·중(重)밀링
		EX45	탄소강, 합금강, 스테인리스강 중(重)·단속 밀링
●코팅	Al₂O₃계	HC5000	보통 주철 고속 선삭, 덕타일 주철 중선삭
		HC500	강 고속 다듬질 선삭, 보통 주철 중선삭
		HC510	다이스강, 보통 주철, 덕타일 주철중(中)·중(重) 선삭
		HC512	탄소강, 합금강, 다이스강 중(中)·중(重)선삭, 주철 거친 선삭
		HC514	탄소강, 합금강, 스테인리스강 중(重)·단속 선삭, 주철 일반 선삭
	TiN계	HC842	스테인리스강 중(中) 선삭, 밀링
		HC843	스테인리스강 중(中) 선삭, 탄소강, 중(中)밀링
		HC844	탄소강, 다이스강, 스테인리스강 중(中)·중(重)밀링
		HC830	비철금속 중(中)선삭, 주철 지름·중(中)밀링
		HC831	주철 중(重)밀링
	다층	GM10	베어링강, 덕타일 주철 선삭
		GM25	강 일반 선삭
●서멧		CH300	다이스강, 보통 주철, 덕타일 주철 다듬질 선삭
		CH400	저탄소강, 합금강 다듬질 선삭, 밀링
		CH550	탄소강, 합금강, 스테인리스강 중(中)·다듬질 선삭, 밀링
●초고압 소결체	CBN계	W500	50HRC 이상의 다듬질강 중(中)·다듬질 선삭, 밀링
		W600	50HRC 이상의 다듬질강 중(中)선삭, 밀링
		W800	고속도강, 내열 합금, 주철 고속 다듬질 선삭, 밀링

다이젝트 공업

공구 재종 구분		메이커 기호	적용 피삭재 · 가공법
●초경 합금	P계	SRN	강, 주강 정밀 다듬질 선삭, 보링 가공
		SR10	강, 주강, 가단 주철 일반 · 다듬질 선삭
		SRT	강, 주강, 가단 주철 일반 · 다듬질 선삭, 밀링
		SR20	강, 주강, 가단 주철, 스테인리스강 거친 선삭, 밀링
		DX30	고경도강, 스테인리스강 고속 밀링
		DX35	고경도강, 스테인리스강 고속 밀링
		SR30	강, 주강, 내열 합금, 스테인리스강 거친 선삭, 밀링
	M계	UMN	공구강, 내열강, 가단 주철, 스테인리스강 거친 선삭, 밀링
		UM10	공구강, 내열강, 가단 주철, 스테인리스강 거친 선삭, 밀링
		UM20	공구강, 내열강, 가단 주철, 스테인리스강 거친 선삭, 밀링
		UM40	공구강, 내열강, 가단 주철, 스테인리스강 거친 선삭, 밀링
		DX25	고경도강 고속 밀링
		DTU	공구강, 내열 합금, 스테인리스강 밀링
		UMS	공구강, 내열 합금, 스테인리스강 거친 선삭, 밀링
	K계	KG03	주철, 고경도 주철, 담금질강 정밀 선삭, 밀링, 보링 가공
		KG10	주철, 담금질강, 알루미늄 합금 일반 선삭, 밀링
		KT9	주철, 담금질강, 알루미늄 합금 일반 선삭, 주철, 알루미늄 합금 밀링
		CR1	주철, 알루미늄 합금 일반 선삭, 밀링
		KG20	주철, 알루미늄 합금 일반 선삭, 밀링
		LF12	저경도 주철, 비철금속 밀링
		KG30	저경도 주철, 비철금속 일반 선삭, 밀링
	초미립자	FB10	극소부품 정밀 가공
		FB15	소지름 드릴 가공
		FB20	다듬질 엔드 밀 가공
●코팅	Al_2O_3계	JC110	강, 주철, 덕타일 주철 고속 선삭
		JC1211	주철, 비철금속 고속 선삭
		JC1231	강 고속 중(中) · 다듬질 선삭, 주철 경 · 중(中)선삭
		JC220	강 거친 · 다듬질 선삭, 주철 중(中) · 중(重)선삭
		KC910	강, 내열 합금, 스테인리스강 고속 선삭 주철고속 거친 · 다듬질 선삭
	TiC-TiN계	JC1341	강 중(中) · 중(重)선삭, 모방 절삭
		JC1361	강 거친 · 중(重)선삭, 단속 선삭
		JC330	강중 · 중(重) 선삭, 단속 선삭
		KC850	강, 주강, 스테인리스강 중(重)선삭, 밀링
	TiN계	JC3511*	주철 일반 밀링
		JC3512*	스테인리스강, 내열 합금 중(重) 밀링
		JC3515*	강 저속 밀링, 주철 일반 밀링
		JC3521*	강 저속 밀링, 주철 일반 밀링
		JC3551*	강, 주철 드릴 가공
		JC3552*	강, 주철 밀링, 드릴 가공
		JC3562*	강, 스테인리스강 밀링
●서멧	TiC-TiN계	CX10	강, 주철 고속 선삭
		LN10	강, 주철 고속 선삭, 주철 밀링
		NIT	강, 주철 선삭, 강 밀링
		NAT	강 선삭, 밀링
		CX90	강 밀링
	TiC계	SUZ	강 일반 밀링
●세라믹스	Al_2O_3계	CA010	강, 주철 연속 고속 다듬질 선삭
	Al_2O_3-TiC계	CA100	강, 주철 일반 연속 선삭
	Al_2O_3-SiC계	CA200	내열 합금, 주철 연속 · 단속 선삭, 밀링
	Si_3N_4계	CS100	주철 연속 · 단속 선삭
●초고압 소결체	CBN계	JBN10	다이스강, 탄소 공구강, 합금강, 침탄 담금질강 선삭, 밀링
		JBN20	다이스강, 합금 공구강, 고경도 주철, 보통 주철 선삭, 밀링
	다이아몬드계	JDA10	비철금속, 세라믹스, 비금속 선삭, 비철금속 밀링

데이터 시트 절삭 공구용 초경질 공구 재료의

대분류	사용분류기호	피삭재	절삭 방식	작업 조건
P	P01	강	선삭 보링	고속으로 소절삭 면적일 때, 또는 가공품의 치수 정밀도 및 표면의 다듬질 정도가 양호한 것을 원할 때. 단, 진동이 없는 작업 조건일 때
	P10	강	선삭 밀링	고~중속으로 소~중 절삭 면적일 때, 또는 작업 조건이 비교적 좋을 때
	P20	강 특수 주철(연속형 칩이 나오는 경우)	선삭 밀링 평삭	중속으로 중 절삭 면적일 때, 또는 P계열 중 가장 일반적인 작업일 때 평삭에서는 소 절삭 면적일 때
	P30	강 특수 주철(연속형 칩이 나오는 경우)	선삭 밀링 평삭	저~중속으로 중~대절삭 면적일 때, 또는 그다지 바람직하지 않은 작업 조건일 때
	P40	강	선삭 평삭 밀링	저속으로 대절삭 면적일 때 P30보다 한층 바람직하지 않은 작업 조건일 때, 소형 자동 선반 작업의 일부, 또는 큰 경사각을 사용하고 싶을 때
M	M10	강 내열 합금 주철 및 특수 주철	선삭 밀링	중~고속으로 소~중절삭 면적일 때, 또는 강·주철에 대해 공용하고 싶을 때로, 비교적 작업 조건이 좋을 때
	M20	강 내열 합금 주철 및 특수 주철	선삭 밀링	중속으로 중절삭 면적일 때, 또는 강·주철에 대해 공용하고 싶을 때로, 그다지 바람직하지 않은 작업 조건일 때
	M30	강 내열 합금 주철 및 특수 주철	선삭 밀링 평삭	중속으로 중~대절삭 면적일 때, 또는 M20보다 열악한 작업 조건일 때
	M40	강 내열 합금 주철 및 특수 주철	선삭 밀링 평삭	저속일 때, 큰 경사각이나 복잡한 절삭날 모양을 부여하고 싶을 때, 또는 M30보다 열악한 작업 조건일 때
K	K01	주철	선삭, 보링 밀링	고속으로 소절삭 면적일 때, 또는 진동이 없는 작업 조건일 때
		고경도강 경질 주철(칠드 주철을 포함)	선삭	극저속으로 소절삭 면적일 때, 또는 진동이 없는 작업 조건일 때
		비금속 재료 고Si 알루미늄주물 (AC9A, AC9B)	선삭	진동이 없는 작업 조건일 때
	K10	주철 및 특수 주철 (비연속형 칩이 나오는 경우) 강	선삭, 보링 밀링, 피어싱 나사 깎기, 리머 다듬질 브로칭 절삭	중속으로 소~중절삭 면적일 때, 또는 K계열 중 일반적 작업일 때, 단 강의 경우에는 저속 또는 소절삭 면적일 때
		고경도강	선삭 피어싱	저속으로 소절삭 면적일 때, 또는 비교적 진동이 없는 작업 조건일 때
		비철금속 비금속 재료 복합 재료	선삭 밀링, 피어싱 나사 깎기	비교적 진동이 없는 작업 조건일 때
		내열 합금 티탄 및 티탄 합금	선삭, 밀링 피어싱	

(주) 이 표는 JIS B 4053(KS B 3248)의 표 1·표 2를 정리한 것이다. 또한 표 속의 다음 용어에 관해서는 JIS(KS)에 주석이 붙여져 있다.

　　　　특 수 주 철…구상 흑연 주철(FCD), 합금 주철 등
　　　　내 열 합 금…내열강(SUH660 등), Ni기 초합금 (NCF 등), Co기 초합금 등
　　　　비금속 재료…플라스틱, 목재, 고무, 유리, 내화물 등
　　　　비 철 금 속…동 및 동합금, 알루미늄 및 알루미늄 합금 등
　　　　복 합 재 료…2종류 이상의 소재를 복합하여 새로운 기능을 창조해낸 재료로, 예를 들면 섬유 강화 플라스틱 등
　　그다지 바람직하지 않은 조건…피삭재의 표면 상태로 말하면, 피삭재에 주조 표면이 있고 경도 및 절삭 깊이가 변하여 절삭이 단속으로 되는 경우를 말하며 강성으로 말하면, 공작 기계, 절삭 공구 및 피삭재의 휨 또는 진동이 많은 경우 등

사용 분류와 기호

P·M·K=초경 합금 · 서멧 · 피복 초경 합금용
Z=초미립자 초경 합금용

대분류	사용분류기호	피 삭 재	절삭 방식	작 업 조 건
K (계속)	K20	주 철	선삭, 밀링 평삭 리머 다듬질 브로칭 절삭 피어싱 나사 절삭	중속으로 중~대절삭 면적일 때, 또는 인성이 요구되는 작업 조건일 때
		비철금속 비금속 재료 복합 재료	선삭, 밀링 피어싱 나사 깎기	큰 인성이 요구되는 작업 조건일 때
		내열 합금 티탄 및 티탄 합금	선삭 밀링 피어싱	
	K30	인장의 세기가 낮은 강 경도가 낮은 주철 비철금속 내열 합금	선삭 밀링 평삭	저속으로 대절삭 면적일 때, 그다지 바람직하지 않는 작업 조건일 때, 또는 큰 경사각을 사용했을 때
Z	Z01	강	선삭, 보링 밀링	저~중속으로 소절삭 깊이 · 저이송량일 때, 또는 진동이 없는 작업 조건일 때
		주 철 특수 주철	선삭, 보링 밀링, 피어싱 리머 다듬질	저~중속으로 소~중 절삭 깊이 · 저~중 이송량일 때, 또는 진동이 없는 작업 조건일 때
		비철금속 비금속 재료 복합 재료	선삭, 보링 밀링 피어싱 리머 다듬질	진동이 없는 작업 조건일 때
	Z10	강	선삭, 보링 밀링, 피어싱 리머 다듬질	저속으로 소~중절삭 깊이 · 저~중이송량일 때, 또는 비교적 진동이 없는 작업 조건일 때
		주 철 특수 주철	선삭, 보링 밀링 피어싱 리머 다듬질 브로칭 절삭	저~중속으로 절삭 깊이 · 중이송량일 때, 또는 비교적 진동이 없는 작업 조건일 때
		비철금속 비금속 재료 복합 재료	선삭, 밀링 피어싱, 보링 리머 다듬질	비교적 진동이 없는 작업 조건일 때
		내열 합금	선삭 밀링 피어싱	비교적 진동이 없는 작업 조건일 때
	Z20	강	선삭 밀링 피어싱	저속으로 중절삭 깊이 · 중이송량일 때, 또는 특별히 인성이 요구되는 작업 조건일 때
		주 철 특수 주철	선삭, 밀링 피어싱 나사 깎기 리머 다듬질 브로칭 절삭	저~중속으로 중~대절삭 깊이 · 중~고이송량일 때, 또는 특별히 인성이 요구되는 작업 조건일 때
		비철금속 비금속 재료 복합 재료	선삭, 밀링 피어싱 나사깎기 리머 다듬질	큰 인성이 요구되는 작업 조건일 때
	Z30	인장의 세기가 낮은 강 경도가 낮은 주철 비철금속 내열 합금	선삭, 밀링 평삭 피어싱 나사깎기	저속으로 중~대절삭 깊이 · 중~고이송량일 때, 그다지 바람직하지 않는 작업 조건일 때, 또는 큰 경사각을 사용하고 싶을 때

데이터 시트 바이트의 주요 종류와 그 모양

형번	명 칭	모 양	형번	명 칭	모 양
10	곧은 검바이트		42	보링 다듬질 바이트	
13R	오른쪽 편인 바이트		51	숫나사 깎기 바이트	
13L	왼쪽 편인 바이트	(13의 왼쪽)	52	암나사 깎기 바이트	
14R	오른쪽 횡 검바이트		53	스프링 나사깎기 바이트	
14L	왼쪽 횡 검바이트	(14의 왼쪽)	60	평삭용 곧은 검바이트	
15R	오른쪽 검바이트		62R	평삭용 오른쪽 편인 바이트	
15L	왼쪽 검바이트	(15의 왼쪽)	62L	평삭용 왼쪽 편인 검바이트	(62의 왼쪽)
22	스프링 다듬질 바이트		63R	평삭용 오른쪽 편인 검바이트	
31	절단 바이트		63L	평삭용 왼쪽 검바이트	(63의 왼쪽)
32	스프링 절단 바이트		64	평삭용 평 검바이트	
40	둥근 끝 보링 바이트		65	평삭용 스프링 다듬질 바이트	
41	보링 황삭 바이트		66	평삭용 절단 바이트	

고속도강붙이 날바이트(JIS B 4152(KS B 3204)로부터)

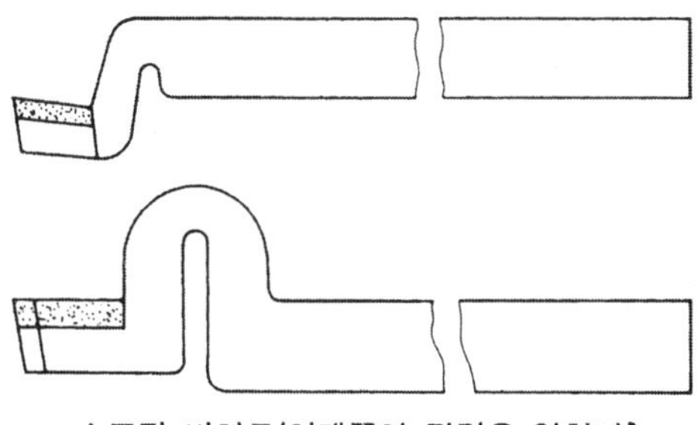

스프링 바이트(아래쪽이 탄력은 약하다)

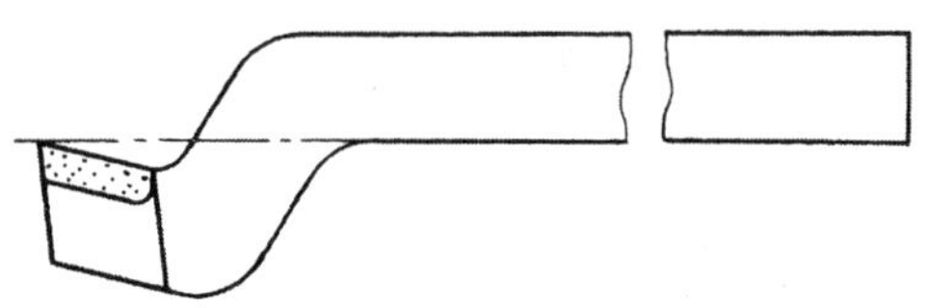

허리굽힘 바이트(날끝이 생크 밑면과 일치)

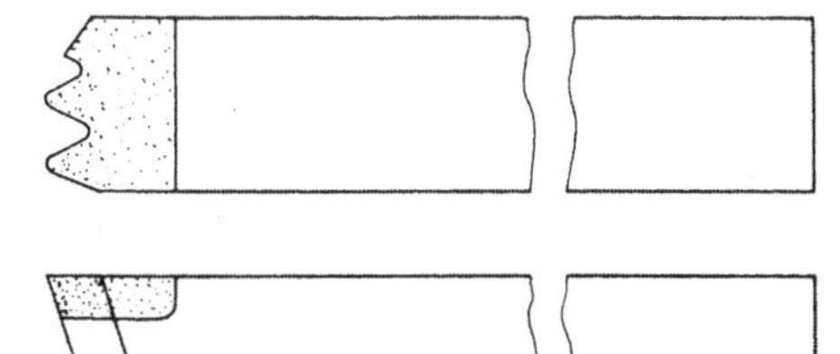

총형 바이트의 예(그림은 총형 나사깎기 바이트)

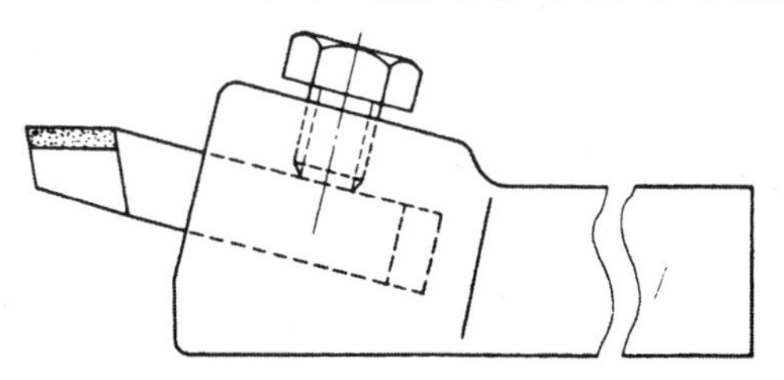

삽입 바이트

25페이지에 「바이트와 종류와 특징」로서 날부 형상, 기능, 사용 목적, 구조에 따른 바이트의 분류를 소개했는데 여기서는 그 주요 형상을 JIS에서 발췌하여 정리했다. 초경(납땜) 바이트에는 그에 대응하는 초경 팁과 형번이 규정되어 있지만 클램프 바이트에 사용하는 스로어웨이 팁은 별도의 규격이다.

형번	명 칭	모 양	형번	명 칭	모 양
31	오른쪽 경사 검바이트		45	보링용 오른쪽 경사 검바이트	
32	왼쪽 경사 검바이트	(31의 왼쪽)	46	보링용 왼쪽 경사 바이트	(45의 왼쪽)
33	오른쪽 편날 바이트		47	보링용 오른족 구석깎기 바이트	
34	왼쪽 편날 바이트	(33의 왼쪽)	48	보링용 왼쪽 구석깎기 바이트	(47의 왼쪽)
35	곧은 검바이트		49	오른 숫나사 바이트	
36	둥근 끝 곧은 검바이트		50	왼 숫나사 바이트	(49의 왼쪽)
37	오른쪽 구석깎기 바이트		51	오른 암나사 바이트	
38	왼쪽 구석깎기 바이트	(37의 왼쪽)	52	왼 암나사 바이트	(51의 왼쪽)
39	오른쪽 둥근 끝 구석깎기 바이트		91	오른쪽 모방 바이트	(92의 왼쪽)
40	왼쪽 둥근 끝 구석깎기 바이트	(39의 왼쪽)	92	왼쪽 모방 바이트	
41	오른쏙 바이트		93	오른쪽 모빙 바이트	
42	왼쪽 바이트	(41의 왼쪽)	94	왼쪽 모방 바이트	(93의 왼쪽)
43	절단 바이트		95	오른쪽 모방 바이트	

초경(납땜) 바이트(JIS B 4105(KS B 3202), JIS B 0107(KS B 108)로부터)

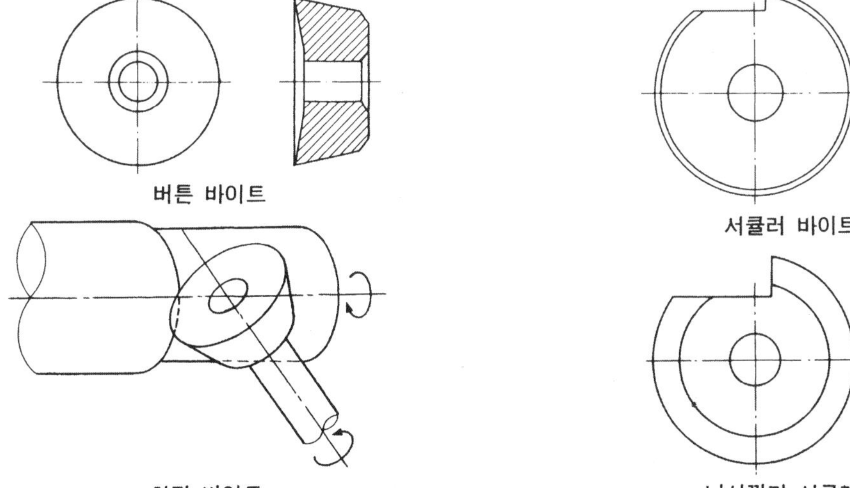

기계 가공 기술 시리즈 No. 8

공구 재종의 선택법·사용법

1997. 10. 5. 초 판 1쇄 발행
2021. 3. 15. 초 판 6쇄 발행

지은이 │ 툴엔지니어 편집부
옮긴이 │ 이종선
펴낸이 │ 이종춘
펴낸곳 │ **BM** (주)도서출판 **성안당**
주소 │ 04032 서울시 마포구 양화로 127 첨단빌딩 3층(출판기획 R&D 센터)
│ 10881 경기도 파주시 문발로 112 파주 출판 문화도시(제작 및 물류)
전화 │ 02) 3142-0036
│ 031) 950-6300
팩스 │ 031) 955-0510
등록 │ 1973. 2. 1. 제406-2005-000046호
출판사 홈페이지 │ **www.cyber.co.kr**
ISBN │ 978-89-315-3627-0 (13550)
정가 │ 25,000원

이 책을 만든 사람들
책임 │ 최옥현
진행 │ 이희영
교정·교열 │ 문 황
전산편집 │ 이지연
표지 디자인 │ 박원석
홍보 │ 김계향, 유미나
국제부 │ 이선민, 조혜란, 김혜숙
마케팅 │ 구본철, 차정욱, 나진호, 이동후, 강호묵
마케팅 지원 │ 장상범, 박지연
제작 │ 김유석

■ 도서 A/S 안내

성안당에서 발행하는 모든 도서는 저자와 출판사, 그리고 독자가 함께 만들어 나갑니다.
좋은 책을 펴내기 위해 많은 노력을 기울이고 있습니다. 혹시라도 내용상의 오류나 오탈자 등이 발견되면 **"좋은 책은 나라의 보배"**로서 우리 모두가 함께 만들어 간다는 마음으로 연락주시기 바랍니다. 수정 보완하여 더 나은 책이 되도록 최선을 다하겠습니다.
성안당은 늘 독자 여러분들의 소중한 의견을 기다리고 있습니다. 좋은 의견을 보내주시는 분께는 성안당 쇼핑몰의 포인트(3,000포인트)를 적립해 드립니다.

잘못 만들어진 책이나 부록 등이 파손된 경우에는 교환해 드립니다.